思考のパワー

意識の力が
細胞を変え、
宇宙を変える

ダイヤモンド社

思考のパワー

意識の力が細胞を変え、宇宙を変える

ブルース・リプトン〔著〕
スティーブ・ベヘアーマン〔著〕
千葉雅〔監修〕
島津公美〔訳〕

ダイヤモンド社

SPONTANEOUS EVOLUTION
by Bruce H. Lipton, Ph.D., and Steve Bhaerman

Originally published in 2009 by Hay House Inc., USA
Japanese translation rights arranged with Hay House (UK) Ltd.
through Owls Agency Inc.

Tune into Hay House broadcasting at: www.hayhouseradio.com

母なる大地、父なる空、そして進化を迎えるすべての細胞へ

はじめに

ブルース・H・リプトン：本書をご覧いただき、ありがとうございます。前書『思考のすごい力』（ブルース・H・リプトン著　西尾香苗訳　PHP研究所）では、主に物事への姿勢や感情がどのように人間の生理や生態、そして遺伝子に影響を与えるかについて触れました。本書では「人間一人ひとりが持つ信念が現実にどんな影響を与えるか」に焦点を当てながら、さらには、ある文化や社会での信念や思考が人々の生理や行動に与える影響までを深く探っていきます。

社会は危機的で、世界は不安定な状態にあるとされています。このような脅威に立ち向かうために、新しい生物学やその分野の研究をどう応用すれば社会に役立つのかというメッセージを伝える時がきたと思っています。本書では生物学的思考と行動を軸としていますが、社会の構造や経済が人間の体にどんな影響を与えるかという部分についてはスティーブ・ベヘアーマンにご協力いただきました。

スティーブ・ベヘアーマン：この二二年間、私はスワミ・ビヨンダナンダという名前のコメディアンとして活動してきました。コメディは真実を伝え、感覚の深い部分に新しい情報を取り込む際に妨げとなる心の壁を取り除く素晴らしい手法です。

一九六〇年代に私は、政治学と社会活動に関わる仕事をしていました。新しいアイディアを試みるのは刺激的ですが、残念なことに、多くの人から支持され、高い目的意識のある試行では、もっとも大事な部分に対する人の意思は右と左に分かれてしまうものです。例えば、共同生活での教育を提唱し、世界的に有名な専門家にお会いした時には、不運にも彼の支持者は皆無でした。理想を現実に落とし込むことの難しさを思い知った私は、心理学、自己啓発、瞑想、スピリチュアルといった分野を二五年かけて学びました。ここ七年ほどは、「ボディーポリティック（国を癒す手法）」という考え方をどうにか取り入れられないものかと思ってきました。ブルースに出会い、一緒に仕事ができるのではないかと思い、それがこうして実現しました。

ブルース：例えば医学界では末期患者の治療をあきらめてしまいがちですが、時に患者が信念を変えることで自然と回復に向かうことがあるのです。これは医療現場では衝撃的なことでもあるのですが、そんな事例は決して少なくありません。必要なのは、人間とは本当はどういった存在なのかという認識と信念を根本的に変えることなのです。

地球が癒されるため、新しい科学を人間の潜在的な未来のストーリーに織り込み、現代科学の見地と古代の叡智を融合させれば、本当は人間がどのくらい素晴らしい力を持って「進化や自然治癒」に影響を与えられるものなのかがわかるでしょう。

ダーウィンの説によると、進化とは何百年も何千年もかけてゆるやかに起こるとされてきました。ところが、新しい科学では、長い均衡期間があって、それが突然の衝撃的な変化で中断されるということが明らかになってきています。このポイントこそ、進化の方向を変え新しい生命を生み出す地点なのです。現代社会は混乱と崩壊の状態にあるといわれますが、それは今こそ進化が求められているからであり、興味深いのは、こんな危機の中で文明はすでに変化のポイントに到達しているように思われることです。

スティーブ：一番の疑問は、「変化のポイントに到達している」という一文がはたして疑問文なのか感嘆符（！）をつけるべきなのか、それとも残念にもピリオド（。）をつけるべきなのか、ということでしょう。

誰もがすでに何かに気がついています。天然資源が枯渇し、社会機構が変動し、人口の爆発的な増加のニュースを多くの人々が目にしているのですから。それがはっきりわかるのは、インターネットの世界でしょう。地球は瞬間的ともいえるコミュニケーションでつながっているため、どこかで何かが起これば、すべての人が巻き込まれてしまいます。

ブルースの科学の知識と、私の政治学をつき合わせてみると、現代科学の発見と古代の偉大なスピリチュアルの指導者たちが同じ結論に達するとわかります。世界は相互に関連していて、誰もその例外ではありません。

もちろん、驚くべきことを理解すれば、かつての物の見方や信念、そして推論は役に立たなくなり、新しい一歩を踏み出さなくてはならなくなるでしょう。人類は生き残れるかどうかの危機的な状況にいるのです。新たなパラダイムと進化が必要とされています。これが本書を記した理由なのです。

イントロダクション――人間の目指すところとは

ここに一つの愛の物語がある。

あなたと私を含めた、すべての人や生物についての宇宙全体の物語だ。第一幕は、ある物質（粒子）に太陽からの光の波がぶつかった何十億年前に始まる。父なる太陽と母なる大地の愛がスパークし、回転している青緑色の球体（地球）に子孫を生み出し、命を授けられたばかりの子どもたちは、大地で遊び、数えきれないほどさまざまな形になる。その多くは今日まで生き残り、さらに多くのものが誰にも知られぬまま消滅した。

第二幕のカーテンが開くのは、およそ七億年前、ある単細胞生物が命を持った時だ。単独では生きられないと知った単細胞は、原始的な「言語」で「愛している」と語り合って結びつき、やがて多細胞生物ができあがった。

第三幕は、その多細胞生物が進化し、人間性に目覚めた場面から始まる。生命は自らを観察し、過去を振り返りつつ未来をつくり出せるようになった。愛と喜びを経験した生命は、ついには本書のような書物を残すまでになった。

そして第四幕、地球上の仲間とともに力を合わせて国をつくる人間性の進化へと続く。ギリシャの四行詩がいつも悲劇的運命で幕を閉じるように、人間は現在、この第四幕の終わりにさしかかっている。世界はうまく機能しなくなり、環境の危機とともに混沌とした現状を見ると、まるで避けようのない列車事故に向かって進んでいるようにも思える。けれども幸いなことにギリシャ人は第五幕を用意しており、そこには笑いや喜び、幸せや愛に満ち、コメディに満ちた世界が広がっている。本書は、私たちがこの第四幕から第五幕にどうすれば安全にたどり着けるか、という話だ。

ありがたいことに、生きとし生けるものには生物学的優位性といわれる「生存本能」が生まれつき備わっているとされている。これまで科学界と宗教界は、進化がランダムなものか、それともすでに定められているものか、と互いに主張し合ってきたが、進化とはむしろ「生物と環境の間の知的なダンスのようなもの」と定義できるだろう。生物には、危機にあってもチャンスにあっても、機が熟せば予想もしない何かが起こり、もっと高いレベルでの調和がもたらされるのだ。

その良し悪しはさておき、地球上の人間のストーリーにはまだ結末が用意されていない。というのは、第五幕があるとしても、個人や社会の信念や行動を進んで変えていくのかどうか、実際にそれが間に合うかどうかはわからないからだ。

何千年もの間、宗教界の指導者たちが私たちを「愛」へと導いてきたが、科学は今、その古代からの知恵を認識し始めている。人間は、次のレベルに上がっていくのか、それとも恐竜時代に逆行するのかを自由意志で選べるが、皮肉にも文明のゆりかごから育った肥沃な三日月地帯にあるイラクは文明の墓場となる危機を迎え、救済を求めている。

第五幕の救世主《メシア》は、人生という劇を「コメディ」にしてくれるはずだ。すぐれたコメディには、すぐれたジョークも必要だ。

そこでジョークを一つ、「私たち自身の姿は、自分たちがこうなりたいと祈った結果の答えなのだ」。

文明が変化する時によくあることだが、未来への不安要素を示す兆候に心を奪われてしまうと、つい近視眼的になって、暗闇に光を見出すことができなくなってしまう。見出せるはずの「愛」や「知識」という「光」は日々明るくなり、古い文化が消え新しい文化が生まれるプロセスを照らし続けている。それはまるでエジプト神話において、聖なる火の鳥フェニックスがシナモンの小枝に火をつけ、激しく身を焼いて命を終え、その灰の中から幼鳥が生まれてよみがえるというプロセスが何度も繰り返されるのと似ている。

人間ははたして今直面している危機を乗り超え、愛にあふれたもっと機能的な社会に移行できるのだろうかと心配なら、自分がもしイモムシの何百という細胞の一つだったらと想像してみよう。幼虫としての期間、自分の周りの世界はきちんと油の差された機械のように予定通り進む。そしてある日、その機械はガタガタと揺れ始め、システムごとバラバラになってしまうが、あなたは真っ暗な中でこれがただ自分の運命だとしか感じようがない。けれども、死に行くものの中から成虫が生まれるという、まったく新しいものを生み出すプランがそこにあるのだ。やがて、飛べる蝶となり、以前には想像もつかなかったような輝く世界を経験することになる。

さて、驚くのは、イモムシと空を飛べる蝶のＤＮＡが同じということだ。つまり、イモムシと蝶はまったく同じ生物で、ただ異なるシグナルを受け取ってそれに反応しているだけだということだ。

私たち人間も同じで、イモムシが世界から情報を受け取る時のようにテレビや新聞を見ると、体のある部分の細胞が新しい役割に目覚め、やがてそれらが集まって互いに交流し、そして新しい一つの愛のシグナルをつくり出す。

ここで言う「愛」とは、愛情というより空を飛べる新しい機械を生み出す「人間としての運命」、迎えるべくして迎える「激震をともなう過渡期」とでもいうべきものだ。

本書を読んで、ひょっとしたら自分は「進化する人間」の一人かもしれないと思えるかもしれない。未来は私たちの手の中にあり、その未来を確実なものにするために、まずは自分が本当は何ものなのかをきちんと知らなければならない。

人間のプログラムを理解し、それをどう変えられるかがわかれば、自分たちの運命を書き換えることだってできる。そして、同じ芝生を奪い合って闘うより、一緒に（地球という）庭をつくり上げる自分たちの責任を受け入れれば、この地球は奇跡的にも癒されていくだろう。

これまでただ批判的な意見を述べるだけだった人が進化を果たし、本当の意味で信念と意志を持って行動した時に世界は暗闇から抜け出し、過去のプログラムも現在の知識も、そして未来の可能性も見えてくるだろう。

さらには、自分や社会のプログラムを変更できれば、人類がずっと夢見ていた世界をつくり出せるのだ。

ブルース・H・リプトン
スティーブ・ベヘアーマン

思考のパワー／目次

第Ⅲ部 新しい世界をつくる

8章 フラクタルな進化

序章——進化すべき時

アメリカの革命家、トム・ペインの言葉を借りると、人間には魂が試される時代があるという。社会が狂気にあふれ機能低下してしまった状況では、いっそのことどこか砂漠か山奥で静かに穏やかに暮らしたいと思ったりするものだが、それは無理なことで、そんなところはどこにもない。空から落ちてくるチェルノブイリの放射性物質を国境で防げるわけはないし、中国から流れてくる大気汚染物質を防ぐ方法もない。有害な薬品を含む石はどこかで水に流され、打ち上げられた浜辺を汚染する。

呼吸する空気も飲み水もすべては相関関係のある「エコシステム」の一部なのに、「(自分のことだけを考える)エゴシステム」で暮らし続ければ、この不都合な事実に対処できなくなるだけだ。

アルベルト・アインシュタインは、問題はそれが起こった時と同じ思考レベルでは解決できないものと述べているが、今日ほどそれが当てはまる時代はないかもしれない。武器を増やしても平和はもたらされないし、刑務所を増やしても犯罪は減らない。医療費にお金をつぎ込めば健康になるわけでもない。情報量が増えても人が賢くなるとは限らない。ところが、人々は集中して問題に取り組むどころか、目の前にあるものに抵抗することもなく逆に中毒になって、混乱しているのが現状だ。

世界は手がつけられないほどコントロールできない状態へと転がるように進んでいるようだ。人々は自分の子や孫にどんな世界を残せるかということに心を痛めている。

核による大量虐殺への危機を示す原子力科学者会の「世界終末時計」が一一時五五分、つまり午前零時まであと五分に迫ったことが二〇〇七年初頭にあった。それは一九五三年に旧ソ連が最初の水素爆弾を爆発させて以来、最後の審判に最も近づいた時でもある。

この時計は元イギリス王立協会会長マーティン・リースが「敵なき脅威（1）」と呼んだもので、今も環境や天候の悪化も含めて、人間が生き残れるかどうかを示し続けている。ところが、その敵とは実は、人間が自ら生み出している固定観念や、その固定観念にもとづく時代遅れの社会の中に姿を変えて存在している。しかも、変化を望まない社会や予測より急速に進んでいる地球温暖化などにより、楽天的な専門家さえ、世界には奇跡的な治療が必要になってきたと思うほどになってきている。

幸いにも危機的事象を分析していくうちに、最先端科学にチャンスが隠されていることがわかってきた。それを知るためには、現在の文明が個人あるいは社会レベルで「真理」としているものを再検証する必要がある。

現在の科学が隠してしまってきた人間についての「真実」に気がつけば、私たちは新しい道筋を見つけ出せるだろう。

さあ、しっかりと目を開き、靴紐を結び直して、今から人生の冒険を経験しに行こう。

けれども新しい科学が生まれているのに、どうしてこんなに物事が混沌として崩れゆくように見えてしまうのだろう。実は危機的に思えるものとは、単に「兆候」にすぎず、単にある文明が限界を迎えていることを示していて、その存続のために新しい生き方を考え出さなくてはならない時期がきた、という自然からのサインなのである。

物事は元来、ずっと同じままで続くわけでもないし、面白いことに進むべき道は一本ではない。進むべき道筋を見つけ出すには、より高い意識レベルに進まなくてはならない。

ここでもし私があなたなら、「自然治癒力って、何だか素晴らしいもののように聞こえるけれど、そんな夢のような力を実際に自分が身につけるにはどうしたらいいのだろう?」と思うだろう。その答えが本書にある。まずは、進化そのものの話から始めよう。

現在、大きく二つに分かれる進化についての仮説は、あまりに食い違った意見が飛び交いすぎて、どう考えればいいかわからなくなるほどだ。

一つは、人類とは何ら法則のない偶然の産物であり、それはまるでたくさんのサルが無数のタイプライターを打ってシェークスピア作品を生み出したようなものだという科学的物質主義者の考え方だ。もう一つは、聖書に書かれているように、神が人間をつくったという考え方であり、それによれば神は紀元前四〇〇四年一〇月二三日午前九時ちょうどに世界をつくり始めたことになっている。

いずれの観点もそれぞれ不完全で、二つの主張を一つにすれば正しい筋が見つかりそうだが、実際、最新科学では、天地創造は七日間で行われたわけでも人類がランダムな進化をするのでもないとされている。また、「フラクタル幾何学」では、自然には自己相似性が知的に繰り返される構造が存在し、それは人類の文明のあらゆるところに見られ、人間は明るい未来へと進化していることもわかっている。

もちろん、「もし明るい未来へと進化しているのなら、なぜこんなに混沌とした世の中なのだろう」という疑問が起こるのは当然だ。

ここで問題にしている「進化」とは、大変長い安定期に突然、予期せぬ大変動が起こると、絶滅する種も多いかわりに進化した種が多くの子孫を生み出すという、危機に思えることこそが進化を促しているとする「断続平衡説」だ。もし、危機的な状況こそが進化を促すとすれば、まさに現在がその時期だともいえる。

さて、進化とは、どのように起こるのだろう？　それは成虫になろうとしている蝶の幼虫の細胞で起こることによく似ている。何かをきっかけに衰退し始めたように思える幼虫の細胞集団は、より高いレベルの進化をとげるために構造をいっせいに変化させようと働き始めているのだ。

ここでは幼虫から蝶になる過程をモデルにしたが、人間の進化とは一つだけ大きな、そして重要な違いがある。幼虫は蝶になるしかないが人間の進化は避けようと思えば避けられるという点だ。自然がいくら人間に向かって進化の可能性があるという合図を送っても、人間が進化しようと思わなければ何も起こらない。私たち人間には自由意志で選択できる力があり、それをどのくらい自覚して何をどう選択するかしだいなのである。

幸いにもこれまで人間はうまく次のレベルへと進化してきた。そのきっかけの一つは、一九六九年に初めて宇宙から送られてきた地球の映像だった。一九六九年一月一〇日、『LIFE』の表紙を飾った、たった一枚の地球の写真が、何千語に値するほどの影響を我々に与えた。世界中の人々の心に刻まれた青緑色の惑星の姿は、なんと小さく壊れやすく見えたことだろう。人類学者マーガレット・ミードは、「今まで見た写真の中で、もっとも目の覚めるようなものだ。この貴重なたった一つの星が、真っ暗な宇宙の中にポツンと浮かんでいる。美しく、それでいて痛ましいほど壊れやすいのだ」と述べた(2)。

この写真は、アメリカのビジョナリー(預言者)、ジョン・マコーネルが一九六九年に「地球の旗」をつくる際に使われ、一九七〇年代にアメリカで最初の環境法ができあがるきっかけともなった。

ところが、それ以来、私たちは後退しているようにさえ思えるのはなぜだろう? 成虫になろうとする細胞が作動し始めたにもかかわらず、人類の地球上での組織はまだ幼虫のままである。それはまるで変化に恐怖を感じて成虫になるのを拒み続けているようにも見える。そして、世界のエネルギー争いを続けるパラダイムのままの社会が続いているのだ。

確実に未来を迎えるには、人間とは何ものなのかを知って力をつける必要がある。生命のしくみを知り、それをどう変えることができるのかがわかれば、人間の運命を塗り替えることができるだろう。

本書は、その「転換」への引き金となるものだ。健全で平和的な、持続可能な世界を築こうとして本書を開いた方々にとって、何らかのヒントが得られ、励みになればと切に願う。

第Ⅰ部

常識を超えた力

図A

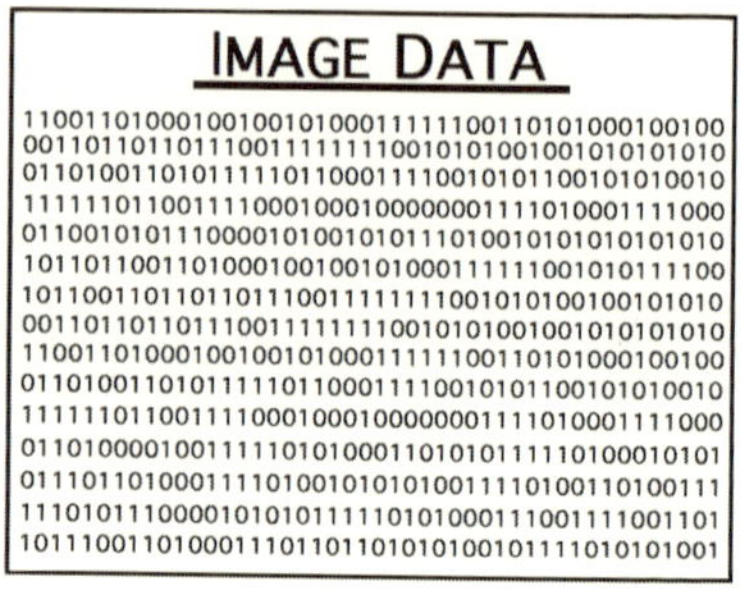

図B

図Aには、若い女性か老婆が見える。一方、図Bは、図Aのイラストを二進法を使って科学的データで表している。人がある瞬間、どちらの映像（若い女性か老婆か）に見えるかは図Bのデータの中には含まれてはおらず、見る人がどう解釈するか、理解するかによる。つまり、ある一つの科学的データは、まったく異なる二つのものを表すことがあるが、そのうちの一つを信じ込んでしまうと、それだけが正しく思え、可能な他の解釈を見落としてしまうことがあるのだ。実際、人でも社会でも、すでに間違いだと科学的に証明されていても、私たちにはその事実が知らされていないことがある。

人間の進化については現在、古いパラダイムと新しいパラダイムが互いに矛盾したまま、私たちがどちらを選択するかのターニング・ポイントにさしかかっている。

まずは五〇〇年さかのぼって、コペルニクスが大聖堂の塔から大空を見つめ、世界を揺るがすような天文観察をした時代に戻ってみよう。地球が宇宙の中心だと信じられていた時代に彼は、自転する地球のほうが太陽の周りを公転していると気がついた。ところが、教会はこの発見は神への冒瀆だと旧来の考えに固執し、そればかりか、その九〇年後にコペルニクスの理論を支持したガリレオにも考えを改めるよう剣で脅し、牢獄に閉じ込めた。しかし皮肉にも、当時の教会の指導者が暦の誤差の調整に使っていたのは、コペルニクスの数学的公式だった。

多くの人の意識を変えるには、ある程度の時間がかかるものだ。アインシュタインが、宇宙に存在するものはすべてエネルギーの組み合わせでできている、と証明してからすでに一世紀を経てもなお世の中は、原因と結果、作用と副作用という物理学的メカニズムで成り立つニュートン力学の法則にのっとっている。そして、教会がコペルニクスの理論を暦の誤差の計算に利用していたように、アインシュタインの相対性理論を原子力兵器に利用しながら、原子爆弾の恐ろしいほどの影響には見ないふりをしてきた。

そして、日常には脅威となるものがクモの巣のように広がっている。新聞記事の見出しに中東の自爆テロの警告がおどっていても、自分たちが地球の時限爆弾になっているのには気がついていない。恐竜が六五〇〇万年前に絶滅して以来、人類の飽食と汚染が原因で人類最大の危機が訪れている。今の状態が続けば、全人類の半数が今世紀中に絶滅してしまうというのに(1)。

ライオンがセレンティ（訳注：ユネスコの文化遺産リストに載っているタンザニアのセレンティ国立公園）にいなくても動物園に行けばいいじゃないかと、誰もが自分の日常は今のまま続くと思い込んでいるが、太陽、地球、生命のつながりがなくなった場所に命は存在し得ない。ある動物や惑星が消滅しているということは、やがて人類も絶滅する可能性があるということなのだ。

人類は宇宙と生命について多くの知識を蓄積してきたと自負しているが、それらを本当に「知っている」のだろうか？　たくさんのデータがあっても、目の前にある危機を逃れるための知識は明らかに不足している。

私たちの抱える問題はデータそのものにあるのではなく、その解釈から起こっている。醜い老女と若い女性のイラストのように、一つのデータはまったく違う解釈ができ、命の本質に関して集めたデータも、文明が残るようにも消滅してしまうようにも解釈できる。

かつてルネ・デカルトが、「すべてに疑いを持て」と言った。そして今がそれを始めるべき絶好のタイミングだ。知っていることがすべて間違いだとは限らないが、よく調べ、考えて、もう一度見直す必要がある。

第Ⅰ部では、まず、「これが真実だ」とされていることを、もう一度生物学上の見地から検証してみる。信念（人間の意識）と生物学の関わりがわかると、人間の意識が現実をどうやってつくり出しているかがはっきりしてくる。

ある文化の哲学と人間一人ひとりの認識が、実際には生物学的なものだけでなく、とりまく環境によって決められているとわかれば、世界を変えるような考え方ができるようになる。一人の人間として創造のプロセスに加わり、勇気と愛に満ちた世界を築き上げる権利が自分にもあるのだと気づき、そして立ち上がろう！

1章 自分が信じるように見えてしまう

人は本来、世の中をつねに正しい方向へ導こうとするものだ。地球を救わなくてはと道徳的な理由から意識することもあれば、地球と協調して「生存本能」に従い、自らが生き残れる行動をするようにプログラムされているともいえる。

テロ、大量殺りく、貧困、地球温暖化、病気、飢餓……これまでぼんやりと山積みになっていた問題がいったん脅威となると、人は突然、「自分は世界の何十億という中のわずか一人でしかないじゃないか。自分一人で、何ができるのだろう?」と、その緊急性と重大さに圧倒されそうになってしまう。コントロールのきかなくなった世界に対して、自らの非力を意識的にも無意識にも感じ、ただその日一日を終えることしかできない無力な人間なのだと認めてしまった人は、ただ神に祈るほかない。

ジム・キャリー主演の映画『ブルース・オールマイティ』では、病んだ地球から助けを求める声が多すぎて手がつけられなくなった神の姿が描かれている。主人公は、あるきっかけで神の仕事をまかされることになり、際限なく耳の中で聞こえ続ける祈りの声を付箋紙に書いてみる。けれども、そのあまりの数の多さに自分が付箋の中に埋もれてしまう羽目になる。たとえ「私は聖書とともに生きている」と声高に言ってみても、信心深い人でさえ、自分が無力だということはごまかせずに、経典の中に謳われた人間本来の力が信じられなくなってしまうものだ。

聖書には絶望の山について詳しく述べてある。
「もしあなたがマスタードの種ほどの信頼を持てば、その山に向かって言えるのだ。『山よ、あそこに動け』と。そして、山は動くだろう。何も不可能はない（1）」

こんな神聖な教えがすぐ近くにあっても、「この無力感と弱点だらけの姿が人間の本当の姿なのか？」と思わずにはいられないかもしれない。生物学と物理学が進歩してわかったのは、人間が非力だと思い込んでいるのは実は単に「学習」が足りなかっただけということだ。私たちが「本当は何を知っているのだろう？」と自問する時、「いったい自分の何がわかったのだろう？」と振り返るべきなのだ。

人間とは不可解な能力を持つ存在

現在、人間の進化に関しては物質主義の科学が基本となっていて、医学的には「人間は生化学的遺伝子によって制御された機械のようなもの」であり、その一方で思考とは、脳の機能のメカニズムから「二次的に生まれたもの」だとされている。肉体が本物で、思考は脳がつくり出す想像だという定義だが、何ともいえない表現だ。

ごく最近になって、この考え方を訂正せざるを得ない、ちょっと厄介な事象が出てきた。それは「プラシーボ効果」である。思考には癒しの力があり、ある薬に効果があると信じると、実際は薬でなく砂糖であっても効果が現れるというのだ。医学生は大学で、この不思議な現象が患者の三分の一に見られると教えられる（2）。

けれども、さらに他のことを学んでいる間にいつの間にかニュートンのパラダイムに合わないこの効果のことなどすっかり忘れてしまう。残念なことに、その後、医師になっても患者自身の持つ癒しの力を引き出すことなく終わってしまう。

進化は生き残るために外敵と闘うことで起こると考えるダーウィンの説を大前提として受け入れると人間は無力になる。人は自らを、まるで食うか食われるかの終わりなき闘いの世界に閉じ込めてしまっている。テニスン（訳注：アルフレッド・テニスン。イギリスの作家）は、これを詩的に「red in tooth and claw（自然はその牙や爪が弱者の血で染められた強者を選ぶ世界）」と表した（3）。

すると、無意識にも「闘争か、逃走か」という非常事態を感じた人間は、体内の細胞を維持しようと、副腎皮質からストレスホルモンを分泌し始める。その結果、昼間は稼ぐために闘い、夜はテレビ、お酒、薬など大衆を惑わすものと闘うことになってしまう。

「本当に安心して希望を持てる日がくるのか？　こんな辛いことが来週も続くのだろう

か？　来年はどうなんだろう？　いつになったら楽になるのだろう？」と考えてしまうのだ。しかし、そんな時は永遠にやってきそうにない。ダーウィン説を信じる人にとっての進化とは、「生き残りをかけて外敵と闘うこと」なのだから。

さらに外敵との闘いだけでなく、体内にも敵となるものがある。細菌、ウイルス、寄生生物、そしてお菓子のトゥインキー（訳注：クリーム状のフィリングの入った金色のスポンジケーキ）といったおいしそうな食べ物は、いとも簡単に繊細な体に害を与える。さらに親、教師、医師から、人間の細胞や内臓器官はとても弱くてダメージを受けやすいと教え込まれる。確かに肉体は簡単に病気になるし、遺伝子的機能障害を起こす可能性はいつだってある。だから、体に固くなったしこりがないか、変色した部分がないかなど、ついつい病につながる兆候を探してしまうのだ。

普通の人間が持っていた〝人間を超えた力〟

もし自分の命を守るのでさえ英雄ほどの努力が必要だとすれば、世界を救うために一体何ができるというのだろう？　そう考えると、現在、地球の危機に直面していても世界の出来事に影響なんて与えられるはずがない、自分は非力だから、と尻込みしたくなる。

けれども、次のようなこともある。

火の上を歩く

何千年も前から世界のいくつもの文化や宗教に、火渡りをする人がいる。現在、ギネスブック世界最長記録は、二〇〇五年六月に二三歳のカナダ人、アマンダ・デニソンが打ち立てたもので、摂氏九〇〇～一〇〇〇度の石炭の上を約七〇メートル歩いたものだ（4）。燃え盛る石炭の上を素足でまる三〇秒間も歩き続けたのだ。

火の上を歩いてもやけどをしない現象は、物理学者にいわせれば錯覚にすぎない。残り火はそれほど高温ではなく、足も部分的にしか石炭に触れていないという。けれども、実際にアマンダと同じ距離を石炭の上をあえて素足になって歩いた物理学者はいないし、もし本当に石炭の温度が高くないのなら、他の見物人が火渡りをして負ったやけどをどう説明したらいいのだろう？

作家であり心理学者のリー・パウロス博士は、この現象を長い時間をかけて研究した。自ら火の前に立ち、ズボンの裾をまくり上げ、勇気を出して燃える石炭の上を歩いてみたのだ。渡り終えた時に喜びがわき上がるのを感じはしたものの、足には何の傷も負っていなかった。ところが驚いたことに、まくり上げていたズボンの裾を下ろすと、両足とも折り目のところが焼け落ちていたのだ。

火渡りでやけどをしないメカニズムがどうであろうと、一つだけはっきりしていることがある。それは、石炭でやけどをするかもしれないと思う人はやけどをし、しないと思う人はしない、ということだ。つまり、人の信念が影響していることになる。やけどをせずにやり終えた人は、実際に火の上を歩いて「やけどをしない」という現実を生じさせる、「量子物理学」（後述）を体験したことになる。

一方、バクティアリ族（訳注：イランの西部山岳地帯に生活圏を持つ民族）は、裸足で何日も海抜四五〇〇メートルを超える雪の山道を歩く。一九二〇年代、アーネスト・シュードザックとメリアン・クーパーという二人の探検家が「A Nation's Battle for Life（生きるために闘う人々）」というタイトルの長編ドキュメンタリーをつくった。この映画は、今まで現代社会と接触のなかった遊牧民族バクティアリ族の移住生活を一年間にわたってとらえたものだ。五万人以上のバクティアリ族は年に二回、五〇万匹のヒツジ、牛、ヤギを連れて川を渡り、氷で覆われた山道を牧草地目指して移動する生活を一〇〇〇年もの間続けてきた。氷や雪の残る海抜四三〇〇メートルの険しい山頂を抜けながら進むのだが、彼らはこの移動で死ぬかもしれないということ自体を知らない。

冷たい雪の上であろうと熱い石炭の上であろうと、それを当然のこととして渡りきる人間がいることを考えれば、我々は自分たちが思うほどに弱くはないらしい。

重いものを持ち上げる

ウエイトリフティングの競技者は、集中的に体をつくったり、若干のステロイドを摂取したりする。世界記録は、男性で三二〇～三六〇キログラム、女性では二〇〇～二三〇キログラム程度だ。

もちろん、これは驚くべき記録だが、何の訓練もせず運動選手でもない普通の人がそれを超える力を出したこともある。一九六四年、車に閉じ込められた息子を救おうとしたアンジェラ・カバロは、意識のない息子を救い出すまでなんと五分間もシボレーを持ち上げていた(5)。また、排水溝に閉じ込められた同僚を救おうとして、墜落した約一・四トンもあるヘリコプターを持ち上げた作業員もいる。この場面はビデオに残されており、画面では同僚が助け出されるまで作業員が確かにヘリコプターの残骸を高く持ち上げていた。

これがアドレナリンのせいかどうかはどうでもいい。カバロにしろ作業員にしろ、スーパーマン並みのことをやってのけたのだ。危機にあるわが子や同僚を救おうと、無意識に自分のリミッターをはずして、その瞬間の最大事である、彼らを「助けること」に集中したのだ。

毒を飲む

私たちは毎日、抗菌性の石鹸や洗剤で体を洗い、家を磨き、殺菌しながら身を守って生活している。消毒液で手を洗い、洗口液でうがいをし、何かをしたら、また消毒しましょう……とテレビで宣伝が流れているが、それらが体内に吸収されることはすっかり忘れられている。さらには、アメリカの疾病管理予防センターやメディアからは、最新のインフルエンザやＨＩＶ、蚊や鳥や豚から伝染する疫病の情報がいつでも流れてくる。

どうして、ただの予測を必要以上に心配するのだろう？　それは、人間の体の抵抗力は弱く、死に至るような病原菌には予防が必要だと信じ込まされているからだ。たとえ自然の脅威がなかったとしても私たちは、文明社会のつくり出した副産物からも自分を守らなくてはならない。もちろん、工場から排出される大量の毒性物質や薬は環境を破壊し、その毒や細菌で死に至ることさえある。

科学誌『サイエンス』の遺伝学と免疫学の統合についての記事の中で、微生物学者V・J・デリタは次のように述べている。

「現代免疫学は、コレラ菌犠牲者を詳しく調べ、その病気が飲料水を媒体に広がったことをつきとめたイギリスの内科医ジョン・スノーの業績にもとづいたものだ。それから四〇年後、ロベルト・コッホが細菌理論をさらに発展させ、勾玉形のバクテリア、ビブリオ・コレレ（コレラ菌）が元凶だと断定した。けれども、コッホの理論に異論を唱え、コレラ菌自体が原因の病気かどうか証明しようと、コレラ菌が入った水を飲んだ人がいたが、どういうわけか彼にコレラの症状は出なかったのだ（6）」

また、一八八四年にも同じように異論を唱えてそれを証明しようとコレラ菌入りの水を飲んだ男がいたが、彼にも症状は出なかった。専門家は彼のほうが間違っていると主張しただけだった。

よく調べもせずに、専門家が勇気ある実験の結果を退けてしまうのはよくあることだ。自分たちがつくったルールを変えるという面倒より、例外的と片づけるほうがずっと簡単なのだ。けれども科学の世界では、例外があるということは、まだ知られていない事実や理解すべきものがあることになる。

さらに驚くような話はまだある。アメリカのケンタッキー州東部の田舎と、バージニア州の一部、そして北カリフォルニアは、ペンテコステ派、ホーリネス教会として知られるキリスト教原理主義の故郷ともいわれている。恍惚状態になった人が、神の保護のもと、ガラガラヘビやアメリカマムシの毒を制御する力を実演する宗教的儀式がある。その人はヘビにかまれても症状が出ないばかりか、さらに大きな神の加護を受けていると示すため、有毒のストリキニーネ錠剤を平然と飲むのだ（7）。これらの事実は、科学ではまったく解明されていない謎である。

病気が自然に鎮静する

毎日のように何千人もの病人が医師から、「検査結果はすべて陽性でした。スキャンしても同じ結果です。誠に残念ですが、もう手の施しようがありません。人生の終わりが近いので、その準備をきちんとしてください」と告げられている。ガンなど末期的症状の患者には受け入れるしかない言葉だろう。けれども、末期患者の中に、常識では考えられないような病気の鎮静をみせる人がいる。ある日末期の患者だった人が、次の日にはそうでなくなる。この不思議な、医学では説明のつかないようなことが起こる人が現実に少なくないが、それでも医師は、どんなに検査やスキャンの結果が明白でも、ただ医師の診断が間違っていたのだろうと結論づける。

ルイス・メール・マドローニャ博士（西洋医学メディカルドクター、老人病、精神科専門医）は著書『Coyote Medicine（コヨーテ医学）』の中で、自然な病気の鎮静は、「思考を変える」と起こる、と述べている（8）。今までと異なる運命を歩み始めようと決意した人には、予想に反したことが起こるというのだ。また、自分に残された時間がもうあまり長くはないと知った人でも、できるだけリラックスして人生を楽しみながら、これまでのストレスや疲労感を手放して精一杯生きようとしていく中で、いつしか気にもしなくなった病気が消えてしまう人もいる。これこそ究極のプラシーボ効果であり、（薬の代わりになる）砂糖でできた偽薬さえ必要ない。

とても大胆な意見かもしれないが、遺伝子にある発ガンの可能性を予防のために高額で検査したり、副作用のない治療法を必死になって探したりするよりも、プラシーボ効果など症状を鎮静化させる研究をしたほうが理にかなってはいないだろうか？

けれども、プラシーボ薬をどうやってパッケージに入れて値段をつければいいかわからない製薬会社にとっては、人間が持って生まれたメカニズムなど研究する気にはならないだろう。

体は心にコントロールされている

火渡りを体験した人、毒を飲んだ人、車を持ち上げた人、さらに治療も何もしないで病気を鎮静化させた人には共通する特徴がある。それは、自分がやっていることをやり抜こうとする強い「信念」があったことだ。

本書で、「信仰」「信念」という時には軽々しく〇～一〇〇%といったスケールで測れるものとして使うつもりはない。例えば、有毒のストリキニーネを飲むのは、「信じているつもり」の人たちがやるゲームではない。妊娠と同じで、「妊娠しているか、していないか」、〇か一〇〇かのどちらかでしかない。

燃えている石炭は実はそれほど高温ではないとしても、バーベキュー用のグリルからわざわざ練炭を取り出して、その上を歩こうとする人はいない。まして神を信じているからといって、毒を飲んでも守ってもらえるなどと信じられるだろうか？　ストリキニーネは、混ぜたほうが飲みやすい？　それともシェイクしたほうがいい？　と聞く前に、一〇〇%の確信を持つ必要があるだろう。たとえ九九・九%まで神を信じられたとしてもストリキニーネを飲もうとは思わない。

こんな極端な話は例外だと思うだろう。確かに例外ではある。けれども、今までの科学では説明がつかないが、人間が実際にやってきたことなのだ。信念さえあれば、同じ人間なのだから、同じこと、いやそれ以上のことができるかもしれない。

ひょっとしたら今日の例外は明日の科学になるかもしれない。ＤＩＤ（人格障害・解離性同一性障害）として知られる謎の機能不全の症状からわかったのは、単なる生物学的機能をしのぐ人間のパワーがあることを認めざるを得ない事実だった。ＤＩＤ患者は自分のエゴが他の人格へと入れ替わると、まったく異なる行動を示すのだ。

多重人格では、「電波の認識」がコントロールを失って、まるでフォークミュージックからロックミュージックへと変わるように、一つの人格から別の人格へと、まったく違ったエゴが入れ替わって現れるのだ。

これまでもＤＩＤは精神の病の一つとして注目されていたが、実はエゴが変わるにつれて起こる、驚くような心理的側面がある（9）。それぞれの人格が現れるたびにある人格特有の脳波プログラムが現れるのだ。さらに驚くのは、別の人格へと変わるわずかな間に目の色まで変わる人や、ある人格の時にあった傷あとが、別の人格になると消えてしまうという不思議もあれば、アレルギー症状が人格ごとに入れ替わることもある。どうしてそんなことが起こり得るのだろう？

子どもを研究対象にした「精神神経免疫学」という新しい科学の分野では、科学的に心理的な部分が免疫システムを制御する脳神経にどのように作用しているかが研究されている（10）。そして、免疫が体内環境を保護しているだけでなく、心理が免疫をコントロールして健康な状態をつくり出しているということが、この新たな科学でわかってきた。つまり、ＤＩＤは明らかな精神疾患だが、心を制御しているプログラムが、病気になったりそれを治したりと、私たちの健康と幸福に深い関わりがあるという事実が明らかになった。

さてここで、「え？　信念で体がコントロールされる？　心のほうが物質よりも影響力があるというの？　それって、前向きに考えよう、とか、ポジティブ・シンキングと同じ意味なの？」と思うかもしれない。その違いはニューエッジ・サイエンスの中身を知るとわかってくるだろう。

生命をコントロールしているのは遺伝子ではない

心が物質をコントロールしているとはどういう意味だろう？　答えは、何を科学と呼ぶかによる。これまで述べてきた現象は、これまでの医学や科学ではすべて存在していないことになっている。というのは、現在の生物学の教科書やマスメディアでは、人間の肉体とそれを構成している細胞は、パーツが生化学的に組み合わされているようなものだとされているからだ。

遺伝子が肉体と行動をコントロールしているのなら、遺伝子の青写真に組み込まれた自分の親の親、さらにその親と、ずっと昔の先祖から伝わった性格で自分の運命は決まってしまい、自分の意志では何もしようがないことになる。

ところが、ヒトゲノムプロジェクト（ＨＧＰ）によって、この考え方を変えざるを得なくなった。皮肉なことにこのプロジェクトは、最初はまったく逆の目的で始められたプロジェクトだった。当初、人間を形成している複雑さからすると莫大な数の遺伝子が必要だろうと思われていた。ところが、その数は他の動物とあまり変わらず、「遺伝子がすべてをコントロールしている」という神話をくつがえしてしまうことになったのだ(11)。

では、遺伝子が生命をコントロールしているのでなければ、一体何がコントロールしているのだろう？　疑問はどんどん大きくなるが、答えは「私たち」、つまり自分だ！

ニューエッジ・サイエンスでわかったこと、それは、生命をコントロールする力は遺伝子ではなく「心」にある、ということだった(12)。変化を起こす力は、他のどこでもない、私たちの中にある。けれどもこの力を持つ「心」を活性化させるには、もう一度考え直さなくてはならない基本的なことがある。

まず、自分を鏡で見て、「自分は一人の人間だ」と思うだろうが、実際には五〇兆個の細胞が集まったものであり、地球全体の人口七〇億よりずっと多い。そして、ほとんどの細胞は、それぞれ神経、消化器、呼吸器、筋肉、骨、生殖器、そして免疫システムなどの機能を持つ人間のミニチュアみたいなものだ。だとしたら、人間は膨大な数の細胞の集合体といえる。

心は、肉体の中の膨大な細胞の機能を調整し、統合している政府のようなものである。まるで、政府が市民を統制して意思決定するように、心は細胞全体の特徴を形づくっている。心の持つ本質が私たちにどう影響を与え、それがどこにあるかを含めて、自分の持つ本当の力がわかれば、世界の進化にも、自分という生命のあり方にも働きかけることができるようになるのだ。

生命の真実

生命が生化学的なメカニズムを持つ分子の働きから起こるという基本的な部分では、従来の科学も最先端のニューエッジ・サイエンスでも異論はない。けれどもそのメカニズムとなるといまだ謎のままだ。ニューエッジ・サイエンスでの生命の理解を簡単に述べると、スイッチで制御されているモーター、それを測るモニターに従って動くギアのようなものがあると説明する（話は先があるので、「機械的」であるという説明に納得できない人もいるだろうが我慢してほしい）。

スイッチはメカニズムをオン、オフに切り替え、ゲージ（計器）はそのメカニズムがどのくらい機能しているかどうかを測定する装置で、スイッチをオンにするとギアが動き、それが機能しているかどうかが計器のモニターに示される。

ギア：ギアは可動部。

細胞では、たんぱく質が、その細胞の動きと機能を生み出すために結合したり、相互作用して体をつくり上げる基礎となっている。そして、たんぱく質にはそれぞれ固有の構造と大きさがあり、その数は実に一五万種類にのぼる。人間がつくる機械にもかなり複雑なものがあるが、細胞の精巧なメカニズムに比べれば大したことはない。

ある特定の生物学的機能を持ったたんぱく質が結合してできたものを「パスウェイ（経

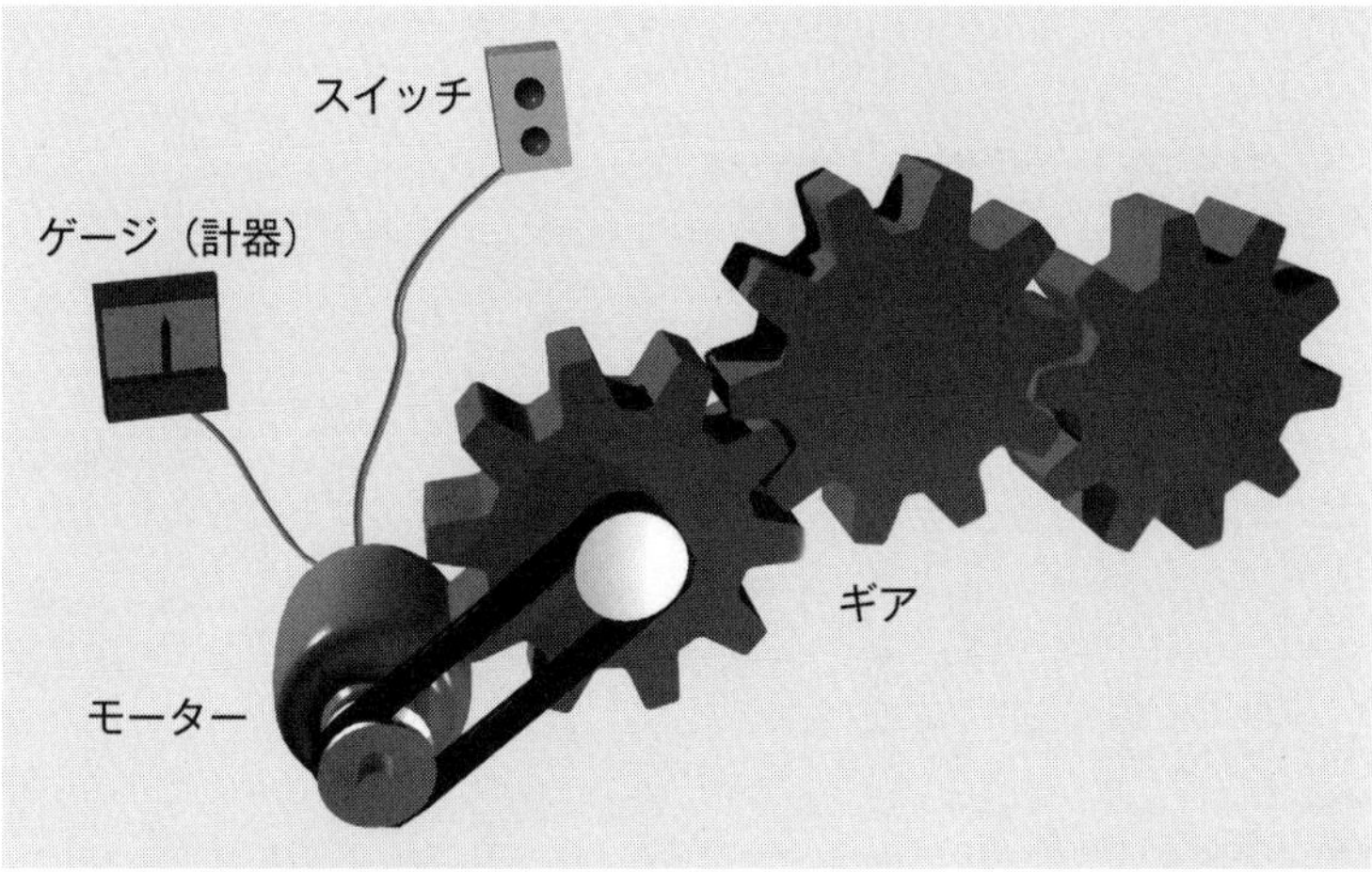

周りから細胞が受けるシグナルでスイッチが入り、ギア、モーター、ゲージ（計器）が動く。

路）」という。例えば、呼吸器パスウェイは呼吸をするためのたんぱく質でできた器官、消化パスウェイは消化する時に働くたんぱく質の分子でできた器官、筋肉パスウェイは体の動きをつかさどる作用をするたんぱく質でできている。

結論1：たんぱく質は生物学的器官の構造と機能の源である。

モーター：たんぱく質でできたギアを動かす力を表す。

体内のたんぱく質が活動を止めたら、私たちはやがて確実に死に至る。生きているということは、たんぱく質の分子が活動していることであり、そこから生物の行動も生まれる。

スイッチ：たんぱく質が活動するようにモー

ターに促すメカニズム。

生命は莫大な数の細胞が正確に働くように統合しなくてはならず、呼吸、消化、運動、その他の細胞の機能をまるでオーケストラのように制御する。まるで指揮者のいないオーケストラが騒音とならないように、細胞膜にあるスイッチが調和をとりながら細胞の持つさまざまな機能のシステムをコントロールしていることになる。


ゲージ（計器）：生理学的システムの機能の正確さを示す体の反応をモニターしている。

生物としての生命を保つことがゲージの第一の目的で、車についている計器が体の中にあるようなものと思っていただければよい。運転の目安となる計器が車全体の機能をモニターして、オイルやガソリン、バッテリーの状態、スピードを知らせてくれるように、体内のゲージも情報をフィードバックして自らの命を守る行動をするように指示を出す。けれども針やLEDの光で知らせる機械とは違い、体の計器は情報を感覚として運ぶ。細胞内で化学物質としてつくられた感覚は、やがて放出される。神経系のある細胞にどのくらい化学物質があるかをモニターしたゲージは、神経細胞の細胞膜にあるスイッチが入ると、それを翻訳して、感情、感覚、症状として受け取り、結果、そこに人の意識が向けられることになる。

例えば、免疫細胞は伝染病に対して、血液中にインターロイキン1という化学物質を放出する。これが脳内の血管細胞のある膜状の感覚器官に感知されると、プロスタグランジ

E2（生理活性物質の一種）を脳内に放出するよう促す信号分子が出て、さらに発熱のパスウェイ（経路）を活性化し、結果的に高熱が出たり体が震えるという症状を生じさせる。

現代科学の大きな問題の一つは、製薬会社が、薬によって症状がどのくらい緩和されたかで効果をはかっている点だ。医師は基本的に痛みをなくし、腫れが引き、熱が下がるように薬の処方箋を書く。けれども、すでに現れている症状に薬を与えるのは、車の計器にマスキングテープを貼るようなもので、問題は何も解決していないどころか、車が壊れてしまうまで不調の原因がわからなくなる。細胞に薬を与えて症状を感じなくしてしまうのは、自分をとりまく環境から伝わってくる信号を無視してしまうことにつながるのだ。

スイッチを押しているのは誰なのか

たんぱく質分子のスイッチがギアを作動させ、ギアこそが実際の働きや作用を引き起こすことがわかったところで、生命の秘密について、大きな疑問がわいてくる。

「そのスイッチを誰が、あるいは何が押しているのだろうか？」

スイッチをオンにするには、もちろんある信号（シグナル）がなくてはならない。

シグナル：細胞内のモーターのスイッチをオンにし、たんぱく質でできているギアを作動

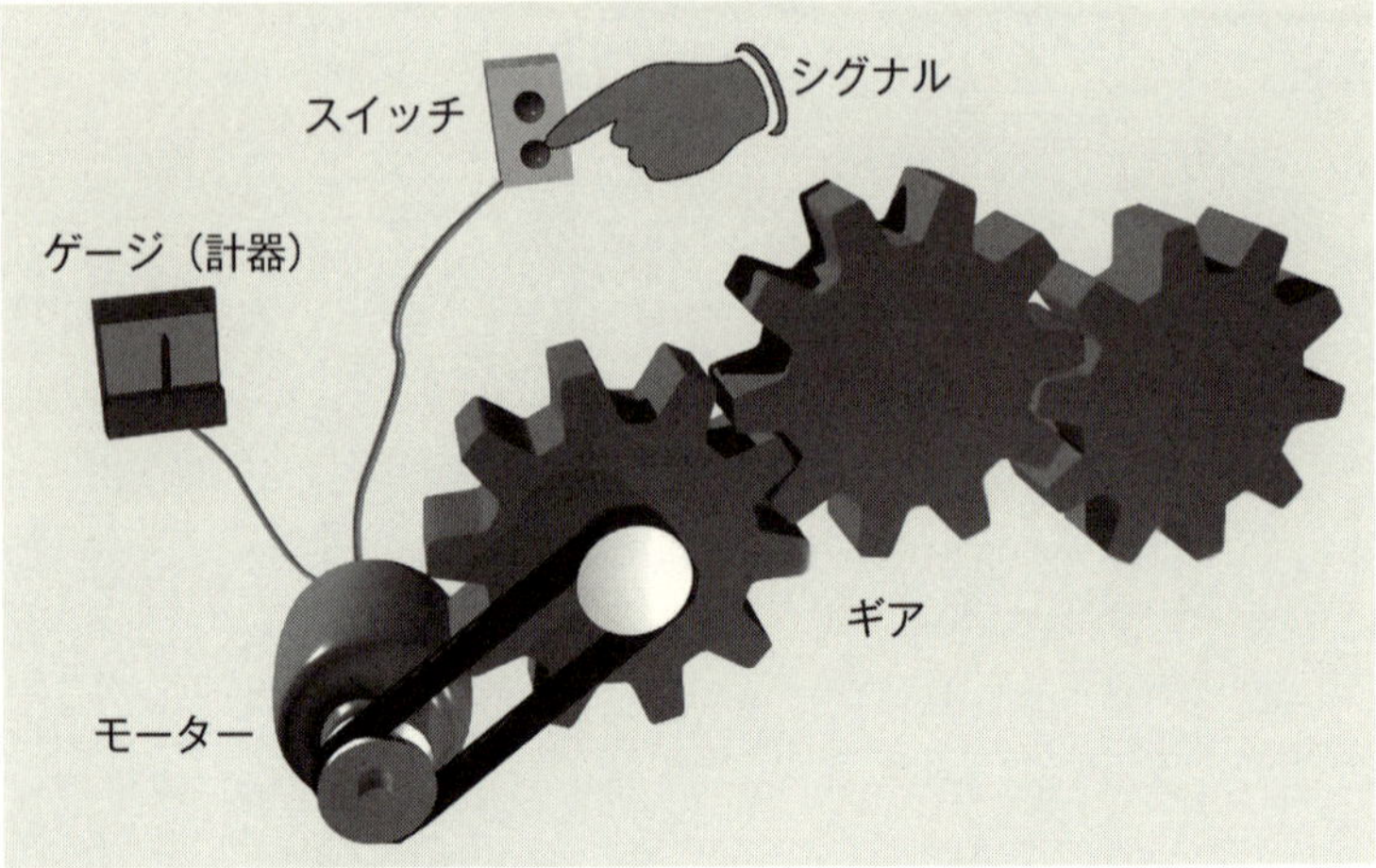

細胞の周りからのシグナルはスイッチ、ギア、モーター、計器を作動させる。

させて、環境からの情報を伝えている。

シグナルには、私たちが住む世界にある物理的なものとエネルギー両方の情報が含まれており、呼吸する空気、口にする食べもの、人に触れた感触、耳から入ってくるニュースなど、すべてがたんぱく質の活動を促し行動を生み出す環境シグナルである。よってここで述べる「環境」という言葉は、皮膚のわずかな感覚から宇宙の端までのすべてを含む広い意味を持つ。

たんぱく質は普段はロック（固定）されていて、それぞれ互いに密接な関係にある環境シグナルにのみ正確に反応する。そして、たんぱく質分子が結びつく際には、環境からのシグナルに応じて形を本質的に変える。細胞はこの分子の動きを、呼吸したり、消化したり、筋肉を収縮させたりする生命の源ともいえるパスウェイ（経路）へと伝える。このたんぱく質の働きこそが、細胞に命をもたらしているのだ。

結論2：環境シグナルはたんぱく質の形を変化させて、生きる機能をつくり出している。

細胞は環境からのシグナルに反応している

強調しておきたいのは、膨大な数のたんぱく質でできたパスウェイは、ある機能をもたらしてはくれても、生命そのものはつくれないことだ。生命があるものには、たんぱく質でできたパスウェイが正確にそれも規則正しく配列されている。脳とそれをサポートする神経システムは、生命のもとになる多くのパスウェイすべてを調節する規則的なメカニズムを持ったものでもある。

では、細胞自体の脳は、どこにあるのだろう？　多くの人は遺伝子にあると思っているかもしれないが、実はそうではない。高校時代の生物の授業で、細胞内の最大の器官である核がコントロールセンターだとか、細胞の脳の役割を果たすと習ったはずだ。そして遺伝子が生命をコントロールする、その遺伝子は核の中にある、と教えられると、遺伝子が細胞の脳の役割を果たすと思い込んでしまう。これこそ正確に問い直さなくてはならない問題点だ。

遺伝子が脳の役割をしているかどうかを試した八〇年前の実験がある。その実験では、ある生き物から脳を取り去ると死んでしまうが、たとえ核出術で細胞から核が取り去られて遺伝子そのものがなくても、生物は二、三ヶ月以上生き延びることができるとわかった(13)。核出術されても、生きるのに絶対必要なたんぱく質がなくなるまで、それまでと同様の活動が続く。

つまり、遺伝子は単に、たんぱく質のある部分をつくる際に使われる青写真にすぎないということになる。核出術された細胞は最終的には死んでしまうが、それは遺伝子がなくなった直後ではなく、あるたんぱく質の部分を取り替えることができなくなって、結果的に機能が衰弱し始めた後で起こる。今までの考え方では核が「脳」だと教えられてきたが、ところが実は、細胞が生殖する機能、細胞の再生機能を果たしているだけなのだ。

では、細胞の核が脳でなければ、何が脳の役割を果たしているのだろう？　それは細胞膜と呼ばれる細胞の周りにある膜の部分だ。細胞膜にはたんぱく質でできたスイッチが組み込まれており、環境からの刺激に対して反応し、それを内部のたんぱく質パスウェイへと情報を伝える。一つの細胞には、エストロゲンに反応するもの、アドレナリンに反応するもの、カルシウムに反応するもの、光に反応するものなどどんな環境からの刺激にも反応するスイッチが備わっている。

そのスイッチの数は何十万個にもなるが、一つひとつスイッチの入れ方を学ぶ必要はない。というのは、それらは基本的に同じ機能のたんぱく質は同じ構造と機能を持っているからだ。次の図は、ある細胞膜にある一般的なスイッチを描いたものだ。

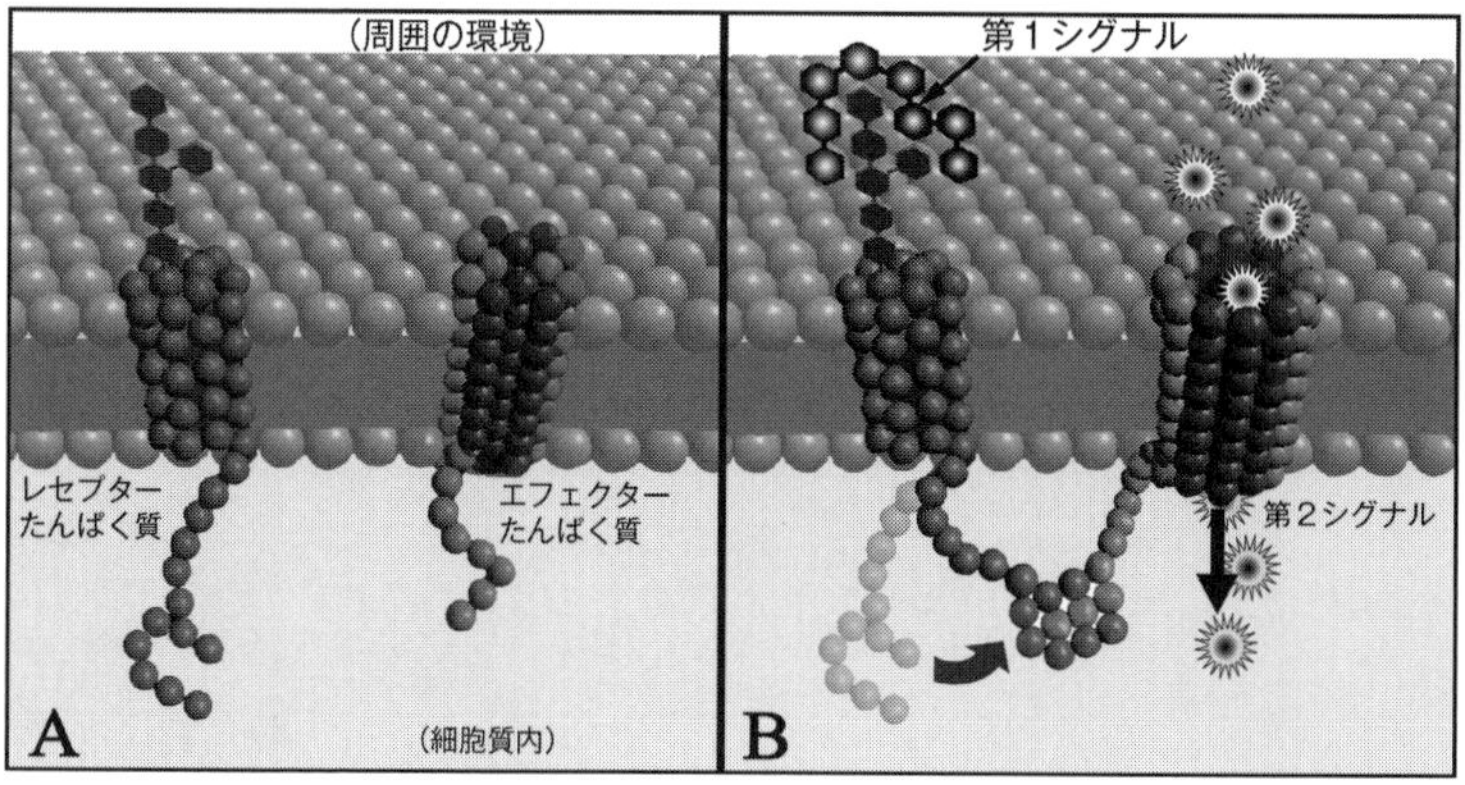

図A：それぞれの細胞の細胞膜には、レセプターたんぱく質とエフェクターたんぱく質があり、環境と細胞内部をつないでいる。つまり、これらのたんぱく質は細胞のモーターやギアにスイッチを入れる役割をしている。

図B：レセプターたんぱく質が環境からのシグナルを受け取ると、そのシグナルを修正して、エフェクターたんぱく質に伝える。

細胞膜にあるそれぞれのスイッチは、一つのユニット（単位）で働き、基本的に二つの部分、レセプター（受容体）たんぱく質とエフェクターたんぱく質の二つからなる。レセプターたんぱく質は、その名からわかるように環境からのシグナルを受け取ったり感知したりするもので、最初のシグナル（図Bの第1シグナル）を感知すると、その瞬間に動きだしてエフェクターたんぱく質へとつながる。

図Bのように、レセプターたんぱく質とエフェクターたんぱく質は握手をするように動く（図B矢印の部分）。この伝達こそが細胞の外側の情報を細胞内に伝え、それに従ってどう活動するかを決めるものだ。

レセプターたんぱく質によって動き始めたエフェクターたんぱく質は、次に第

2シグナルを細胞質を通じて細胞内に伝える。その部分がさまざまな機能を備えたパスウェイをコントロールしている。細胞膜にあるスイッチが入ると、つねに変化する環境に対してオーケストラの演奏のように新陳代謝や生理現象が起こる。だから、このスイッチはすべて細胞膜にあって、「肉体的な感覚を通して環境のいろいろな要素に気がつく」ようになっている(14)。

これこそが、生命の秘密を解く鍵だ。

辞書の定義によると、ラテン語の「理解する」「取り込む」といった言葉から派生した「受容する・認識する(perception)」という意味の細胞膜にあるたんぱく質スイッチは、基本となる分子の単位を示している。スイッチが細胞の分子のパスウェイをコントロールし、ある特定の生化学的な機能を果たしているのなら、「受容・認識」こそが「振る舞い」「行動」を決めているとはっきりしてくる。

この「分子レベルでも人間全体のレベルでも、受容・認識したことが、それらの振る舞いをコントロールしている」ということが生命の本当の秘密なのである。

結論3：細胞膜にあるレセプターたんぱく質のスイッチは、細胞の機能や振る舞いを調節しながら環境からのシグナルに反応している。

病気の原因は「外傷」「毒」「思考」

時に体の自然な調和が崩れて病気になると、ある通常のシステム通りに体を機能させるためのコントロールができなくなる。実際に「行動」するのは、シグナルを出し相互作用を生み出すたんぱく質の部分なのだから、病気の原因はたんぱく質自体に欠陥があるか、それともシグナルがおかしくなっているかのどちらかしかない。

先天的な障害を持って生まれる人は世界の全人口の約五パーセントとされ(15)、正常に機能しないたんぱく質のコードを持つ遺伝子が異常だと、構造上、変形したりした欠陥のあるたんぱく質は「機械」を動かなくしてしまい、通常のパスウェイ機能や生命の質や特徴までを害してしまう。この五パーセントを除く九五パーセントの人は、完全な遺伝子の青写真を持って生まれてきている。とすれば、病気のほとんどの原因はシグナルにあるはずで、それには主に次の三つのケースが考えられる。

一つ目は、「外傷」だ。「外傷」によってシグナルがねじれてしまうと、神経系統である脳から出されたシグナルからの情報が細胞、組織、器官に届く途中で物質的に変化してしまうかもしれない。

二つ目は、「毒」である。体内に入った毒素は神経システムや対象となる細胞や組織の間のパスウェイにある情報シグナルを乱し、間違えたシグナルが通常の「振る舞い」を制御したり勝手に修正したりして、いわゆる「病気」になる。

そして、最大の影響を与える三つ目が「思考」、つまり頭脳や心の動きだ。心理的なものから起こる病気は前の二つとは違い、表面上、肉体的な現象としては何の問題も起こっていないように見える。健康な状態とは環境の情報を正確に感知し、適切にかつ生命を維持するような「振る舞い」ができるような神経システムが働いているということだから、もし心が環境のシグナルを誤解して適切でない反応をしたとすれば、命の危険さえあるだろう。というのは、体は環境と調和するように行動しているはずだからだ。まさか思考が体全体を害するほど重要だとは思えないかもしれないが、実際に環境のシグナルを誤って解釈すれば致命傷にもなりかねない。

例えば拒食症の症状を思い出してほしい。骨と皮になってもう死にそうだと、いくら周りの親戚や友人に言われても、本人は鏡をのぞき込んでは自分は太っていると思うのだ。遊園地にあるビックリハウスの鏡に映る姿と同じで、拒食症の人の脳は体重はすぐに増えると思い込み、新陳代謝の機能を抑制してしまう。

脳は調和して動く制御装置だ。自然に調和している状態とは、実際に自分が経験しているものと心が受け取るものとがどのくらい一致しているかで測られる。

催眠術のショーで聴衆から一人がステージに招かれる。そして、水の入った一杯のグラスが四五〇キログラムあると伝えられてから、それを持ち上げるように言われると、その人はきっと筋肉にものすごい負担がかかるだろうと予測する。水の重さを聞いたステージ上の人の腕には血管が浮き上がり、汗をかきながら、それでもなかなかグラスを持ち上げられない。どうして、そんなことが起こるのだろう？　どう考えても一杯のグラスの水が四五〇キログラムもあるわけがない。

ところが、「この水は四五〇キログラムあります」とはっきり告げられると、催眠術をかけられた人の心は、その重さを持ち上げられるよう筋肉にシグナルを出し、さほど重くないグラスを持ち上げるときに使うはずの筋肉へのシグナルは減少してしまう。混乱した状態の筋肉が緊張したまま互いに逆方向に動こうとするため、一連の動きができなくなる。そして自分が緊張で大汗をかくことになる。

細胞、組織、器官は神経システムから出た情報には何の疑問も持たない。むしろ、そのまま正確に反応しようと、間違えた感覚でも従い、自己破壊してしまうことさえある。多くの人がプラシーボ効果には気がついているのに、その反対のノセボ効果には無頓着なのだ。ポジティブ思考をすれば癒しの力が発揮できるのと同じで、病気になるかもしれない、害になる環境にいる、といったネガティブな思考でも望まない現実を明らかにつくり出してしまうのだ。

日本で行われたある実験がある。そこには漆《うるし》にアレルギーを持つ子どもが参加した(16)。片方の腕に彼らにとって毒性のある漆を擦りつけ、もう片方の腕には漆に似た別の植物を擦りつけて観察したのだ。予想通りほとんどの子どもに毒性のある葉を擦りつけたほうの腕には発疹ができ、そうでないほうの腕には発疹が出なかった。

けれども、子どもたちにはラベルが逆に貼られていたとは知らされていなかったのである。毒のある葉に触れたと思っただけで、毒のない葉を擦っても発疹ができてしまったのだ。ポジティブに捉えれば健康になり、ネガティブに捉えれば病気になるという単純なことが証明されたわけである。この今までの信念を変えてしまうような例は、精神神経免疫学の科学へつながる実験として知られている。

仮に、治療薬の最低三分の一がプラシーボ効果を持つとすれば、病気の何%がネガティブ思考によるノセボ効果によって引き起こされているのだろう？　心理学者によると、人間の思考の七割はネガティブで、それも過剰なネガティブ思考であるとされることから、おそらく想像よりずっと多いだろう(17)。

物事をどう「認識（受容）」するかは、人間の性格や人生での経験に大きな影響を与える。だから、毒を飲んだり、死に至る毒を持つヘビと楽しく戯れたり、愛する者のために車を持ち上げたりできるのだ。認識はプラシーボ効果とノセボ効果のどちらも生み出すが、単に頭で前向きに考えるよりも影響力がある。認識とは、すべての細胞に行き渡っている信念のようなもので、簡単にいえば、「体」は心の認識を補足するためのものであり、だからこそ自分が「信じているように見えてしまう」のだ。

結論４：環境を正確に受容（認識）することが成功の鍵である。
認識を間違えると命取りになる。

多くの人は、自分の中に眠る力や生命力、意志力を正しく認識できないまま、知らぬ間に自分の限界を身につけてしまっている。

次の章でも詳しく紹介するが、自分にもっとも影響力のある認識プログラムは、他人からインプットされたものであり、必ずしもあなた自身の目的や望みを叶えてくれるものではない。それは六歳になるまでに家族や社会からあなたの心に直接ダウンロードされるもので、成長期に身について大人になっても健康や行動の主な規範となっている。

自分の限界を決めてしまうプログラムのせいで、どれほどの子どもが自分の潜在的な力や夢に気がついていないか考えてみよう(18)。当然だが、この事実は世界を変えようとする時にも妨げとなるが、実際に限界を超えようと外に出る前に、まずは自分の中をのぞいてみなくてはならないことにもなる。つまり、自分の中の信念を変えれば、世界も変えられるのだ。

世界を変えるために自分を変えようとする時、ときには善意以上のものが必要になる。まずは心の本質を理解し、どうやって意識と無意識という両極端なものを持つ脳が認識をコントロールしているのかを理解しなくてはならない。次の章では、体の一部で認識していることがきっかけで、どう世界が進化するのかを見ていくことにしよう。

2章

あなたをコントロールする「心」とは

すべてが自然に進化するものなら、究極的にはいつかは世界も変化するだろう。とはいえ、環境を変えようとする前に、自分の体内で何が起こっているかを知っておこう。

私たちの皮膚の下では五〇兆の細胞が忙しく動いており、その細胞一つひとつがまるで人間のミニチュア並みに精巧で、ある意味人間と似通っているからこそ何十億年以上もの歳月をかけて人間へと進化したのだ。だから細胞がどのようにして意識を持つに至ったかがわかれば、人間が進化する重要なタイミングに自分の信念を書き換えることができる。

現在まで、細胞の運命と振る舞いはすでに遺伝子によってプログラムされてしまっているとみなされてきた。一九五三年に分子生物学者ジェームズ・ワトソンとフランシス・クリックが遺伝子コードを発見して以来、デオキシリボ核酸（DNA）が人間の特徴と性格を決定し、その遺伝子プログラムは、コンピュータでいう読み込み専用のプログラムのように書き換え不可能だと人々は信じ込まされてきた。これは、人間は自分ではコントロールできない遺伝の力の被害者であるという、もはや時代遅れな「遺伝子決定論」の考え方で、自分が無力だと思えば無責任にもなりたくなるものだ。多くの人がこう言ってきた。「太りすぎ？　家系なのよ。私にはどうしようもないんだから。ちょっと、そのキャンディーを取ってちょうだい」

遺伝子を超える力

一九八〇年代まで生命は遺伝子がコントロールしていると確信していた科学者もまた、人間の遺伝子を特定し、ヒトゲノムをつくろうと試みた。それが明らかになれば、最終的には人間の病気の予防や治療に役立つだろうと期待していた。

ヒトゲノムプロジェクトの結果については後で触れるが、遺伝子の分析途中で、「エピジェネティクス」という科学（1）が誕生した。人間は遺伝子の犠牲者ではなく、むしろ遺伝子をうまく操っているとする科学は、生物学と医療の基礎を大いに揺るがした。

新しい科学「エピジェネティクス」の「エピ」はギリシャ語で「覆う」または「その上の」を意味する。高校や大学の生物学コースの生徒は学校で、いまだに遺伝子が生命をコントロールしていると習う。ところが実際は、遺伝子を超越した「何か」にコントロールされているとわかってきた。その遺伝子を超えたものとは何だろう？　という疑問への答えが、現実をつくり出している人間の役割を理解するための入り口ともなるのだ。

前の章で述べたように、環境からのシグナルは細胞膜のスイッチを通して細胞の機能を支配し、また、まったく同じメカニズムで遺伝子を活性させることも判明している。さらに新しい科学では、環境から刺激を受けて伝わったシグナルにより細胞膜から第2シグナルが発せられ核へと情報を伝えていき、核の中では、第2シグナルが遺伝子の青写真を選び、特定のたんぱく質の製造をコントロールすると考えている。

これは、遺伝子がたんぱく質をコントロールしているとする従来の考え方とはかなり異なり、遺伝子は単に分子の設計図面のような青写真でしかなく、実際に建物を建てる建設業者ではないとする。エピジェネティクスでは、建設業者は適当な遺伝子の青写真を選んで、これからつくり上げる部分を決めて、体を維持・制御するメカニズムが機能していると捉える。つまり、遺伝子が生物をコントロールしているのではなく、逆に遺伝子が生物に利用されているという構図になる。これまで遺伝子は読み取り専用で環境に影響されることはないと知られていたが、それは間違いだったのだ。

エピジェネティクスのメカニズムからは、遺伝コードは修正ができるだけでなく、同じ遺伝子の青写真から異なる三万種以上のたんぱく質をつくり上げたり、遺伝子のコードを編集することさえできるという事実も明らかになった（2）。

どのような環境からのシグナルかにもよるが、エピジェネティクスのメカニズムでは遺伝子を正常にも、そうでなくにもつくれることになる。通常、人は健康的な遺伝子で生まれてくるが、シグナルのゆがみから、例えばガンのような変異体条件が進むこともある。

またこのメカニズムが人間にとってプラスに働けば、たとえ不完全な遺伝子を潜在的に持って生まれても、通常の健康的なたんぱく質や機能をつくり出せるようになる（3）。

このようにエピジェネティックのメカニズムでは、遺伝子は読み書き可能なプログラムであり、生命が遺伝形質を進んで定義し直せるということになる。

これは新たな発見だ。遺伝子が自分の運命を決めていると思い込んでいたのに、自然は思った以上に賢く、有機体には環境と相互に作用し、生きるために遺伝子のコードを微調整するというメカニズムが働いているのだ。

人間が環境からどう影響されるかは、一卵性双生児の研究から明らかになってきた。双子の兄弟は、生まれてからしばらくの間はほとんど同じような遺伝子活動を表す。けれども年をとるにつれて、それぞれ個別の経験と認識から異なる遺伝子が活性化されていく（4）。生まれた時にバラバラになった双子が、同じ仕事に就いていたり、同じ名前のパートナーと結婚していたりという驚くほど似た生活を送っていることがわかった、という話はよく聞くが、それでもその話には共通点のみが語られ、成長する間に人生や行動を決定づける胎児期にプログラムされた重要な部分を見落としている（5）。

最新の生物学では、本人の認識が行動をコントロールするだけでなく、遺伝子の活性をもコントロールしていることがわかってきた。つまり生命は、自らの経験をゲノム（人間を形成する全遺伝子情報）に取り込んでいけるし、それを子孫に受け渡して、その子孫はさらなる人間の進化のために自らの経験をゲノムに取り込む、というように経験を受け渡すことができるのだ。
だから、遺伝子は書き換えられない、と嘆くより、むしろ、ある生命の認識と反応がその行動をダイナミックに形づくっているというほうが正しいかもしれない。

細胞という宇宙から心の宇宙へ

地球上に生命が存在し始めたおよそ三八億年前、生物圏は細菌（バクテリア）、酵素、藻類、アメーバ、ゾウリムシなどの単細胞生物で成り立っていた。そして約七億年前、単細胞生物は多細胞生物へと結合し始め、以前より高度な認識力を持つようになった。それは、生命体にとって生き延びることが何より大事な能力であり、細胞が多くなれば、より長く生存し繁殖できるようになるからだ。

人類初期の社会も同様で、単細胞から多細胞への変化とは、仲間と狩りをするようになったことだ。細胞も人間も、数が増えたのに以前と同じ役割を果たすだけでは不十分だし、効率も悪い。そこで、それぞれがある特別な機能を持つようになった。例えば、人間の共同体では狩りをする者、家の雑用をこなす者、子どもの世話をする者と役割分担し、一方、多細胞では消化の役割をする細胞、心臓の細胞、筋肉の細胞というようにそれぞれの役割を細分化していった。

人間や動物の細胞のほとんどが、皮膚の外の環境を直接感じることはない。例えば肝臓の細胞は、肝臓で何が起こっているかはわかっていても、世界で何が起こっているかはわからない。だから脳と神経システムが環境からの刺激を解釈したシグナルを細胞に送って、命を守るための体の機能を統合してコントロールする。

生き延びた多細胞生物は、より複雑な環境をさらに分類、記憶、そして統合できるよう、脳の細胞の数をどんどん増やしながら、生命が知覚したことを記憶したり、それをもっと強固なデータベースにしたりして、より複雑な「行動」や「反応」ができるようになった。この振る舞い、つまり行動のプログラムこそが「目覚め・気づき」という基本的な意味の意識で、生体特有の特徴をつくり出している。

多くの科学者は、有機体がある意識を「持っている」か「持っていない」かでその進化を測ろうとする。ところが調べていくと、意識のメカニズムは常に進化していて、意識の低い原子的な生体から、自意識がはっきりした人間などの高等脊椎動物まで、意識の有無はある範囲に広がる連続体の状態になっているといったほうがよいだろう。ここまでの自意識とは、「髪型を格好よくしたい」とかではなく、生命活動に参加しながら、第三者的に観察できるようになるという意味だ。

人間の自意識は脳の前方にある前頭葉で処理され、自ら環境に適応しながらアイデンティティを持ち、思考を受け取る神経細胞のプラットホームのようなものだ。サルやその他の動物は自意識が低いので、鏡をのぞき込むと、鏡に映った自分の姿を誰か他の動物と思うが、神経系のより発達したチンパンジーは、それが自分だとわかる(6)。

人間の脳にある「意識」や、前頭葉の「自意識」は、「適切な環境の状態を判断して、それに反応できるか」「自分の行動によって、現在だけでなくその先に何が起こるかという結果が認識できるか」につながる。だから、自意識があれば刺激に反応するだけでなく、自分で未来の自分を築いていくことができるし、これから何をするのかの選択ができるようになるのだ。

つまり、自意識を持った生体は、例えばすぐれた俳優の場合には、本来の俳優としての自分だけでなく聴衆や監督の目から見た自分が認識でき、さらに自らの演技を振り返って、もう一度見直したり編集したりすることもできるはずだ。そしてこの自意識と同じぐらい大切なアイデンティティは、実際のところ「心」と呼ばれているわずかなエリアに存在している。そしてさらに、周囲をモニターして、呼吸から運転している時までつねに心をコントロールしている部分がある。この舞台のカーテンの後ろから参加しているのが潜在意識だ。

従来の言い方をすれば、刺激に反応して自動的に起こる行動と脳のメカニズムは、無意識とか潜在意識と呼ばれる。この機能に対して私たちは意識して注意を払う必要もない。また、潜在意識の機能に含まれるものは、前頭葉ができあがるずっと以前の意識も含まれている。だからこそ人間は環境の変化に対して、自意識や顕在意識のない、低レベルの生体と同じように潜在意識を自動操縦できるのだ。

潜在意識には、経験したことすべてを記録する驚くほどパワフルな処理能力がある。そのためコンピュータのプログラムと同じように、ボタンをひと押しするだけで作業を永遠に繰り返すことができる。面白いことに、自分ではまったく気がつかないこのプログラムを、誰か他の人にこの無意識のボタンを押されて気がつくことがある。

実際には、このボタンを押しただけで脳の大部分を占める無意識のエリアで一秒間に四〇〇〇万以上もの神経の伝達が行われているとされる。逆に、自意識を生み出す前頭葉では、一秒間に約四〇しか神経伝達ができない。つまり、ある情報が伝わるのに、潜在意識の情報は顕在意識に伝わるより百万倍も速いということになる（7）。

この潜在意識は、伝達スピードとは対照的に、顕在意識のような創造力があまりない。あったとしてもせいぜい五歳児程度とされ、前もって記録され習慣となった反射しかできない。例えば、歩く、服を着る、車を運転するなどは一度学んでしまうとそれらのパターンが潜在意識の中に落とし込まれる。だから、大した注意を払わなくても体内のシステムを動かせることになり、ガムを噛みながらでも同時に前頭葉の顕在意識がコントロールするさまざまな作業をこなすことができるのだ。マルチタスクの能力は、肉体的な制限はあれど訓練すれば誰でも簡単に適応できる。心臓の鼓動、血圧、体温などの、いわゆる不随的機能という無意識のレベルではコントロールできないものもあるが、ヨガ行者や熟練した瞑想者など精神的なレベルの高い進化を遂げた人なら訓練でコントロールできるようになる。

だから、潜在意識と顕在意識（自意識）はタッグチームのように一緒に働いて、いちいち注意を払うことなくさまざまな行動ができる。ということは、意識していなくても、この二つは同時に今現在も働いていることになる。人が顕在意識で過去や未来のことを考えたり、やり残したと心の中で後悔する時、つねに潜在意識にコントロールされた考え方で捉えていることになるのだ。認知学の神経科学者によると、私たちの行動のうち、自意識が関わっているのはたった五％しかなく、残り九五％の意思決定、行動、感情、振る舞いは、モニターされていない潜在意識からのものだという結論が出されている（8）。

「刷り込まれたもの」が人を真実から遠ざける

何かを決めようとした際に、自分の心の中に相反する二つの気持ちがあると感じたことがあるなら、それは正しい。考える心は、認知的な思考、アイデンティテイ、自由意志のあるたった四〇ビットの小さなプロセッサー「自意識」の部分で起こり、それは願望や希望を抱いたり、意志を持ったりする心の部分でもある。けれども、もしそれを神が聞いたら笑うだろう。なぜなら自分自身で思う自分の姿の割合がたったの五パーセント以下しかないからだ。

ポジティブな思考で何かを試し、ネガティブな結果に終わったことがある人は、日常とは自分の意識的な望みや意図ではとてもコントロールできないものだと思い込む。そんなことはないという人もいるだろうが、実際に潜在意識が脳全体の九五パーセントを占めているのだ。となると今度は、まるで自分の運命はすでに決まっていて、習慣など生命が経験した本能や受容から生まれるプログラムにコントロールされているように感じてしまうのだ。

この潜在意識の中で最も影響力のあるものが、人が生まれてからまず記録されたものだ。このプログラムは、人生で大切な時期とされる妊娠から六歳までの発達期に、両親、兄弟、小学校の先生、自分が住む地域社会を見たり聞いたりしながら直接脳にダウンロードされる。多くの精神科医、心理学者、カウンセラーがすでに気づいているように、その子の可能性を伸ばすだけではなく逆に、自分に対して限界をつくったり、自己破壊的になってしまうような間違った認識を持つ原因ともなる。

自分の言葉が、わが子の潜在意識に記録され蓄積されているとは気がつかない間にも、親の言葉は子どもに人生初期の経験として「刷り込まれる」。例えば、小さな子どもには、粗相をして怒られても、その状況と自分のした行動が結びつかない。かわりに、彼らの心には自分が誰なのかを永遠に宣言されたかのように、自分は望まれない子であるとか、いい子じゃないとか、病気がちだとか弱虫だとか、それがどんな言葉であっても怒られた言葉が子どもにそのまま刷り込まれる。

こうした刷り込みは潜在意識に直接ダウンロードされ、心はこのプログラムと現実の間をつなぐ役割をしつつ、脳はそれをもとに無意識のうちに適切な反応をして、さらにプログラムされた自分の認識が正しいかどうかも確認する。この潜在意識のプログラムでは、いったん身につくと、自動的にある現実を間違えて解釈し続けることにもなる。

あなたが五歳児だったとしよう。親と一緒にショッピングセンターに行き、おもちゃが欲しいとかんしゃくを起こす。父親は動転して、人前で大きな声を出したあなたを黙らせようと、「おまえにはそのおもちゃはもったいない！」と叱る。それから二〇～三〇年経って、今度はあなたがちゃんとした給料の職を得ることになる。未来や希望にあふれていたのに、突然になぜか物事がうまくいかなくなる。かつてははっきりと描けた豊かな人生がいまや閉ざされたように感じ、落ち着きを失ってプロとはいえない行動をとる。そしてあなたの雇用主がそれに気づき始める。

「一体どうなってるんだ？」とあなたは自問自答する。実は、問題は自分の潜在意識と顕在意識との葛藤にあり、自意識ではポジティブで自分のチャンスに望みを持っていても、父親から刷り込まれた言葉「おまえにはもったいない！」という自己破壊的なプログラムが同時に動いてしまうのだ。グラス一杯の水を持ち上げるのに四五キロもあると催眠術をかけられた人のように、あなたの潜在意識は、現実がプログラムされているものと一致しているかどうかを確かめようとしながら、自己破壊に至るような行動に向かってしまう。そして、多くの場合、こんな葛藤が自分の中で起こっているとは思いもしないのだ。

どうしてだろう？ それはあなたが顕在意識で給料をどう使おうかなどとポジティブに考えている間にも、裏で潜在意識が働いているからだ。さらに、潜在意識は行動の九五％を占めていることもあり、自分では自分の行動がモニターしにくいのだ！

例えばビルと父親のやることがよく似ていることは本人たちにとってわかりにくい。ある日あなたが、「ねえ、ビル、君ってお父さんそっくりだよね」と言ったとする。ビルはショックを受け、後ずさりしながら、「なんて馬鹿なことを言うんだ！」と怒り出すかもしれない。

面白いのは、ビル本人以外の人が見れば、彼と父親はそっくりだと思うことだ。というのは、ビルは子どもの頃に自分の父親を見ながらダウンロードした潜在意識をもとに行動するのだが、同時に、自意識で一生懸命考えている間にも、自動的に働いている潜在意識に気がつかない。

もう一つよくあるパターンは、あなたが運転をしている時に、助手席に座る友達との話に夢中になり、ふと道路に目を戻すと数分間、運転に注意を払っていなかったのに気がつく。顕在意識で会話に夢中になっていた間、車は潜在意識による自動操縦状態になっていて、どんなふうに意識が中断したのかを説明してくれと誰かに言われても「わからないけど運転に注意を払ってはいなかった」としか言いようがないだろう。

そう！　そこがポイントなのだ。心が意識的な何かにとらわれると、自分の中にある潜在意識を意識できなくなってしまう。だから人生が計画通りにいかなくなると、自分がやったことをきちんと認識できず、潜在意識に操られている部分に気がつかないまま何かのせいで自分が犠牲になったと思ってしまう。

不運なことに、一度自分が犠牲者だと思ってしまうと、脳は「自分は失敗したのだ」「それが現実なのだから」「自分は非力だ」と思い込み、真実からどんどん遠ざかってしまう。そして犠牲になるように生きてしまうようになるのだ。

けれどもこれまで見てきたように、幸いにも私たちは生命を支えるために機能している心にプログラムされた認識と信念のデータベースを超えることができる。だから、自分の潜在意識を意識することが、プログラムを「進化」させる入り口だといえるのだ。

子どものトランス状態の時期に起こること

自分にプログラムされているものがそのまま、生命の生態、行動、特徴をつくり上げるとすれば、次の三つの認識経路がとても重要になる。

第一の認識経路は、遺伝によるもの。人間のゲノムには本能的な行動がプログラムされている。火にじかに触れると手を引っ込めるという行動はこの例だ。さらに、生まれたばかりの赤ちゃんがイルカのように泳げたり、ダメージを受けたシステムを修復する自然治癒能力や、ガン細胞を増やさないようにする能力もある。遺伝的に受け継がれた本能は、自然から受け入れたものだ。

二つ目は、生命をコントロールするための認識。これは潜在意識に直接ダウンロードされた経験や記憶にもとづくものだ。この抵抗しようのないほど深く根ざした意識は育てられる過程でプログラムされるが、母親の胎内にいるうちからすでに始まっている。

脳内で起こる5つのレベルの周波数と脳の状態

脳波	周波数	その周波数における活動
デルタ波	0.5～4ヘルツ	睡眠・無意識
シータ波	4～8ヘルツ	想像・空想
アルファ波	8～12ヘルツ	冷静な意識
ベータ波	12～35ヘルツ	意識を集中
ガンマ波	35ヘルツ以上	最高レベルの行動

母親は胎児に栄養だけでなく、胎盤を通じて感情のシグナル、ホルモン、ストレスなどの化学物質によって胎児の生理と発達に影響を与えている。イギリス人女性のスー・ガーハード（精神療法士）が著書『Why love matters（どうして愛が重要なのか）』で強調しているのは、胎児の神経システムには子宮で経験したことが刷り込まれ（9）、母親からダウンロードされた感情的な情報により、生まれる頃にはすでに性格の半分が形成されていることだ。

けれどももっと影響力があるのは、生まれた直後から六歳までに潜在意識にプログラムされたものだ。その期間、子どもの脳は、話せるようになり、ハイハイし、立ち上がり、最終的には走ったりジャンプしたりできるようにと複雑な動作を学びながら、経験したことすべてを感覚として記憶している。同時に、自分の周りの世界や、それがどう動いているかという膨大な情報に全神経を使い、また、親や兄弟や親戚がどう反応するかというパターンを観察しながら、自分の行動が社会的に受け入れられるものかどうかも判断できるようになる。特に六歳になる前に習得された認識が、その子の性格の基礎となる潜在意識のプログラムとなるのが重要な点だ。

子どもの発達段階における脳波の主な活動状態

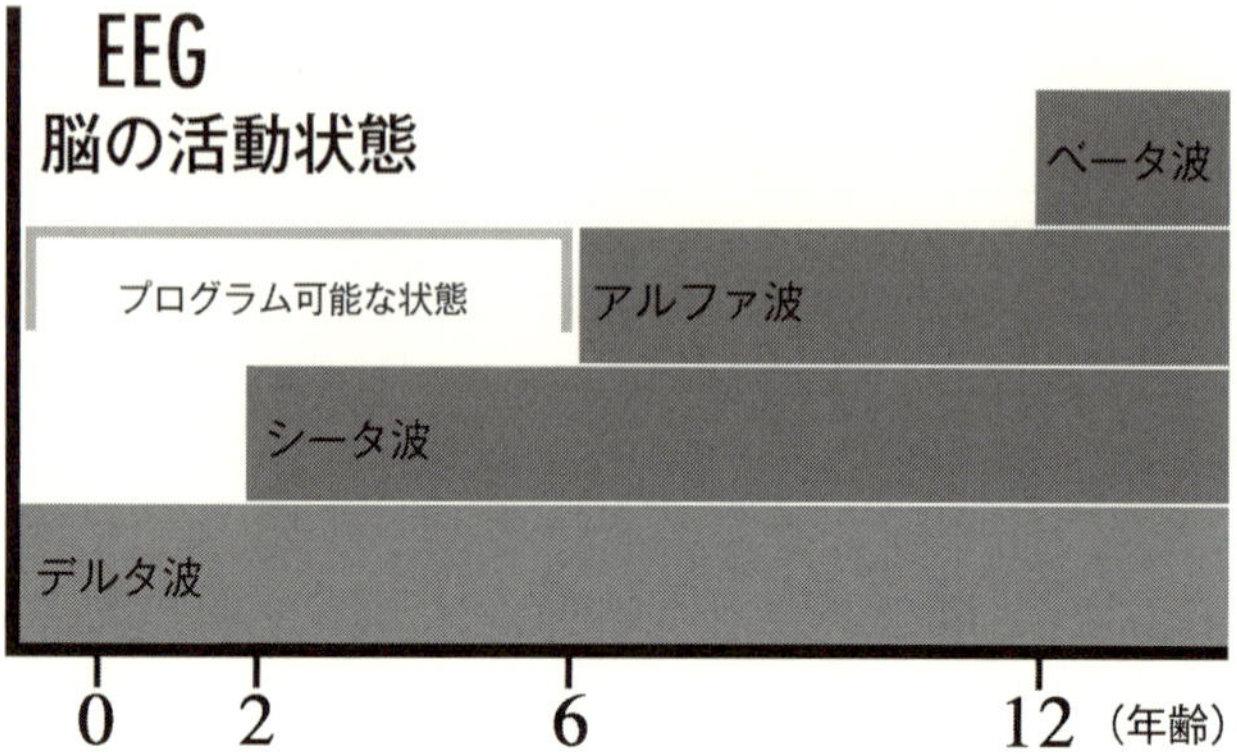

潜在意識に多量の情報をダウンロードして「文化化」のプロセスを促すという事実は、大人と子どもの脳波比較研究のおかげでわかるようになった。脳波をＥＥＧと呼ばれる分析器で捉えると、大人と子どもは異なった認識エリアで神経伝達が起こっている。そして少なくとも五つのレベルの周波数で脳の状態が操作されているとわかった。

大人の脳は、すべての周波数ＥＥＧ波を示しながらつねに変化している。けれども二歳になるまでの子どもの脳波は、そのほとんどがデルタ波、つまり最も低い周波数の脳波しかない(10)。二〜六歳ぐらいになると、主にシータ波の活動が急速に増加するのだが、このシータ波の状態は、子どもが多くの時間を現実と想像の世界が混ざり合って生活していることを示し、やがて冷静な認識ができるようになると主にアルファ波の活動が脳の状態を占めるようになる。それはだいたい六歳になった後ぐらいである。

一二歳頃には、ほとんどすべての周波数の脳波が現れるが、集中状態を示すベータ波が主流を占める。これはちょうど子どもが小学校を卒業して、中学校でより集中して勉強をする時期にあたる。

つまり、子どもの脳波には六歳になるまで冷静な認識をするアルファ波は現れず、ほとんどがデルタ波とシータ波で占められている。ということは、六歳以下の子どもの脳は意識下、つまり潜在意識のレベルにある。このEEG波は入眠時のトランス状態として知られる脳の状態であり、催眠術療法士が患者の潜在意識に直接働きかける時に使われることから、この時期の子どもは催眠術をかけられたトランス状態にあるともいえるのだ。

子どもはある情報を自意識で識別したり分析したりするフィルターを通さず、ダイレクトに潜在意識へとすべてをダウンロードする。さらに自意識はまだ完全にできあがっておらず、自分の意志で選択、拒否したりする能力がないうちにすべてが習得されてしまうのだ。いったんプログラムされると、その情報は目に見えないかたちで、その子の九五％の行動に一生影響を与え続ける。

けれども、アルファ波が働く、意識レベルがない催眠術をかけたようなトランス状態は、人生の初期段階では必要でもある。どうしてかというと、思考は自意識と関係があるが、まったくの白紙状態からは働かない。自意識には、それ以前に習得された認識のデータベースが必要で、脳は自意識ができあがる前に、潜在意識にある経験や観察を基準にして自分の周りを認知する必要があるからだ。

けれども、これには重大な欠点がある。潜在意識の影響は個人だけでなく、文明全体を変えてしまうほど大きい。問題となるのは、子どもは的確な思考能力を持つ前に、認識したり信じたりするものを潜在意識にダウンロードしてしまうので、幼い頃に限界点とか信念を破壊するような情報をダウンロードしてしまったら、その認識がそのままその人の「真実」や「正しいこと」になってしまうのだ。

さらに発達時期にダウンロードされたものは、遺伝子で受け継がれた本能より優先して働くことがある。例えば、人間は誰でも生まれた瞬間からイルカのように本能として泳ぐことができるが、「じゃあ、なぜ子どもに泳ぎを教えなくてはならないのだろう？　どうして多くの子が水を恐れるのだろう？」という疑問が生まれる。

子を持つ親なら、プール、川、たとえお風呂であっても水がたまっているところにわが子が近づいたら危険だと心配して、急いで子どもを引き戻そうとするだろう。けれども、小さな子どもの頭では、この両親の行動こそが「水は命を脅かすもの」という意味だと解釈する。そこで生まれた恐怖は本能的に泳げる能力よりも優先されるようになり、以前は泳げた子どもが溺れるかもしれないと反応するようになるのだ。

そこで、「これは、すごい！　人は遺伝子の犠牲にならなくてすむんだ！　でも、自分にプログラムされたものには抵抗できない気がするな。だって、わずか四〇ビットしかない顕在意識が、巨大なコンピュータみたいな潜在意識に勝てる可能性なんてないに等しいだろう。とても楽観的にはなれないよな」と思うだろう。でも、たとえ何がすでにプログラムされていたとしても、削除してプログラムし直すことは可能だ。
そこで、三つ目の認知パターンが生まれる。それは生命の基本的で、なおかつ自意識からくるものだ。潜在意識の反射的な押しボタン式ではなく、自意識から生まれた心は、頭の中の想像で生まれたものと自分が実際に知覚したものを融合、変化、創造することができ、無限のバリエーションを持った多種多様な信念や行動をつくり出すことができる。この自意識こそが、人間の肉体に宇宙で最も強力なパワーを与え、自分の意志を表現できるチャンスを与えてくれているのだ。

生命を形づくる知覚
❶遺伝子によってプログラムされたもの（本能）
❷潜在意識に記憶されたもの
❸自意識にもとづく行動

生物の意思を決定するのは「ものの考え方」

ほとんどの個人的・文化的な問題は、無意識の振る舞いが自分に見えていないのが原因だ。誰かの言葉や行動が、ほとんど無差別に心に記録されて、自分には限界があると信じてしまっているが、このこと自体に気がつきにくい。自分の夢や前人未到のものに立ち向かおうとしても、目に見えない潜在意識のプログラムが自分の進歩の邪魔になっている。ところが、潜在意識はフロイト派が言うように邪悪なものではなく、ただ自分の振る舞いを記録するテープにダウンロードされたものを繰り返すしくみになっているだけだ。顕在意識はクリエイティブなのに、潜在意識は逆にそれまでに記録されたプログラムを流そうとする。顕在意識では「あなた」という一人の人間がわかるが、潜在意識はもっと機械的な働きをするのだ。

けれども、自己破壊的につながる潜在意識を変えたいのなら思い出してほしい。潜在意識にアクセスしても、まるでプレーヤーに記録されたプログラムに話しかけてプログラムを変えようとしているのと同じぐらいの効果しかない。どのみちあなたが話しかける言葉に反応するメカニズムはないのだ。

潜在意識のプログラムは一定で変化しない。そして、私たちには生命体として自分にダウンロードされた信念を書き換える力があり、書き換えるためには、潜在意識に向かって一方的に話しかけても無駄であり、もっと違うプロセスが必要だ。

今までの自分の行動（振る舞い）が潜在意識にどう影響されていたかが一度わかってしまえば、自分で自分を許せる気持ちにもなれるし、誰もが他人にプログラムされてきたことに気づけるだろう。

親子関係でも、自分にはあらかじめ親から刷り込まれたスクリプトがあり、自分が子どもに対して接する場合にも、無意識にそれに操られていると気がつくのは大事なことだ。

さらにさかのぼって、何世代も前の先祖たちが、無意識に操られたままでも、平穏だった時代があったことを考えてみよう。誰が犠牲者だとか加害者だとかいう感情論で互いに非難し合っている現状をもう一度考え直してみるといい。すると聖書の言葉、「許しなさい。自分が何をしたかを知らないのだから」という意味もわかってくるはずだ。

キリスト教も、生物学でいう自分の行動をきちんと認識するのも、同じことなのだ。「限界がなければ、すべての人が奇跡を起こせる」とキリストが声を大にして言ったのは、この潜在意識のことだ。さらに、平和に向けてもっとも大事なのは「許し」だという現実に、キリストは気がついていたことだ。私たちに、このたった一つの行動＝「許し」ができれば、地球全体が進化できるだろう。

心理カウンセラーのフレッド・ラスキン博士が、健康になる心理学と癒しについて『「あの人のせいで…」をやめると、人生はすべてうまくいく！』（坂本貢一訳　ダイヤモンド社）の中で述べているように、許してしまえば、もはや過去のストーリーのままではいられなくなる（11）。さらに、コリン・ティッピングという指導者も、『人生を癒すゆるしのワーク』（菅野禮子訳　太陽出版）の中で、許すことできっぱりと「被害者意識を変えられる」と述べている（12）。

また、人間一人ひとりにダウンロードされたプログラムに加えて、社会にも目に見えない集団として刷り込まれた信念がある。自分が父親とそっくりなのに気づいていないビルの話を覚えているだろうか？　個人の潜在意識にある文化的な認識は当然社会でも共通なので、やはり他の人の目にも見えない。とすれば、社会の中の信念というのは、もっと大きなスケールで害になるはずだ。

ものの考え方＝哲学こそが、最終的に生物の意思を決定する。脳の機能は、潜在意識と実際の世界で体験したことをつなぎ合わせることだからだ。

さて、次の章では、どのように文化的なストーリー（物語）が社会に組み込まれ、どのように受け継がれてきたのかを見ていくことにしよう。

3章　精神と物質の関わり

五〇代半ばの友人が両親のことで悩んでいた。五〇年前に離婚した彼女の両親がそれぞれ別の人と再婚し、やがてその連れ合いが亡くなった。もう八〇代前半になっていた二人は再会し、離婚当時のすれ違いを和解した。そして残りの人生を一緒に過ごそうと決めたのだ。そして、家族全員に、この状況を理解してくれるようにと頼んだ。

それを聞いて初めは裏切られた気がしていた子どもたちも、現在は両親の突然の再婚を受け入れている。子どもたちが受け入れなければならなかったのは、人生は一瞬一瞬が貴重であり、もはや役にも立たない古いストーリーにこだわるより、この先、数年の幸せを優先するほうが大事だと理解することだった。

人は、自分が主人公の物語を生きている。たとえいつかは死ぬ運命にあるとしても、生き残ることが何より大事と思うらしい。一九三〇年代後半、オーソン・ウェルズがあの有名なH・G・ウェルズ原作の『宇宙戦争』をラジオドラマ化し、CBSからニュース形式で火星人来襲のニュース速報を流したが、そのあまりにもリアルな演出に全米がパニックに陥り、避難する人や自殺を考える人さえ現れた（1）。

人は過去の出来事に入れ込めば入れ込むほど敗者になるとわかりきっていても、投資し続けるのだ。中東のパレスチナやイスラエル、そしてつい最近まで起こっていた北アイルランドのカソリックとプロテスタントの争いの例を考えてみよう。死や屈辱の歴史が増えれば増えるほど、憎しみが続いてしまう。

これが千年は続いている。けれども、もし、真実とされてきた世界への認識が間違いだったらどうなるだろう？　もし、当たり前のように戦ってきたことが、時間をさかのぼってみるともっとも不自然なことだとわかったら？　もし、ダーウィンの社会への見解が間違っていたら？　争いではなく協力が生き残る鍵だったとしたら？

世界の終わりを示す時計が、着々と真夜中に向かって進む中、実際に世界的な危機は私たちのこれからに訪れるのだろうか？　友人の両親のように、もはや過去の出来事は、残された貴重な日々には何の役にも立たないと思えるだろうか？

まさに今、過去にこだわるか、生きることにこだわるかの選択を全人類が迫られている。歴史は戦争、確執、搾取、不信といった言葉に満ちているが、今、目の前にあるのは、種として生き残れるかどうかの鍵を握る、未来への新たな筋書きだ。

真実を選ぶ力

現在をきちんと理解し、どう変えていかなくてはならないかを判断するには、まずこれまでの人類の歴史を知らなくてはならない。

人は、次の三つの質問にずっと答えようとしてきた。

❶私たちはどうやってここにたどり着いたのか？
❷なぜここにいるのか？
❸ここにいて、なすべきことは何なのか？

社会でのルールは、これらの質問の答えを出した人によって決められてしまうものだ。そして、答えを決めて得た特権が他の人の手に渡る重要なポイントがやってくる。それまでの答えでは説明できない難題に直面し、人々はそのたびにもっとうまく説明できるものを探そうとするからだ。現在、まさに社会は新しい世界観に移行しようとしているが、それでももはや時代遅れとなった説にしがみついたままである。

歴史上、人類は、自らの存在を「静」と「動」の両面から捉えてきた。「静的」な側面から見れば世界はただ循環するだけで、自然や星をもとに一万年間同じ営みを繰り返してきたし、これからもそうだとされる。この循環して繰り返される文明は、サイクルや自分の尻尾をくわえたヘビのような姿で表現、説明される。

一方、「動的」な側面から見ると、人類は学習し、進化・進歩するとされている。新しい情報や経験を得ると、人類は行動を大きく変えてきた。先祖は火を発見し、道具をつくり、車輪を発明し、狩りをし、種を植え、武器をつくり、住居を建て、さらにこの百年間の技術革新が生活様式の変化ばかりでなく、地球上に住む他の生き物にも大きな影響を与えてきた。この動きを描くとしたら、進歩するベクトルをさす矢印とか、急上昇するロケットといった感じだろう。

さて、この二つの見方のどちらが正しいのだろうか？　人間は永遠に繰り返すサイクルの中で生きているのだろうか？　それとも進化し、成長しているのだろうか？　答えは両方とも正しい。この二つは同時に起こっているのだ。

アボリジニなど土地に密着して生活する民族は、自然のサイクルと調和することで生き延び、テクノロジーの進化はそれほど必要ではない。

けれども、西洋文明やアジアの国々は、テクノロジーを進歩させようと躍起になっている。テクノロジーは人々にとって魅力的でもある。ただし、進歩すればするほど自然との調和は崩れ、やがて地球に危機を招くことになった。進化の変化を表す矢は、次々と大惨事を運び込む手のつけられないロケットのようになってしまったのだ。

人類が生き残るには麦か携帯電話のいずれかを選択しなくてはならないという両極端なものにも思えるが、かといって、どちらか一つに決める必要はない。というより、両方残

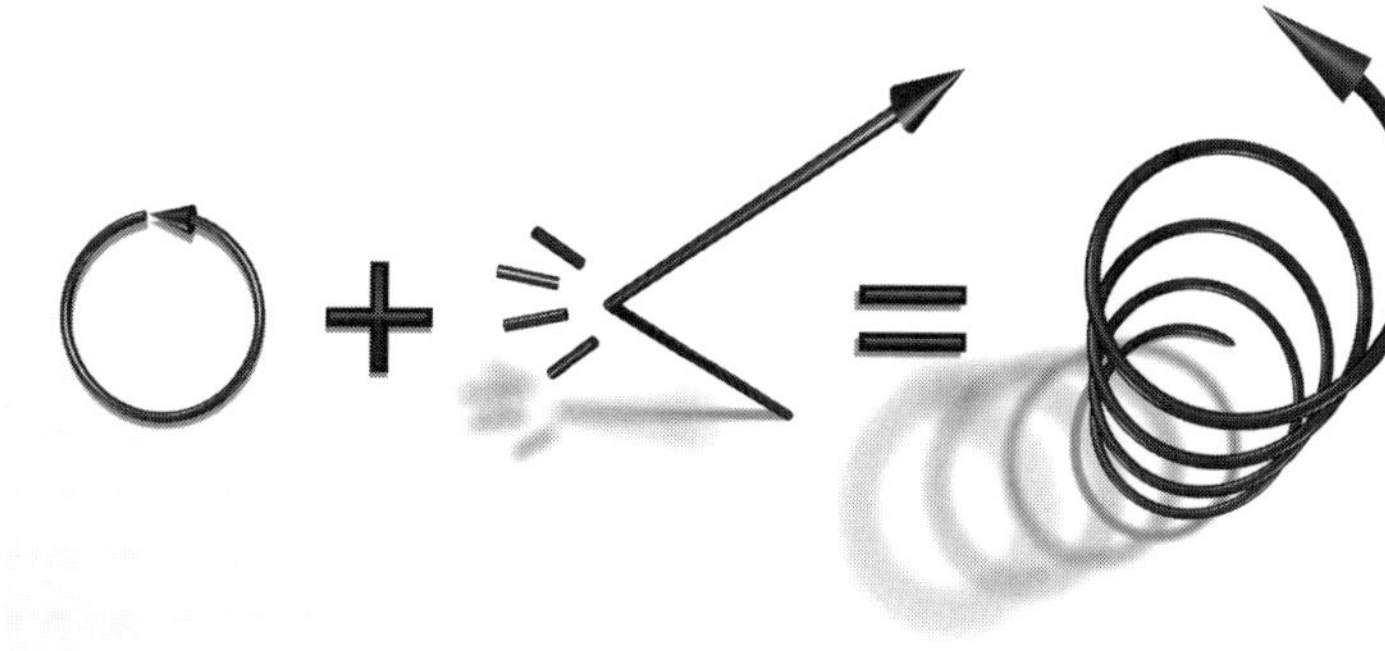

サイクルは繰り返す調和、バランスを意味している。矢印はある方向に向かっての進歩やテクノロジーの進化を表している。この２つが結合すると、自立し成長する文明である、スパイラル状の形ができあがる。

しながら解決を図ることはできる。

テクノロジーは、それなしでは生命がもはや存在できないほど大きな権威となった。それはまるで、細胞が私たちの大きな体をつくり上げて動かすには、軽量で構造を支えるもの（骨）、コラーゲンでできた鋼鉄のように強固なケーブル（結合組織）、変化に適応して強化できる物質（繊維状の軟骨）の他、何百もの生物学的革新があってこそ進化してきたのと同じだ。

細胞内の構造はやがて驚くほどのレベルに達し、さらに環境に応じて進化が積み重ねられる。細胞内のテクノロジーがどんなふうに働いているか具体的にお見せしよう。

自然の本質は、現状を維持しながら同時に変化するという二重構造を持っている。例えば、静、動の進化のパターンを合わせるとどうなるだろうか？　繰り返すサイクルと、ある方向に進歩している矢印とを融合させると、スパイラルができあがるではないか！　調和のとれた自然の原理とテクノロジーの進化とを結びつけると、自立しながら成長する文明ができあがるのだ。

精神と物質の文明との関わり

世界中の文明が基本的に四つのパラダイムを経験してきたという点では、考古学者と歴史家の意見が一致している。四つのパラダイムとは、アニミズム（汎霊論《はんれいろん》）、多神教、一神教、物質主義だ。

それぞれの段階で、あるパラダイムへの理解と影響力が限界に達して進化し、次の新たな段階がそれ以前のパラダイムの考え方を否定して進化した場合もあれば、融合したり、そのままの形でその痕跡を残しながら進んだケースもある。

文明ごとの特徴は、人間が自分と宇宙の関係をどう捉えていたかにある。人間は文明の夜明けとともに、宇宙を相反する二つの領域、物質的領域と非物質的領域に分けたが、物質的領域はもちろん「物質」で成り立っている。一方、非物質的領域はスピリット（精神）と呼ばれたり、現在の科学ではエネルギー領域と呼ばれる目に見えない力を意味する。非物質的領域が「精神」であろうと領域がエネルギーであろうと、言葉が変わっただけで同じ意味で使われている。

四つのパラダイムは、文明が物質や非物質とどう関わってきたかで段階づけられている。

精神的な領域こそ、地球上の生命の特質をコントロールしている最も重要な要素だ、とした文明もあれば、物質こそが宇宙を形づくるとする文明もあるし、さらにはその両方が必要とされた文明もある。宇宙との関係という観点から社会の進化を示す西洋文明のタイムラインを図に描いてみると、驚くような洞察が得られる。

ここでは、精神と物質の領域の関係を、文明ごとに追いながら図Aにしてみよう。二つの領域のうち、一つは非物質的影響が大きいと信じる領域、もう一つは物質的、物理的領域の影響を意識した領域だ。図Bは、物質と精神の領域を、目に見えるようグラフで表したもので、精神第一主義が一〇〇％（精神一〇〇％、物質〇％）から物質主義が一〇〇％（精神〇％、物質一〇〇％）の範囲で示され、真ん中の水平の直線は、精神五〇％、物質五〇％のラインである。

図Bの中央に左から右へ直線で描かれた矢印は時間の経過を示し、時とともに文明が進化する道筋をたどっている。一つのパラダイムから次のパラダイムへの移行は、人間性の進化を表している。ある道筋はさらに理解を深めて次の進化を促すが、実際の年代を図に入れると、まさにスピードアップしているのがわかる。そして現在は文明が五つ目のパラダイムに入る瀬戸際にいるところだが、まずは歴史の最初から現在にたどり着いた道すじをたどってみよう。

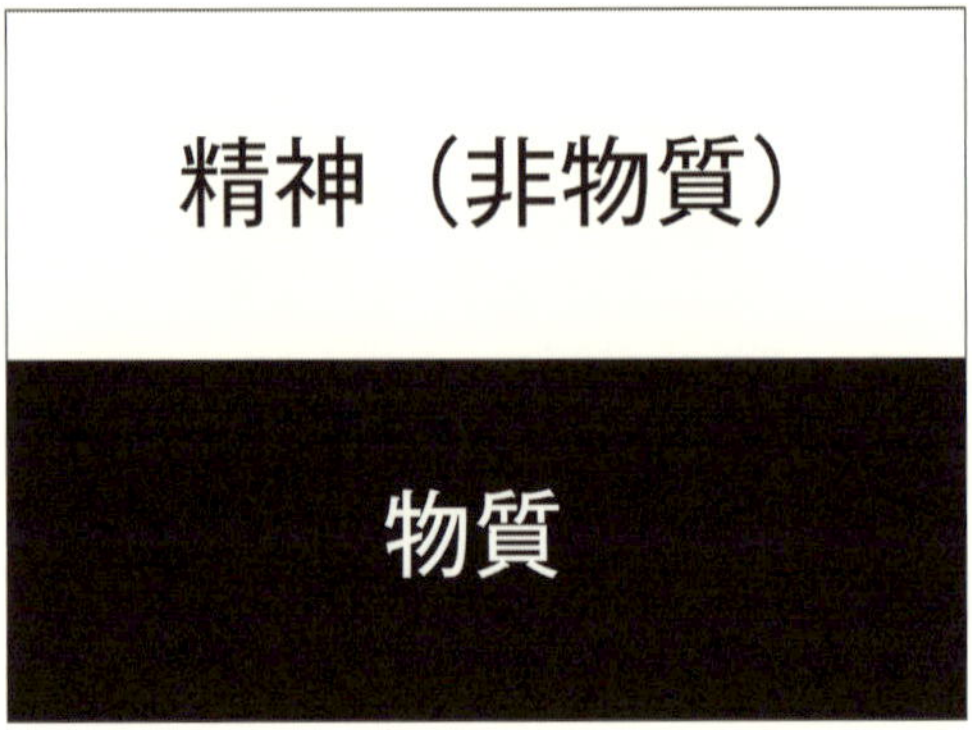

図Ａ：「精神」は非物質主義、精神的な領域を表している。「物質」は物質主義、物理的な領域を表す。

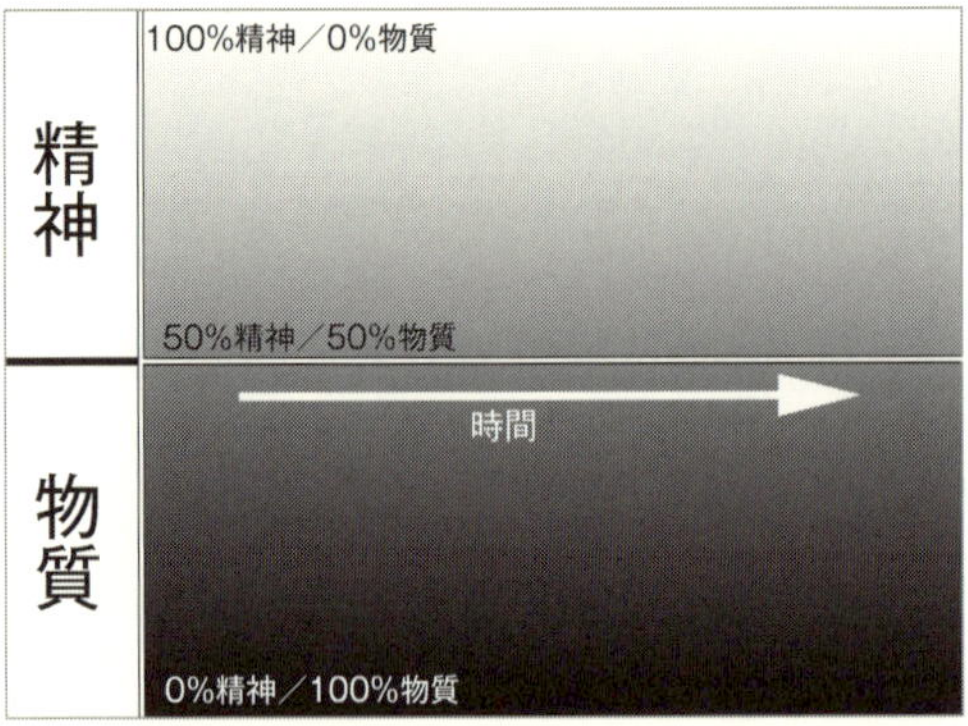

図Ｂ：現実的には、精神と物質主義はオーバーラップしていて、精神０％物質 100％と精神 100％物質０％の間で時間とともに連続して起こっている。

アニミズム：「私」はすべてと一つである

アニミズム（汎霊論）は、最も古い宗教的慣例であり、その起源はおよそ紀元前八〇〇〇年の石器時代～新石器時代の原始文明だった。命あるものにも、そうでないものにも普遍的に霊が存在する、という信仰を持つ世界観は、物質主義と精神主義のちょうど真ん中の領域でバランスがとれている文化といえるので、まずはこれを図の真ん中の線上としよう。

「anima」というラテン語から派生したアニミズムには、「息」「魂」という意味があり、人間がエデンの園にいた頃の心の状態ともされ、自分ととりまく環境との間に境がない。雨、空、岩、木、動物、そして人間にも、すべて形のない「精神（スピリット）」があり、それぞれに何かを経験しながら世界という全体を築き上げているとされた。

エデンの園はユダヤ教やキリスト教の創作のように思われているが、神話学者のジョセフ・キャンベルは、この概念は地球上の文明全体に共通していることを発見した（2）。神話に普遍性があるのは、人間がすべてとつながっていた原始的記憶のせいだともいわれている。

アニミズムは現在でもいくつかの地域のネイティブに信仰されており、例えば、オーストラリアのアボリジニにとっては精神的領域こそが自分たち本来の現実世界なのだ。彼らにとって物質的領域の人生で起こることは「目が覚めたまま夢を見ているようなものだ」

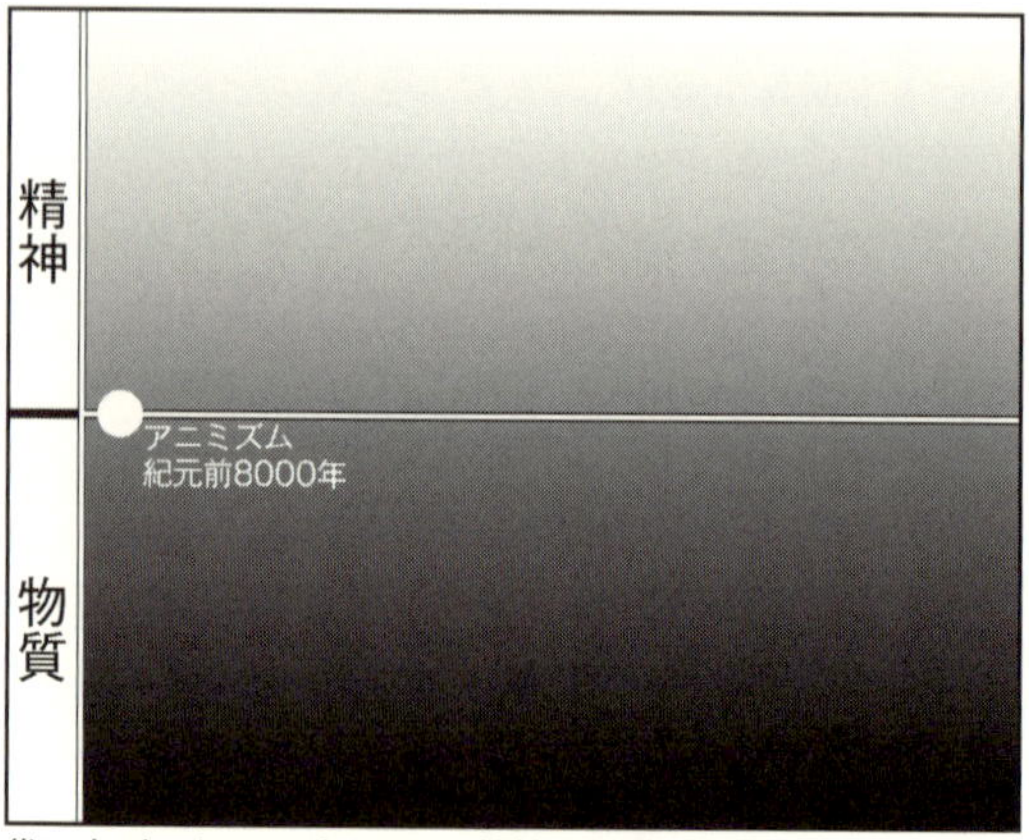

アニミズム時代に広がったパラダイムは、精神と物質の本来のバランスのとれた世界。

と考えられ、この世と次の世、つまり物質の領域と精神の領域を分ける壁がとても薄い。時間そのものさえ存在せず、ある瞬間、瞬間が今という時の連続にすぎないと捉えた古代の人たちもいる。

人間の普遍的な三つの問いへのアニミズムの答えは次の通りだ。

❶私たちはどうやってここにたどり着いたのか？
…私たちは母なる地球（物質的領域）と父なる天空（精神的領域）から生まれた子である。

❷なぜここにいるのか？
…（地球という）庭の世話をし、繁栄するため。

❸ここにいて、なすべきことは何なのか？
…自然とバランスをとって生きること。

アニミズムは多分、人間がエデンの園にいたとされる頃以来、最も精神と物質のバランスがとれた時代であり、このパラダイムとともに、目に見えない精神的領域と目に見える物質的領域の間の調和がどんどん広まったのだ。すべては一つ、一つはすべて。もし生命が自然の中にとどまって循環しているだけならば、人類はいまだエデンの園で、周りの環境と自分の境もないまま、せいぜいイチジクの葉を身につけ、地球という動物園のような世界で他の動物とともに暮らしていただろう。

けれども、おそらくは人間本来の好奇心が、古代の祖先を理想的な環境の「庭」から旅出たせ、人間という種として周りを観察しながら進化を繰り返し、世界を「理解」するようになっていったのだろう。その後の神学では、この出来事を人間が堕落したとか神から離れていったと表現したが、実際のところは、もっと世界を理解したい、もっと知りたいという人間の欲求から進化して賢明になったということだったのだ。

リンゴを一口食べて得た知識から地球は揺さぶられ、「エデンの園」はバラバラになり、文明が精神と物質の領域をそれぞれ別ものとして経験する道筋をたどり始めたのだ。しかしエデンの園の外に旅立ち、世界の観察者として行動した先祖は、外の世界に出たと同時に、自分とは何だろう？　と自分を見つめることになる。そして自分を見つめているうちに自然との関係ががらりと変わってしまい、突然のように世界は、「自分」と「自分でないもの」に分かれてしまったのだ。そして、どうにかしてその「自分でないもの」をコントロールし、その力の犠牲にならないようにしなくてはならなくなった。このことに気づいて初めて、自分たちがかつてはすべてとともに調和し、バランスのとれた存在だったと振り返ることができたのだ。

多神教：精神的領域の出現

人間が、自分自身とそれ以外のものの違いをはっきり認識し始め、物質的世界から分離された精神的世界は、それ独自のエネルギーを持つようになった。

紀元前二〇〇〇年頃、自然の要素を偶像にしたアニミズムという調和のとれた社会に、たくさんの神を精神世界に取り入れて多神教が出現した。神々は特別な儀式や礼拝によって人間の健康と平和を約束したとされる。人間は生命の謎への答えを精神世界に求め、自然との関係を絶ち始めたのである。

多神教の時代が頂点を極めたのは、ギリシャの神や女神が人間的でありながら人間を超える力を示し、オリンパスの山頂の水晶でできた大きな家に住むことに決めた、と宣言した時だとされている。その神殿からさまざまな姿をした神が人間界に降りてくるとされていたが、一般の人々には、はたしてそれが人なのか神なのかわからなかった。けれども、だからこそ意味があったともいえ、気まぐれな神と遊び半分で付き合うと大惨事になりかねない、という教えは、「誰とでも何とでも、それが神かもしれないと思って仲よく暮らしなさい。でなければ、永遠に坂の上に玉石を転がして笑う全能の神（人間から見れば気まぐれな神）に反することになるから」というものだった。

多神教を信じる人々の答えは、

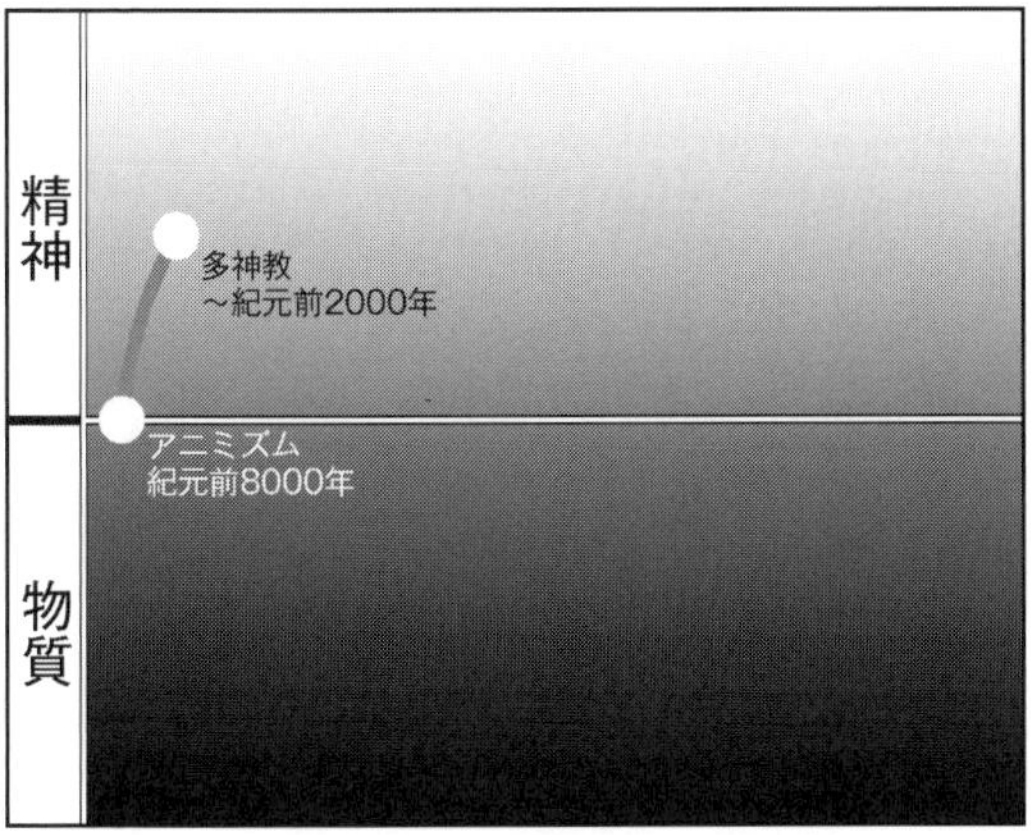

多神教の時代の到来とともに、パラダイムは精神世界へと移り始める。

❶私たちはどうやってここにたどり着いたのか？
…カオス（混沌）からだ。
❷なぜここにいるのか？
…気まぐれでいたずらの好きな神々を喜ばせるため。
❸ここにいて、なすべきことは何なのか？
…神を怒らせるな。

原始的な人々にこんな教えが受け入れられた理由の一つには、ギリシャで哲学が誕生し、やがて相反する二つの考え方へと発展した時期でもあったからだ。

一つは、デモクリトス（紀元前四六〇～三七〇年頃）が提唱した「物質」の概念だ。彼は、「切ったり分けたりできない」という意味を持つ「アトム（原子）」という言葉をつくったが、目に見えないが減ることもない原子は現実的な物質の最小単位で、物理的な構造を持つものすべての核となっており、宇宙は空間に浮いている原子でできていると述べた。従ってデモクリトス派の人にとって重要なのは物質、つまり精密な顕微鏡を使って目に見えるものがすべてなのだ。

一方、ソクラテス（紀元前四七〇頃～三九九年）は、宇宙には相対性があり、物質の世界に対して非物質の領域があり、思考は非物質の領域でつくられるとした。非物質の領域でつくられる思考をソクラテスは「魂」という言葉を使って表現した。さらにこの非物質世界ではすべてが可能なのに対し、物質世界は非物質世界でつくられた完璧なものに似せた、あるいは「影」のような世界だという。例えば、ある人が完璧な椅子を頭の中に思い浮かべたとしても、その椅子を実際につくるとなると、せいぜいそれに似た椅子しかできあがらないことになる。

多神教が進むにつれてギリシャ人は、デモクリトスとソクラテス両方の考え方を取り入れていった。

一神教：神はもはやここにいない

神々が飛び交っていたずらをしたりカオスを引き起こしたりする、という多神教の時代から数千年経って、進化の道筋は再び精神世界の方向に大きく向かうことになる。

子どもがある年齢になると、秩序を守るようしつけられるように、精神的なものへの人間の理解も、全知全能の神を信仰する一神教の時代へと移行すると、神は今の世界の外にいるだけでなく、そこに至るには、地上にいる宣教師から語られる神のルールに従わなくてはならないと教えられるようになってきた。中東の少数民族であるヘブライ人は二〇〇〇年もの間、一神教が続いていて、一方、西洋世界でも全知全能の神を信仰する一神教であるキリスト教へと進んでいった。

キリストの死後、千年間のうちにローマ教会が台頭し、それ以前のキリスト教にはなかった多くの偶像や祝祭が生まれた。そして社会を再構成しながら大きな変革を果たしていった。

教会はアルベルトゥス・マグヌス（訳注：一二〇〇頃〜一二八〇年。ドミニコ会の修道士、レーゲンスブルクの司教）とその弟子たちの力を借りて、一五〇〇年の歴史を持つギリシャ黄金時代から伝わる科学と哲学を改定し、見解が一致しない多神教の修辞学を捨て、新旧聖書の信仰に修正を加えた。キリスト教とアリストテレス哲学を融合したアクィナス（訳注：トマス・アクィナス。中世イタリアの神学者）は、自然を研究することで神を理解しようとする信仰の体系を持つ自然神学をつくり出した。

ユダヤキリスト教会は、ソクラテスの宇宙二元論や「魂」という概念に引き込まれた。教会では、物質世界の粗雑な影のような不完全な生命（人間）は、現代のビジョナリスト、キャロライン・ケイシーの表現を借りると、「道徳に従って生き、目に見えない完璧な世界、天の王国にただたどり着かなくてはならない精神的な重荷を背負った」生命というこ

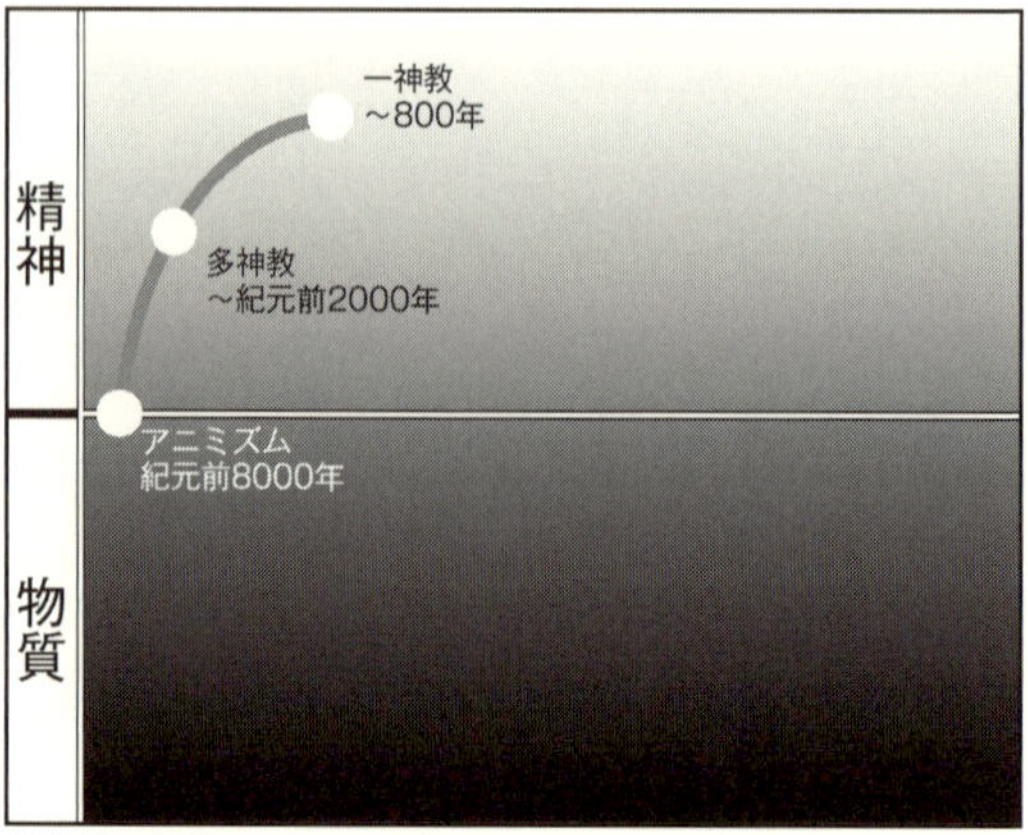

一神教は、精神世界の領域にどんどん進んでいったパラダイム。

とになる（3）。今、我慢をすればたどり着けるとか、今苦しんでも最後に楽になるという謳い文句は、そう思わなくてはこの世は耐えられない、あるいは死後、魂の祝福された世界へ行くための手段だとささやくのだ。

一神教では精神世界が全面的に強調され、物質世界は天罰を受ける場所だと捉える。このような文明は、図では中央ラインから最大限に精神世界に移った状態と表せる。

多神教と一神教のパラダイムの大きな違いは、神の住むエリアと聖なる力にアクセスできるかどうかである。ギリシャの神はオリンパスの山に住んだが、新たなキリスト教の神はどこか天高いはっきりしない場所に住む。

さらには一神教の場合、指揮系統が必要になり、上から（天や神から）ずっと下層部までその命令が下ることになるが、この構図で人は完全に創造主から切り離され、自分たちのモラルには宣教師さえいればいい、となってしまったのだ。宣教師は、創造主とうまくコミュニケーションをとるというアニミズム社会で果たしていた役割を多少変化させながら教会の力を拡大していった。

一神教は、次のように答えを出している。

❶私たちはどうやってここにたどり着いたのか？
…神の介入による。
❷なぜここにいるのか？
…道徳的に人生を行き抜くため。
❸ここにいて、なすべきことは何なのか？
…経典やそれに類するものに従うこと。

教会は、人生は短く過酷なものだという教えを人々に強制的に押しつけてきた。自分たちの言う通りにすれば、次の世で輝く門の向こうにいる神のもとへ行けるという彼らの戦略は、直接的かつ効果的だった。つまり商品を買えば天国に行けるし、買わなければ地獄に落ちるというのだ。

けれども、宗教にたくさんのルールができ、父なる神の名のもとに拷問や制圧までされるようになると、やがては教会自体に絶対的な知識が不足し、自滅してしまうことになる。

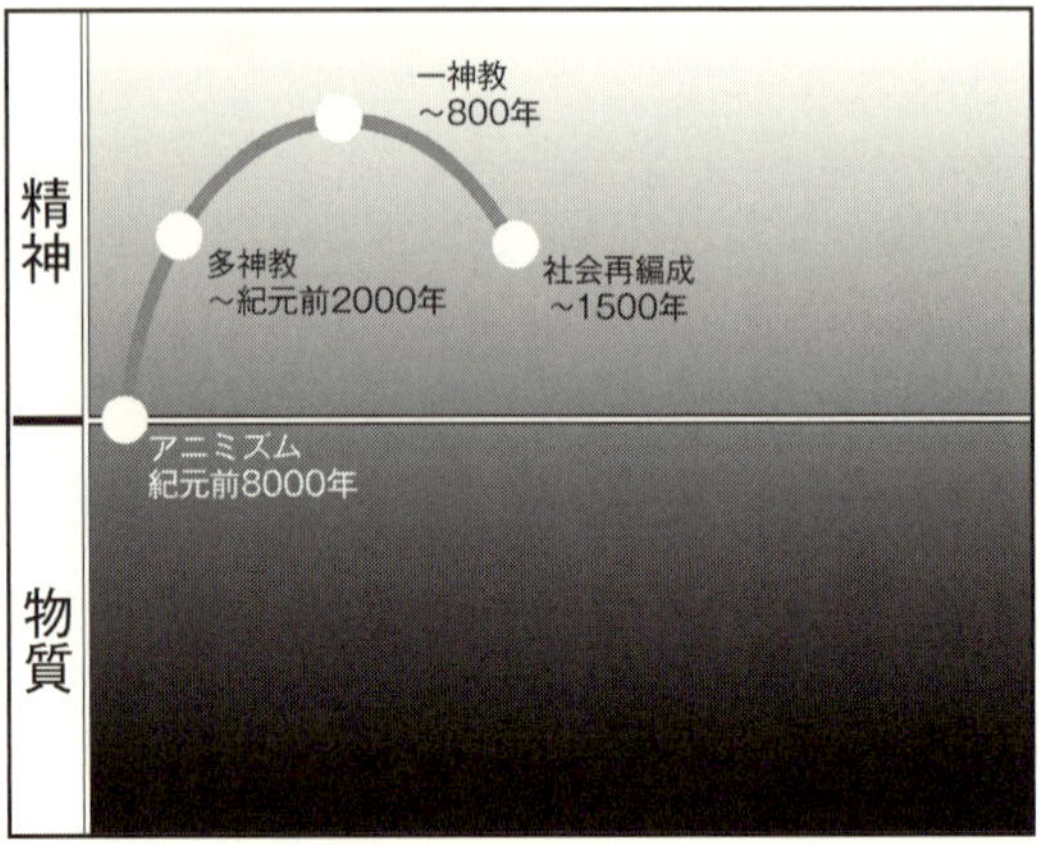

広がっていたパラダイムが精神世界と物質世界のバランスのとれた方向に向かって動き始めると、社会の再編成の方向も変わっていった。

なぜなら、もしその知識が「権力」だとすれば、絶対的な知識こそが権力の象徴ということになるが、教会の誤った主張に疑問を投げかけて異説を唱えた者は死刑に値するとみなし続け、新たな挑戦をしようとしないということになってしまう。結果的に、教会は民衆に対して真実を語る、という高尚なポジションを失うことになるからだ。

教会支配の衰退を示す出来事が一五一七年に起こった。ドイツ人修道士マルティン・ルターが、罪のある人々が地獄から自由になるといって金儲けをする教会の堕落した実情を告白したのをきっかけにプロテスタント宗教改革へとつながり、教会の絶対的な地位は揺らぎ始めた。デカルト、ベーコン、ニュートンらが登場し、科学が物質的な宇宙を明らかにしていくと、人間の進化の道は精神世界からどんどん離れていった。

自然神論：一筋の光

一七世紀後半〜一八世紀にかけて、人間の進化の方向は精神世界と物質世界のバランスのとれた中間点の文明に向かって折り返した。当時、西洋では文明開化の時期を迎え、一神教の宗教的な伝統よりも、理論と個人主義を重んじるヨーロッパの啓蒙運動が盛んだった。神と自然は実は同じものであり、科学を通して自然を理解すれば神と調和して生きていけると思われていた。

この哲学を開花させ、精神世界と物質世界のバランスをとろうとした動きのおおもとは、実はフランス人哲学者、ジャン・ジャック・ルソーのネイティブアメリカン汎神論の研究によるものだった。ヨーロッパ人がアメリカへ移住して新しい植民地をつくった際、ルソーは堕落していったヨーロッパ文明の影響をまったく受けていない、内なる女神との調和に象徴される気高い人々とされていたネイティブアメリカンを理想の姿とした。ほとんどの（アメリカの）創立者は自然神を信じ、超越した存在は認めても人間と相互作用などない、超自然現象などない、という啓蒙哲学の人々だった。彼らの信念の根本にあったのは、いわゆる「自然の法則と原理」であり、アニミズム時代に自然神を信仰した人々は自然にある物質と非物質の両方の関係を重んじた。

自然神信奉者の哲学にネイティブアメリカンから要素を直接、それも詳細に取り入れたアメリカの独立宣言と憲法には、宇宙の精神的な真実と物質の原理が絶妙なバランスで織

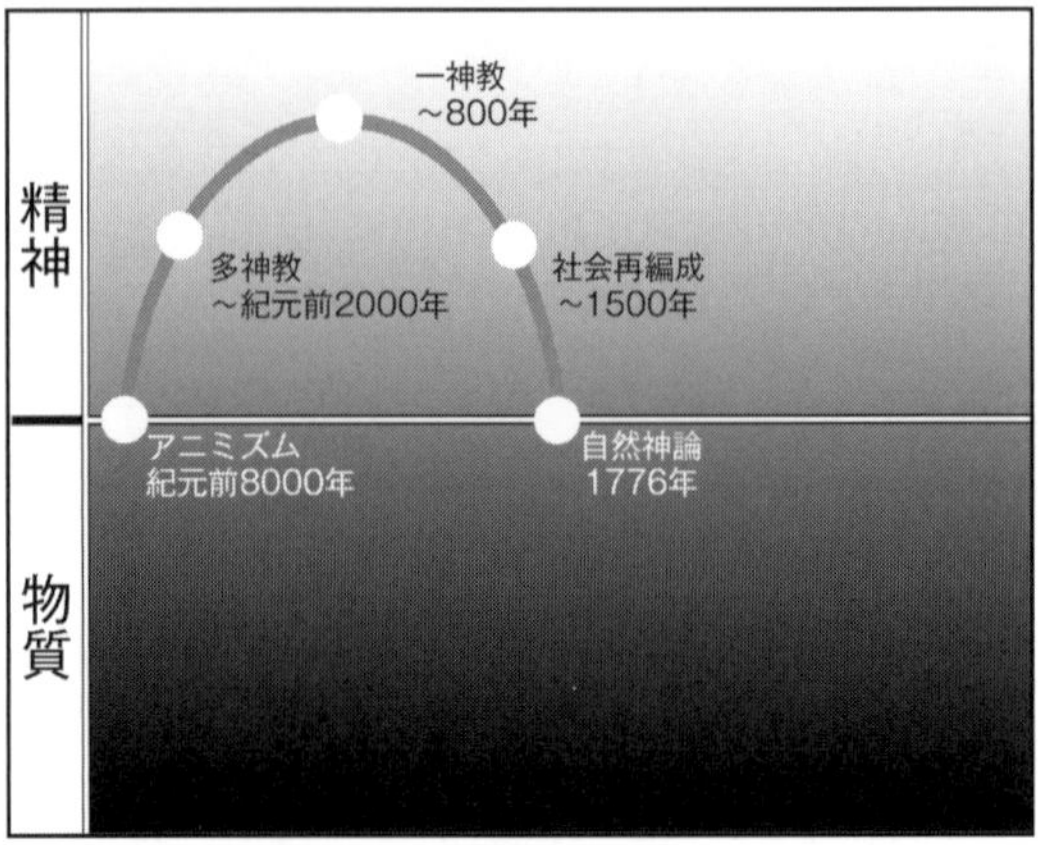

自然神を信仰した時代には、精神世界と物質世界がバランスを保ち調和していた。けれども このバランスのとれた状態は長く続かず、再びバランスが変わる兆しがあった。

り込まれている。文明が精神世界と物質世界のバランスのとれた方向へ折り返したこの幸先のよい出来事こそ、アメリカ合衆国の創立でもあったのだ。

けれども、そこからあっという間にバランスのとれた中間点を超え、世界中が物質世界の領域にどんどん移行していった。テクノロジーの発展も手伝って、それまで誰も想像しなかった物質的生活ができるようになると、宇宙の物質的な側面への科学的探求がさらに進んだ。キリストが水をワインに変えた奇跡を、素晴らしい蒸気エンジンで旅をすることや天然痘の猛威を防げるワクチンなどとどう比較すればいいだろう？　しかし、数々のテクノロジーの奇跡を果たしても、啓蒙時代の現代科学にはきちんと真実を伝える根拠がなかった。つまり、科学はまだ聖書が伝える人間の起源をうまく説明できず、彼らもまた真実の「第二バイオリン奏者」にすぎなかったのだ。

科学的な物質主義：物質こそ重要

一神教というのは信仰に基づいている。けれども、フランシス・ベーコンやアイザック・ニュートンのような哲学者や科学者は、その教義自体に疑問を投げかけ、自分で答えを探すチャンスを求めた。当時の人々にとって科学的真実とは、数字で表わせる確実な予測ができるかどうかが基本で、テクノロジーの奇跡は新しい産業革命の土台となった。

その間、教会は創造的な探求者を聖務聖省に呼び出しては尋問、鎮圧し、必死になってマインドコントロールし、世界についてもっと知ろうとする新進気鋭の科学者をあらゆる分野に立ち入らせないことで知識の探求を制限しようとした。例えば教会は、人間の体は「神の秘密」であって人間が立ち入ってはならない領域であり、神だけが目にするもの、それは人間にとって罪だとした。従ってキリスト教徒は体の内部を研究することを禁じられていたので、医師になることも許されず、ユダヤ人やイスラム人、キリスト教を信仰しない人たちによって医療行為がなされてきた。ところが、こうした教会の禁止にもかかわらず、科学者はもっと別の分野を進んだ。

哲学者で数学者のルネ・デカルト、その後のアイザック・ニュートンは、宇宙は機械のようなものだという仮説を立て、ニュートン数学の原理から太陽系の中に流れる正確な時

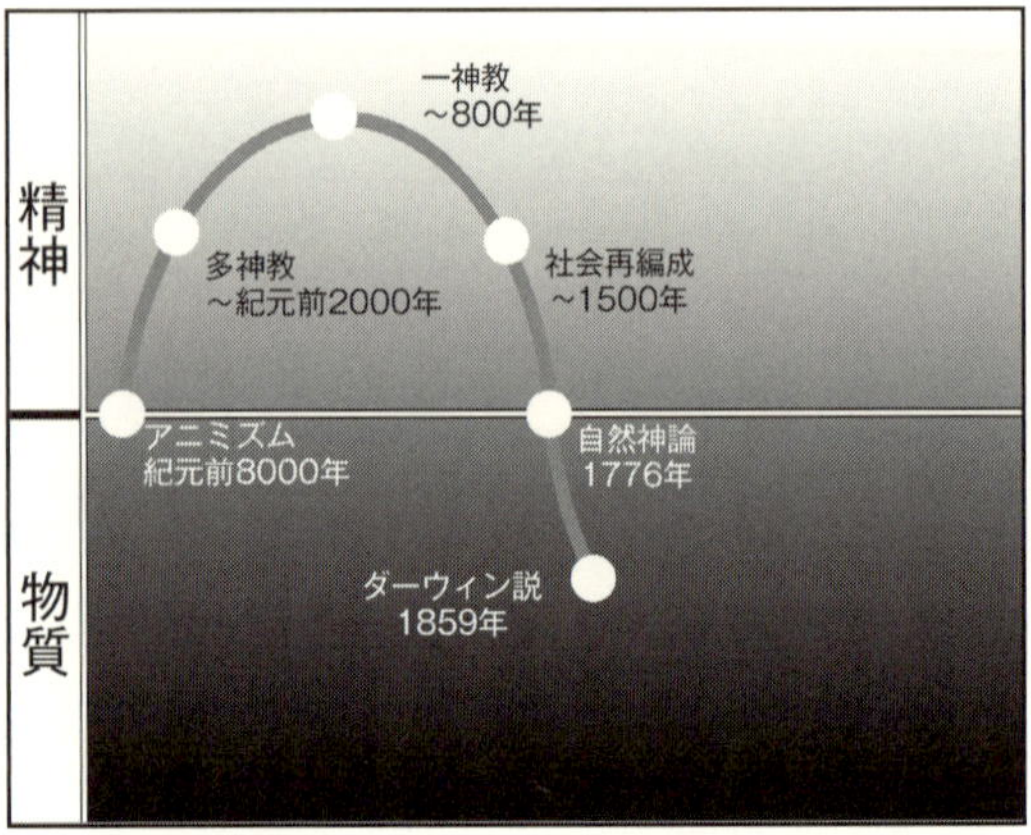

ダーウィン説は物質世界の領域にパラダイムシフトするきっかけになった。

間を推定できるようになった。新しい科学は神がその時計をつくったのだという主張を否定こそしなかったが、いったん「世界の時」が回り始めると、それはまさに機械のように進み始めるとしたのだ。

科学が支配する世界では、神は地球のはるか遠くにいるので、神がいてもいなくても世界は動く。また、続いて起こった産業革命やテクノロジーの発明で、神の存在は少しずつ姿を消していった。人間は自分でテクノロジーの奇跡が起こせるのに、どうして神が必要だろうか？

一九世紀半ばにイギリス人の自然主義者チャールズ・ダーウィンが登場したことが、物質主義の文明の中で最大のパラダイムシフトとなった。そこで、三つの質問に答えなくてはならない。ダーウィンが「種の起源」の仮説を立てるまで科学では「私たちはどうやってここにたどり着いたのか？」という問いに十分な答えを用意することができなかった。ところが、この説によって人間は

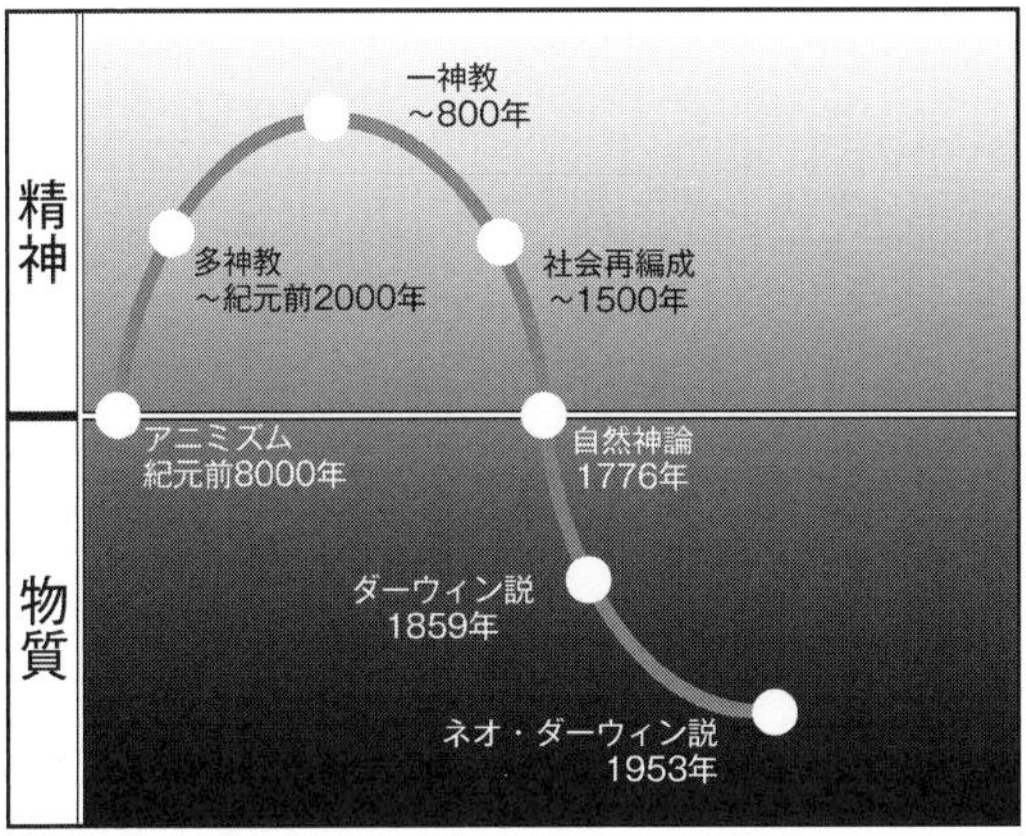

ネオ・ダーウィン説は、物質世界に深く入り込んだ。

原始的な姿から何百万年もの間、生き残りをかけて果てしない戦いをしてできあがったさまざまな遺伝子から生まれたものと仮定することができるようになった。当時の人々は、すぐにこのダーウィン説を受け入れた。というのは、食物や動物を育てる中で自分が目にしたことと同じだったからだ。いったんこの進化の理論が科学的な真実として受け入れられると、文明は教会から最高権力の地位を剝奪し、科学的物質主義をとり始め、物質主義者の考え方こそが公的な真実を語るものだとされた。

物質主義者は、永遠の課題に次のように答える。

❶私たちはどうやってここにたどり着いたのか？
…遺伝子のランダムな行動による。
❷なぜここにいるのか？
…子孫を増やし続ける以外ないから。
❸ここにいて、なすべきことは何なのか？

…弱肉強食の法則に沿って生き残ること。

そして、その弱肉強食の法則は「今ここ」にある。人々は物質世界の両刃の剣を磨いて豊かになり、昔の人が想像もできなかったテクノロジーで快適に暮らせるようになった。つまり、文明の中で権力が移行し、科学にとって物質とは常に目の前にあるもので、観念にすぎないものは範疇からはずされた。

思春期の若者が自立する時のように、人間は物質のメカニズムを理解すれば宇宙やその他生命の秘密をすべて解明できると期待したのだ。物質主義の文明が頭打ちになったのは一九五三年、生物学者ジェームズ・ワトソンとフランシス・クリックがＤＮＡの二重螺旋構造を発見し、生命の究極的な秘密を解明したと述べた時だった。細胞の遺伝的な要素を解明し、生命の物質的側面を定義したのだ。

物質から精神へ移行する文明

それから五〇年以上、神格化さえされてきたテクノロジーが、今度は想像できないほどマイナスの影響をもたらし、人間はその副作用に苦しんでいる。

ディズニー映画『ファンタジア』の中で、ミッキーマウスが魔法使いの見習いの役を演じ、知識も知恵もないまま師匠の真似をしようとする場面がある。自分が出したパワーをコントロールできないで悲惨な目にあうが、それと同様に現代文明もテクノロジーによる力は持っていても、マウス程度の知識でそれを扱っているのだ。物質世界の医学ではペニシリンができ、小児麻痺のワクチンができ、心臓外科手術が可能になったが、目に見えない領域への理解が欠けたままの西洋文明では、その理解不足が一番の死因にまでなってしまった。

科学による物質主義を最大限に利用しようとした最終段階が、投資家たちが科学者と一般の人にヒトゲノムプロジェクト（ＨＧＰ）に投資するように促したことだ。このプロジェクトは、ネオ・ダーウィン説を唱える分子生物学者たちが理論づけた、人間をつくるのに必要な一五万個に及ぶ遺伝子を確定しようとしたものだった。

しかし、二〇〇一年にヒトゲノムが完成してわかったのは、人間に必要なのはたった二万三〇〇〇の遺伝子だということだった。残り一二万五〇〇〇の遺伝子は、ネオ・ダーウィン説での基本的なプログラムの捉え方に明らかに欠陥があるということになる（4）。

こうした欠陥があるまま、基本的に間違った認識でつくられた健康管理システムには当然限界があり、治療に使われている薬品のコストに直接はねかえる。人々の医療の現状に対する不満は、全米の半数の人が健康補助食品を求めていることからもわかる。さらに面白いことに、代替治療のほとんどが人の生命の目に見えないエネルギー分野を強調している。次の図では、文明が物質主義から目に見えない精神世界の領域に移行しているのがわ

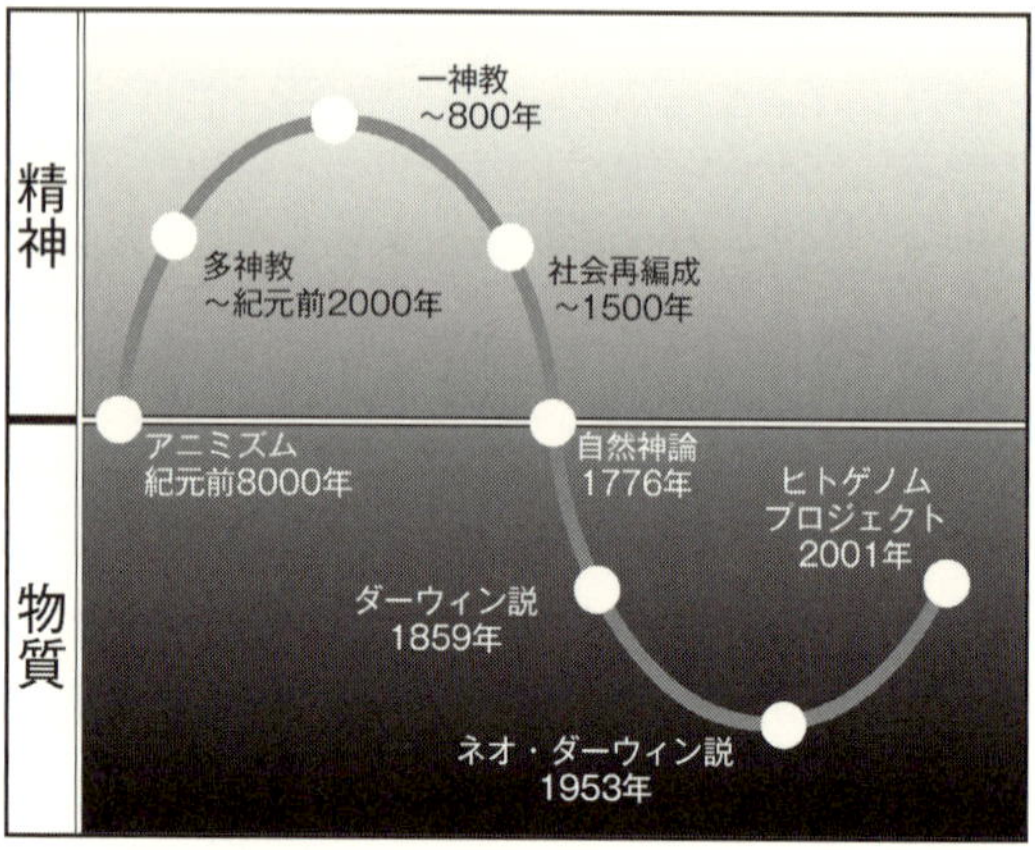

ヒトゲノムプロジェクトは物質世界での功績であり、バランスのとれた地点に向かってパラダイムシフトするキーポイントとなった。

かる。

そして、物質である遺伝子が運命を決定しているという誤った考え方に取って代わって生まれた最新の科学「エピジェネティクス」では、ある器官を持つ生物と遺伝子の振る舞いは、とりまく環境との相互作用に直接的な関係があるとしている。遺伝子の犠牲というよりも、環境をコントロールして自らの生体をもコントロールし運命を変えていけるというのだ。

良くも悪くも社会の進化の道筋は、急速にその中間点に達するだろう。物質主義だらけになってしまったことで、人、地球、そして動物の存在を脅かされるようになってしまった教訓が日々現れるのだが、ありがたいことに人は学習曲線通りに加速しながら進んでもいるようだ。けれども、無意識にも罪を重ねながら精神と物質のバランスがとれた中間点をあっという間に通りすぎるよりも、人間全体として調和をとっ

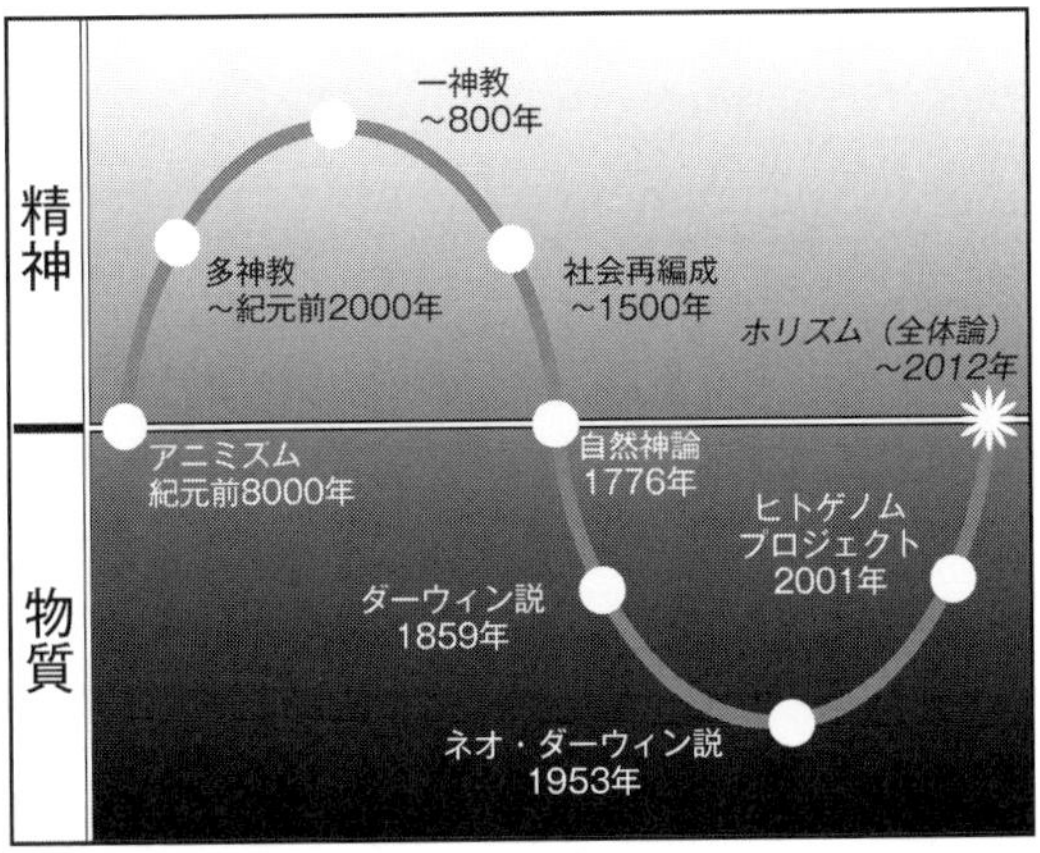

まだ決定していない自然に発生する進化を予測して全体として一つになれば、世の中に広がるパラダイムは再び精神と物質主義のバランスを保ちながら、その両方の良さを引き出すことができるだろう。

ていかなくてはならないことが意識できるだろう。

宗教的原理主義の復活などを見ると、自滅への道を愚かにも進んでしまうような考え方をする集団もいることがわかる。少なくとも現在の信仰では、黒いコートを着た司祭であろうと白衣の科学者であろうと、誰も助けにはならない。一神教も科学者も本質的に人間を自然から切り離してしまった。宗教原理主義では人間が何かの一部なのではなく、他の創造物にも勝るとさえ考えている。科学的物質主義では、私たちは生命の奇跡が単に遺伝子がサイコロを振るように偶然にできあがったものだということになってしまう。

なぜ今、新しいストーリーが必要なのか、もうおわかりいただけただろう。古いストーリーでは、地球から離れたところにいる神の意のままか、あるいはランダムな遺伝子の偶然の産物かという話にしかならないのだ。進化の道では、おそらくは近い将来、文明は精神と物質主義のバランスのとれた地点に向かうだろう。

長い間ずっと続いている二次元的な争いに足を引っ張られている今、すべての粒子が、何をなすべきかを教えてくれる量子物理学をもとに、物質的な存在とは何かという、その本質を思い出したほうが賢明ではないだろうか。

アニミズムでも自然神論でも、精神と物質が共存していると理解されていたように、右か左かという従来の考え方からすべてが共存できる考え方に私たちは挑戦している。「おいしくなってカロリー控えめ」というビールの宣伝文句のように、精神と物質、粒子と波、あなたと私、他人を共存させる考え方だ。

生命のストーリーを思い出してみよう。生命は、エネルギーの波と物質の粒子が十分に存在していた真っただ中、「ゼロポイント」と呼ばれる状態から生まれた。何十億年もの間、母なる地球には太陽からの光のエネルギーが降り注いできた。光の波と化学的粒子が合成され、命ある組織、有機化学物質ができあがった。光合成によって、太陽光エネルギーは物質の中に蓄積されるようになる。生命は、まさに空から降り注ぐ光と地上の物質を融合することができるようになったのだ！ ネイティブアメリカンが、父なる空と母なる大地と呼んだ理由がおわかりになるだろう。

遺伝子を伝達する精子細胞は、単なる情報しか運ばない。その役割からして、精子は母の卵子にある物質と融合する波のようなものであり、ここに宇宙の自己相似パターンが存在し、そこで二つのものが融合して生命がつくられているのだ。

情報と物質が融合して新たな生命が生まれると、精子と卵子を別々に観察した時点では予想できないことが起こる。精神と物質、エネルギーと粒子、男性と女性など相反するものの融合から、これまでになかったまったく予想外の人間社会をつくり出せるのではないだろうか。

新たな人間社会の出現という表現は絵空事に聞こえるかもしれないが、私たちは現在、進化するか滅亡するかの二者択一を迫られている。あなたはどちらがお好みだろうか？

第Ⅱ部では、人それぞれの好みには想像をはるかに超える影響力があることを見ていくことにするが、自分が好んで選んだものが人類の未来を左右するのだ。

私たちが現在直面している闘いとは、どこかに存在している王（神）に対しての闘いというより、人間が本来持つ能力や可能性を否定してしまうような内なる意識や、限界をつくり上げてしまう無意識に対しての闘いなのだ。もはや存在しないものに恐怖を感じたり変わらず自己防衛しているという私たちの状況に対する闘いに臨んでいるといえるだろう。

悲しいかな、私たちは過去の人々の信念や限界に「遠隔操作」されたまま生きているのに、そのことに気がついてさえいないのだ。

象の赤ちゃんが訓練を受ける時には足を太いロープで柱にくくりつけられる。象の赤ちゃんがどんなに強く、何度引っ張っても柱はびくともしない。最終的にどんなに引っぱっても動かすことができない状況に象が慣れてしまうと、大人になった象は足にロープを巻いただけで、逃げられないものだと思い込んでしまう。

大人になった象はロープを壊し、柱を根こそぎ引っこ抜くことができるぐらい力があるはずだが、小さい頃に動かないよう飼い慣らされた過去の自分の限界を信じたままだ。そこで私たちも「一体どんな信念や筋書きのせいで、本来持っているはずの自分たちの能力が、無意識に『つながれ』、力をそがれているのだろう」と問いたくもなる。

疑問を持たずして人間の原罪を信じたり、宇宙には大きな意義などないと思ったりして自らの限界をつくってはいないだろうか？

道徳に従いつつも、心のどこかで、道徳をつくり出している権力ははたして正しいのだろうかと思ったことはないだろうか？

戦争や貧困がはびこるのが世の中だという概念を、仕方のないことだと受け入れてしまってはいないだろうか？

第Ⅱ部

信じてきたものを見直す時

ここまで、生物学でいう人間の認識がどのように影響して現実をつくり出すかを見てきた。また、世界規模の変化が何によってもたらされてきたかを理解し、人々が「認識」をつくり出す哲学的・社会的なレンズがどう変わってきたかも知った。こうして歴史を振り返ると、文明はつねに一つのパラダイムから次のパラダイムへとダイナミックかつスパイラル状に進化しているのがわかる。

地球規模の危機的な状況やたび重なる混乱は、文明がターニングポイントにきていることを示している。科学的物質主義を極めた今、人間にはコントロールできない力によって社会のパラダイムは（物質と精神世界の）中間点に戻ろうとしている。

歴史上、人間はこの中間点を今までに二度経験したことがある。最初は人間がまだ汎霊論的な世界観には精神と物質の区別さえないエデンの園にいて、そこから出て学びの冒険の旅に出かける以前の話だ。

人間の進化の第一歩は、文明が神の支配する非物質主義へと進んだことだった。その精神世界の領域での探検を終えると、あっという間に中間点を通りすぎ、今度は物質主義の支配する世界へと入っていった。当時の啓蒙時代の人々は、自然神の哲学を信仰し、精神と物質の両方を受け入れていた。けれども、そのバランスがとれた状況も一瞬でしかなく、科学の示す物質主義の極端な領域まで突き進んでしまった。

こうして文明が精神世界と物質世界の間を極端に行き来する様子を詳しく観察すると、現実とは一体どんな性質なのかがわかってくる。そして今、進化の道筋は再び中間点へとさしかかり、そこには基本的に二つの道筋がある。つまり、地球規模で一つになって両極端な世界を融合できれば量子的な進化の飛躍が起こるだろう。しかし、それができなければ、宗教と科学の物質主義という両極端な世界の闘いを続け、次のパラダイムは地球の破滅につながるだろう。私たちは今、そんな岐路に立っているのだ。

量子的な飛躍ができるかどうかは、今までのパラダイムから何を学んだかにもよるだろう。もし、進化は気づきを積み重ねることで起こるのだと理解すれば、そして、その認識を多くの人に広げることができれば、進化の過程を加速できるのだ。

第Ⅱ部では、生命を脅かす結果につながった現在のパラダイム、科学的物質主義をクローズアップする。特に注目したいのは、これまで真実として試金石となってきた文化的な信仰で、どれもまったくの偽りとはいわないまでも、欠陥だらけだ。ここでは四つの神話を取り上げ、もしこれまでのように進めばどうなるかと仮定してみる。

現代科学で信じられている物質主義を崇拝した考え方こそが、地球を揺るがすほど重大な列車事故に向かって突っ走る原因となっており、成長を続ける経済は自然の富をどんどん破壊し、もはやこれ以上の現状維持を難しくしている。大地をごみ処理場にしたことで、空気にも水にも土壌にも汚染物質が残ったままだ。これではまるで自殺しようとしているようなものだし、問題解決の手段としての戦争は究極の状況へ向かう瀬戸際ともなる。

科学的物質主義はそのパラダイムの中に、議論の余地のない科学的・絶対的事実として次の四つの主義を神話のように受け入れてきた。

❶物質が何より重要だ。目に見える物理的世界がすべてである。

❷最も自然に適したものが最強のものであり、ジャングルの法則（弱肉強食）こそが自然の法則である。

❸その自然の法則は、遺伝子の中に書き込まれている。私たちは、生物として遺伝的に受け継がれてきたものの犠牲になるしかなく、せいぜい科学でその欠陥や弱点を補う方法が発見されるのを待つしかない。

❹進化はランダムに起こる。生命は基本的にランダムな「振る舞い」の結果であり、そこに意図はない。「ここ」にたどり着いたのは、無数のサルが無数のタイプライターを数え切れないぐらいの回数たたいて、シェークスピア作品ができあがったのと同じようなものだ。

現状と、未来の可能性を調べるのは必要なことだ。というのは、愛とユーモアできちんと世界を見れば、進化するチャンスがくる。現在の文明がどうなっているのかをのぞくのに一番適したレンズは、科学への崇拝がなければ存在しなかったS・F（サイエンス・フィクション）のジャンルかもしれない。

S・Fは、科学的思索をもとにして創作されたものだが、ジュール・ヴェルヌの『海底二万里（マイル）』に出てくる潜水艦もそうだ。S・Fに描かれた物語のように、私たちもただ生命を生み出している場所から外に出て、自分の目の前で繰り広げられる世界をもっと知りたいと思うべきだ。

ほとんどの人が、テレビの映し出す画面のほうが現実を知るよりましだと思っている。その一方で、世界が恐るべき混乱状態にあるのに気づき始めた人もいる。

それも、人間にとって自然なプロセスではある。けれども本当の問題は、自分たちには何の力もないとプログラムされ、その結果、心身を健康に保って生き残るために何かに頼るようになってしまったことだろう。もちろん、そこにはお金も介在し、このお金の動きこそが現在の地球規模の危機を引き起こしている。

とはいえ、自分で自分に課してきた枠から外に出るのは簡単なことだ。またプログラムし直せばいいだけなのだ。

プログラムをやり直すには、まずは古いプログラムを削除することだ。このために、自分に書き込まれたプログラムをまずよく調べてみよう。エックハルト・トールは著書『さとりをひらくと人生はシンプルで楽になる』（飯田史彦監修　あさりみちこ訳　徳間書店）の中で、人生に絶望して苦しみ、自殺を考えた時のことを書いている。ある時、大胆な考えが浮かんだという。「『誰か』から自由になりたいと思う時、その『誰か』は正確には誰なのだろう?」と。その瞬間、彼は世界を外から観察している自分に気がついたのだ。そして、彼は自分だと思っていたかつての自分から自由になることができた（1）。

量子物理学は、現実を観察する目を与えてくれる。そして世界への見方を変えてくれるだろう。さらには人々の意識を呼び起こし、世界の現実をも変えてくれるだろう。

4章 【神話1】物質がすべて

科学は宗教なのだろうか?

暗黒の時代、一神教は永遠の三つの課題にもっともらしい答えをもたらして西洋文明の基本的なパラダイムとなった。その質問とは次のものだ。

❶私たちはどうやってここにたどり着いたのか?
❷なぜここにいるのか?
❸ここにいて、なすべきことは何なのか?

一神教が多神教というパラダイムに取って代わると、教会は文明の知識の源は自分たちだけだという立場をとった。教会は多くの人々に教育を授け、莫大な富を集め、多大な影響力を持って知識をコントロールしてきたが、同時に、強権的にその支配を保つために武器をもコントロールしてきた。

　長い間、権力の保持に浮き足立ち、人を助けるという教会本来の役割は後回しにされた。それでも、教会が示す知識は絶対的な真理であるという脆い基盤の上にその地位を危ういながらも保っていた。

　けれども、どんな権威であっても自分たちが絶対的真理であるという主張はいつかは通らなくなるのがつねだ。やがて自分たちとは異なる真実を語るものが現れるのは避けられないと算段した教会は、真実を伝えるものに尋問を行い、その考えを捨てるか命を捨てるかのいずれかを押しつけた。教会の教義に反する考えを持つものは、囚われの身となり、拷問にかけられ、汚名を着せられて処刑された。

　教会の圧政的な支配に対して、やがてルネッサンス期の科学が異論を唱えるようになった。科学者の知識に対するリベラルで健全な見方は、真実に心を開き、偏りのない目を持っているように見えた。

　けれども、その科学者たちが公的な立場を確立するようになると、彼ら自身も圧制的になり、自分たちの真実が絶対的なものであると主張し始めたのだ。その結果、「科学的」という言葉は現在、「真実」と同意語のようになってしまった。それに対して、非科学的とされた信仰は、よくても疑わしい、最悪違法だとして刑罰に処せられるようになった。「人類にとって何がベストかがわかるのは自分たち科学者だ」という顔をして権力で真実を覆い隠し、科学の異端の罪を犯した人たちを魔女狩りしてきた。結果、指圧士、ヒーラー、助産師などが「非科学的信仰と治療」を施したという理由で追い払われ、虐待され、牢に入れられてしまい、科学的基準に従わない者は一般人でも逮捕されて裁かれたのだ。

二〇〇四年、アンバー・マローという女性が、自然分娩をするには胎児が大きく育ちすぎているとして、医師から帝王切開を決められてしまった。彼女がその決断に迷うと、ウィクルスバー総合病院は「子どもの命を危険にさらした」として彼女に手術を命じる裁判所命令を手にした。記事によると、幸い「マローは病院から抜け出し、すぐに別の施設で自然分娩を行った」(1)そうだ。はたして現代科学は、絶対的な知識の源なのだろうか?

いいや、そんなことはない。

ありがたいことに門外漢とされてきたパイオニアの考え方も最新科学に取り入れるという、科学の精神は今も生きており、生命の概念を日々書き換えている。と同時に革新的な考え方が広がる中、古くから伝わるものを伝えてきた人々も、その教えを守り抜こうとしている。大切にしてきたものを守り伝える中には絶対的な教義も含まれているが、一方、科学から利益を得る製薬会社などがその教義を宣伝に利用している。「私たちが言うのだから、それは真実だ」と。

けれども、これまで見てきたように、科学がニュートン力学をもとにした理論で非論理的な主張をし、物質だけが重要だと高らかに主張している間に、目に見えない領域の持つ側面が排除されてしまった。そして今、気づき始めている現実こそが、宇宙の法則としくみを知るには一番重要かもしれない。その間、新しい科学者たちは、自分たちの書いた論文を教会のいう物質主義の科学の扉に釘で打ちつけてきた。さあ、改革を始めようではないか！

物質を動かしている目に見えないフィールド

一九八一年のフランスとカナダの合作映画『人類創世』は、有史以前の人類の文明に対して鋭い洞察をもたらした。古代の人類は、火をサバイバルの道具に用いて周りの肉食動物から身を守りながら、とりまく環境に適応する大きな一歩を踏んだ。彼らは、移動する際、火種を絶やさないよう必死に工夫した。火が消えてしまえば、暗闇で夜眠ることもなく周りをうろつく動物の餌食となってしまうからだ。

映画のラストシーンで、人類は火の起こし方を学ぶ。この時の感情の描き方が素晴らしく、人類の進化の重要な瞬間を見事に描いている。それまで人の考えることといえば、はびこる貪欲な肉食動物の世界で生き残ることで一杯だったのだが、いったん火を扱えるようになると、もはや他の動物とは違う存在となって生物圏で圧倒的な力を持つようになっていく。そして映画は、人が炉の周りに安心して座り、主人公が夜空を見上げて満月を思い浮かべる場面で終わる。自分が安全だとわかることで、人は自然界へと自由に目を向けることができるようになったのだ。

そして、科学は探求と分析を続け、世界がどう動いているのかを理解するまでに進化した。西洋文明では、「ギリシャ黄金時代」のアリストテレスなどの哲学者が観察したことに洞察を加え、簡単な実験をしてわかった結論と結びつけるという手法を用いた最初の科学が生まれた。

キリスト教の一神教が基礎的なパラダイムである西洋文明では、科学が進むにつれ、しだいに古代ギリシャ哲学が科学として知識に取り入れられた。哲学者トマス・アクィナスとアルベルトゥス・マグヌスは、ギリシャの科学的哲学にキリスト教の経典の内容と一致するように修正を加えた。新しい教会主導の科学は、自然神学として知られ、科学が神の創造のプロセスを理解し研究するものとして正式に取り入れられた。しかし科学は教会を支持する立場を得たことで、教会に従順にならざるを得なくなる。

皮肉なことに、教会の暦の難問を解決するのに科学が必要とされた時から、すでにパラダイムの進化の種はセットされていた。太陽系の中心は太陽であるというコペルニクスの発見は、現代科学が正式に教会から分離して組織として誕生したまさにその時に起こった。発見を公表し教会の間違いを指摘したターニングポイントともいうべき出来事によって、究極的には一神教のパラダイムが崩れることになったのだ。

一五四三年は、近代科学革命到来の時ともいえる。コペルニクスは死の直前に『天球の回転について（原題『De revolutionibus orbium coelestium』〈ラテン語〉、『On the Revolutions of the Heavenly Spheres』〈英語〉）』を出版し、教会の主張が間違っているとした。

まず、現代科学が取り組まなくてはならなかった問題は、「真実とは何か？」ということだった。というのも、一六世紀の科学とは、ギリシャに古くから伝わってきた古代の知恵を集め、それをキリスト教神学者たちが修正したものでしかなかったからだ。今まで強固に信じられてきたものと真実を照らし合わせて妥当性を見出す手法のなかった現代科学の最初の役割は、データを評価する方法をつくり出すことだった。この科学的な手法には、主に観察、測定、説明できる仮定をつくり上げ、その仮説を確かめる実験をするという手順が含まれている。実験結果はその後、より予測可能な結果を生み出せるように仮定を改善していく。つまり、予測できる結果が出せるかどうかというのが科学的真実の重要な特徴である。

哲学者ルネ・デカルトは、さらに科学の改革が必要だとして、新しいパラダイムを進めていった。彼は大胆にもギリシャ哲学を捨て、フランシス・ベーコンの分析する科学的方法論のうち証明できるものだけを真実とした。「すべてを疑え」というのが、デカルトの主張であり、自分で間違いなく確かにわかるのは自分の存在だけだとした。「我思う、ゆえに我あり」という彼の言葉は有名だ。この後述べるが、私は宇宙も同じ主張をしているのではないかと思う。

この科学的方法論では、研究対象を直接、観察、測量する必要がある。今日のようなテクノロジーがなかった初期の科学では、研究対象は目に見え、手で触れ、測定できるものに限られた。現代量子物理学で「フィールド」と呼ぶものや、アインシュタインがのちに「物質の働きを支配する唯一のもの」と呼んだ目に見えないエネルギーのマトリックスという概念は、明らかにニュートンやデカルトの時代には観察できなかっただろう。

従って、精神や心といった非物質的な概念は、科学的な分析をする範疇からはずされたまま、科学は物質主義の中でその地位を確立していったのだ。科学者たちはスピリチュアル（精神的）な力で宇宙がコントロールされているというよりも、宇宙は物質でできた機械のようなものだという概念を追究してきた。彼らにとっては、惑星、星、植物、動物といったすべてのものが時計のように動く機械のギアのようなものなのだ。

さらに、神がその機械をつくったという科学者さえも、その機械がいったんセットされて動き始めると、その日々を動かすのに神は関わっていない、つまり、目に見えない糸で操り人形のように世界をコントロールしながらあちこちに神が存在しているというよりも、宇宙はパーツでできた永久運動する機械のようなものだとみなすようになった。

アイザック・ニュートンは、デカルトが打ち立てた宇宙はマシン（機械）であるということを数学的命題で実証し、強固なものとした。惑星全体を観察、測定し、宇宙がどのように動いているのか、さらには生命についての新しい哲学を打ち立てたのだ。ニュートンによる科学は二つの絶対的なもの（絶対空間と絶対時間）からなる。彼は量子的な宇宙では、物質はこの絶対空間と絶対時間を重力によって移動すると定義した。重力は目に見えない力ではあるが、彼はその力を木から落ちるリンゴを見て発見したのだ。こうして一七〇〇年代から、宇宙の研究に対する科学者の姿勢が主に三つのニュートン物理学の教義によって形づくられていった。

①**物質主義**：物質だけが唯一の現実である。宇宙は目に見える物理的なものを理解することで解明される。目に見えないエネルギーや精神といったものではなく、生命は自らをつくり上げている物質の化学反応から生まれる。つまり、「大事なものは物質だけである」という主義。

②**還元主義**：表面上どんなに複雑に見えても、それを細分化してそれぞれを研究すれば解明される。一言でいえば、「何かを理解したければ、分解して一つひとつを研究せよ」という主義。

③**因果決定論**：自然界で起こることは、作用反作用によって起こる偶然の結果である。結果は、偶然でバラバラに見える出来事が一直線状に進むことから予測ができる。つまり、「自然界のプロセスの結果は予測でき、コントロールできる」という考え方。

この三つの理論を理解できれば、人間は宇宙を分析するだけでなく、宇宙をコントロールしてユートピアにしてしまうこともできることになる。そして、その代償とは何かというと、世界を理解しようと思えば、神、精神など目に見えない力の研究に身を粉にしなくてはならなくなることだろう。

一七〇〇年代初頭から後半の「文明開化」時代、新しく生まれた現代科学のパラダイムと、当時まだ圧倒的だった教会主導の一神教時代のパラダイムの間の緊張関係がなくなってしまった。その結果、神話その1の「物質がすべて」という間違った科学的認識がパラダイムの物質主義と精神の両域に入り込んでしまい、超自然界の分野までもが物質主義によって取って代わられてしまったのだ。

従って、科学は宇宙の物質的な側面を証明しようと追究し、宗教はいまだに超越した魂を導く役割を果たしている。この状態は、両方の権力を持つ知識層には都合がよかったが、物質から精神を切り離した結果、今日の危機的状況を生み出す原因ともなっている。

一九世紀が終わりに近づく頃には、宇宙の物質的な部分は、ニュートン物理学の否定しがたい真理の基礎に収まってしまった。科学では、宇宙は原子からできた物質的なものであると証明して、宇宙の動きはビリヤードの玉の作用反作用を研究すれば解明されるだろうと予測していた。実際、一九世紀の終わりには、物理学者はその結論に満足し、もはや物理学の世界を研究してわかることはなく、必要もないと思っていた。

アイルランド人物理学者でエンジニア、ケルビン卿ウィリアム・トムソンは一九〇〇年、英国科学協会（British Science Association：旧英国科学振興協会）の物理学者の集会で、「物理学にはもはや新しい発見はない」とまで述べた(2)。残されているのは、さらに詳細な測定だけだと。同じようなことをアメリカ人最初の科学部門におけるノーベル賞受賞者アルバート・マイケルソンも言っている。ニュートン物理学は完全に完成されたように思われ、シカゴ大学物理学長でもあったマイケルソンは皮肉にも、この先、物理学部の卒業生はもういらないだろうとまで語った。「物理学のすべての基礎はできあがった。さらなる物理学の真理は、小数点第六位程度のものでしかないだろう（3）」と述べて。

けれどもおかしなことが起こったのだ。宇宙は機械のようなものだという世界観に最初に亀裂が入ったのは一八九五年、ドイツ人物理学者ウィルヘルム・コンラート・レントゲンが、物質から放射されて他の物質を通り抜けるX線を発見した時のことだ。その後、フランス人物理学者アントワーヌ・セザール・ベクレルやピエール・エ・マリー・キュリーが放射能現象を発見し、原子はただ変化するのではなく、実際は基本的な元素が壊変して他の元素になるとわかった。

二年後、今度はイギリス人物理学者サー・ジョゼフ・ジョン・トムソンが電子の存在を発見し、宇宙で一番小さいものはニュートン物理学でいわれる原子ではなく、原子より小さな存在が発見された。

ドイツ人物理学者マックス・プランクは、熱された元素から放出される光線を研究し、電子が殻を飛び越える時、エネルギー値を放出することなくエネルギーレベルが変化すると発見した。電子はそれぞれの放射性エネルギーを持ったユニットでできていて、それは量子と呼ばれた。この研究でわかったのは、電子がエネルギー殻の間を飛んでも、量子エネルギーは増えも減りもしないことだ。これが量子力学の起源である。

一九〇五年、ドイツの物理学者アルベルト・アインシュタインによる光電効果の研究では、これまで物質にしかないとされてきた特徴を持つ波動が、非物質の光線の中にも存在することがわかった。彼は、自らの観察からフォトン（光子）が存在していると仮定したが、そのフォトンは、放射性の光エネルギーが粒状の物質のような特質を持ったものとして存在する可能性があるとした。この光のような振る舞いをする物質と、物質のような振る舞いをする光が登場すると、ニュートン物理学は突然に不確かなものになった。

一九二六年には、フランスの物理学者ル・ド＝ブローイがすべての物質の粒子が非物質の波動のように振る舞っているはずだと予測し、ド＝ブローイ波（物質波）の理論を発表、三年間にわたる電子の研究によって彼の仮説は確証を得た。電子の中に波動の部分と粒子の部分の両方があることが実験でわかり、つまり電子は、物質であり同時に非物質でもあることになった。

こうした発見のおかげで、ウィリアム・トムソンとアルバート・マイケルソンが物理学は終わったと言った後、たった四半世紀の間にニュートン物理学の強固な基礎が「禅問答」のパラドックスの中に溶けてしまったかのようであった。

粒子と波動が同時に存在しているということは、結果的には量子力学の到来と確立とともに解明されていった。すべての物質に波動と粒子が同時に存在しているという統一した理解をする量子物理学では、科学の論理的な枠組みになったのだ。量子の不思議の世界へようこそ、といったところだ。

アインシュタインの$E = mc^2$として知られる質量エネルギー方程式は、エネルギーと物質を統一するもので、エネルギー量（E）は、質量（m）と光速（c）の二乗を掛け合わせたものに等しくなる。この公式によると、原子は実際には物質からできているのではなく、物質でないもののエネルギーからなることになる。今日、物理的な原子は、クォーク、ボゾン、フェルミ粒子といったような亜原子で構成されていると確定され、粒子物理学ではこの基本的原子構造をナノトルネード（竜巻）に似たエネルギーだとしている。

つまり、長い間まったく物理的な現象と捉えられてきたニュートンの宇宙観が巧妙な錯覚であったということになる。

それとは対照的に、アインシュタインの統一原理では、すべての物質とエネルギーの本質的な振る舞い（動き）を説明するのに、宇宙は分割できないダイナミックなものであり、そこですべての物質とエネルギーフィールドが絡み合いながら互いに依存し合っているとする。

量子のメカニズムは、ある意味、物質に心を奪われていた科学者のプライドを傷つけた。同時にマックス・プランクの研究は、科学が全体よりも小さな一部分にフォーカスする還元主義に重きをおいてきたことにも疑問を投げかけることになった。還元主義では、シンプルな構造プロセスを説明できているように思われるが、なかには作用反作用的な原因結果というラインでは予測できないことが起こる、つまりフィールドと呼ばれるエネルギーのマトリックスと相互作用している部分に同時に他のことが起こることをプランクは証明したのだ。宇宙の性質を知りたければ、還元主義を捨て、全体主義に戻るべきだと。

面白いことに、これまでの分析法では、手巻きのぜんまい式時計がどうやって動くのかを調べる時に時計をバラバラにして調べるような還元主義を使っていた。どうやって生体が動いているのかを知るためには、体をつくっているものをバラバラに分解してそれぞれを研究すればよいだろうと科学者は思っていたのだ。

還元主義や時計を分解するようなやり方はもはや主流ではない。例えば、デジタル時計を見てみよう。量子のメカニズムを持つデジタル時計は、エネルギーが移動することで作動し、ギアなど物質の相互作用では動いてはいない。だから分解して、その部品の一つひとつを調べてもどうやって動いているのかはまったくわからない。それぞれの物質のパーツに注目する還元主義だけでは、量子宇宙という統合して働くものの洞察はできない。

量子物理学は、物質主義や還元主義だけでなく決定論にも異論を挟んでいる。これまで、人間が選択したり決心したりすることも含め、すべては自然の法則に則った原因と結果のある特別な決まった形で予測可能なプロセスだとされてきた。つまり、十分なデータがあれば未来は予測できるというのだ。

けれども、ドイツ人物理学者であり、量子物理学の基礎を築いたヴェルナー・ハイゼンベルクは、原子の電子の位置とスピードを同時に描くことはできないことを発見した。電子の位置が正確に測定されればされるほど、測定している速度の値が一定でなくなり、その逆もまたしかりなのだ。

ハイゼンベルクの理論は、位置と速度、時間とエネルギー、回転角度と運動量のように同時に働く二つの力全部に当てはまる。つまり、ともに働いている力の一方を正確に測定する時、もう一つの変数が測定不可能となり、正確に予測できなくなる。この理論は決定論を否定しただけでなく、物質そのものさえ不確実だということを表している。

ここで注意してもらいたいのは、量子物理学はニュートン物理学を否定するものであるというより、それを含んだもっと大きな領域を扱っていることだ。従って量子力学は、宇宙の中で今まで知られてきた力に、今まで知られてこなかった力を加えたものもすべて説明できることになる。量子力学のメカニズムでは、物質的な側面の宇宙、つまりすべての原子、粒子、物質は実際はパーツ的なものであり、あるフィールドをつくり出しているエネルギーでできた目に見えないマトリックスが宇宙を動かしているという点が強調される。

小学校で、紙の上に砂鉄を置いて磁石を動かす実験をしたのを思い出せるだろうか。紙に砂鉄を置いても、それぞれの粒はただランダムに散らばっているが、紙の下で磁石を動かすとバラバラだった砂鉄は目に見えない磁場の形をつくって、ある決まったパターンで並ぶ。これは何度やっても同じ結果になる。もしあなたが磁場という目に見えないフィールドを知らないまま、これが起こるしくみを説明しなくてはならないとしたらどうだろう？　砂鉄しか目にとまらなければ、どんな結論を出すだろう？　砂鉄という物質自体に磁場があると結論づけてしまうかもしれない。

ここがあらゆることを物質主義だけで説明しようとした時に困る点だ。目に見えないフィールドこそが物体を動かしているのだとわかった今、「物質がすべて」という考えは絶対的な間違いとなる。これをアインシュタインが、「フィールドこそが粒子を動かす唯一のものだ」とシンプルに述べた。つまり、フィールドには宇宙エネルギーのマトリックスがあり、それがこの砂鉄を含むすべての物質を支配している(4)。さらに、「新たな科学はフィールドの物理学と物質の物理学を両方扱うといったものではない。なぜならフィールドこそが唯一の現実だからだ(5)」と、宇宙を形成するフィールドの役割を強調している。

アインシュタインが、質量とエネルギーの公式($E=mc^2$)を公表してから、物質とエネルギーは融合し相互に関連しているとわかったにもかかわらず、それから一世紀を経ても多くの人は物質主義の現実という幻覚にかたくなにしがみついてきた。

面白いことに、物質を形づくる目に見えないエネルギーのフィールドは、量子物理学でいえば、形而上学者が「精神」「心」と定義したものと同じ性質を持っている。

「物質こそすべて」という思考が引き起こすこと

科学がなぜアインシュタインを一〇〇年間も無視してきたのか不思議に思うなら、社会がなぜキリストを二〇〇〇年もの間無視してきたかについてはもっと謎だろう。というのは、キリストが「汝、隣人を愛しなさい」と言ったのは、アインシュタインの相対性理論で示されている「すべては互いに関連している」という言葉と同じ意味だからだ。

科学的進歩をした国では量子物理学を使った原子力や核兵器を何の抵抗もなく開発してきたが、周りの世界を理解する段となると、人々は目に見えない領域についてまったく知らないままだ。本来共有すべき自然のエネルギーフィールドや天然資源を求めて、自分とその他とを分離する境界線を設けているうちに、互いにどう闘うかに必死になっている。相手を処罰すべきだと正当化した「目には目を」という概念は明らかにニュートン物理学の原理であり、それこそ世界中の人の目を見えなくしてきた。

アイザック・ニュートン個人に対して私は何の敵意もないばかりか、人類の歴史上正当に評価されるべき天才だと思っている。ニュートン科学は、文明が外界をコントロールできるようになる技術的な基礎を築いてきたし、人類の物理的な進歩の多くは、ニュートン科学が宗教の教義に対して人の権利を主張してきたおかげでもある。

けれども、「物質こそがすべて」といった考えを持つことで何が起こるかは、西洋社会とそこからできあがっていった怪物のようなグローバリゼーションの中で何が起こったかを見れば一目瞭然だ。フランケンシュタインや、まるで機械のような企業が世に送り出されてきただけでなく、その企業は人間にも勝る法的な優位性まで手に入れてしまった。産業化された世界では、大衆より企業が望むことのほうが力を持つことが多い。

現代の企業というのは、たった一つの目的で動いている。それは利益だ。確かに多くの企業が会社の上層部の良心で経営されているものの、人間が企業のために働くようになってしまった現在の姿は上層部の良心とはまったくかけ離れている。「黄金のルール」がどのようにして、「金のルール」にくつがえされてしまったのだろう。

かつてこんなに物質に心を奪われた社会になったこともなければ、消費主義になったこともない。第二次世界大戦後の西洋社会（特にアメリカ）で生まれたテレビの影響力の大きい社会では、生活のすべてにメディアが関わっている。子ども向けの番組は、子どもがまだオムツをしている時からブランドの名前がわかるように教育してしまう。

さらに薄利多売の時代になると、ますますたくさんの人や組織が、人間の価値基準に経済力を求めるようになった。本当の人間の価値はお金ではなく、その命そのものであるのに、まるでお金が自分を守ると思っているのだ。けれども、新しく生まれようとしている「人間性」は、お金のようにはっきり目に見えるものではない。

従来のニュートン物理学の物質主義や還元主義、決定論は、学歴主義をも生み出した。子どもは学校でどのくらい達成したかで成績がつけられるが、よりすぐれているものを判断するのに採点よりいい方法を見つけ出せるだろうか？　また、お金より、製品をつくり出した人にその報酬がきちんといきわたるような方法はないだろうか？

医薬品がたくさんの命を救ってきたのは事実だが、主にニュートン物理学にもとづいた治療法ではつねにコストがかさみ、特に薬に効果がないばかりか、時には生命を脅かすことさえ明らかになってきている。体内の化学反応を調整し操作するのに、そのエネルギーフィールドを扱うほうがずっと効果的で効率がいいとわかっていながら、これまでの薬は物質的な側面にだけ焦点をあててきた。

体は機械のようだとするニュートン物理学でトラウマの治療薬ができたりと、確かに医学は驚異的に進歩した。体の一部を取り出して接合したり、臓器を移植したり、臓器の代わりとなるものをつくり出したりと素晴らしい奇跡も起こしてきたのだ。にもかかわらず、いまだに人間は細菌やウイルスの脅威の中で生きている。

主流の医療ではない治療法、例えば自然治癒力によって改善を目指す人々は、従来の医学の権威が他の治療法にまったく関心がないことに驚いている。これまで内科医が治療の際、物質的・身体的な説明しかできなかったのなら当然だ。けれども、X線やCATスキャンを使って目にした彼らの理屈に合わない症例に対して、そもそも病気でなかったのだ、誤診だったと患者に告げるだけなのだ。たとえ奇跡的な治癒法があることを知っても、「何が起こったか知らないが、聞きたくもない」と耳をふさいできた。

幸いにも、ホリスティック医療という、とりまく環境すべてと生体はつながっているという考え方が受け入れられるようになってきた。病院治療の補助的なケアをするクリニックに通う程度の広がりではなく、重要な分野そのものだとわかるようになる日がいつかやってくるだろう。

フィールドには何があるのか

さて、「物質がすべて」という神話1は間違いだとわかった。けれども、物質が重要でないとしたら、一体何が大事なのだろう? アインシュタインの言葉を引用すれば、「フィールドこそ唯一の現実だ」となる。

もし物質がすべてでなければ、どうしてこんなにリアルに思えるのだろう？ もし、レンガの壁が本当に幻覚なら、どうして手が通らないのだろうか？ 物理学者の発見通りなら、さえぎるのは物質の密度ではなく、エネルギーの密度ということになる。

亜原子レベルでは、エネルギーはつねに竜巻状に回転、震動している。エネルギーの運動があまりに抽象的だと思うなら、まず小さな竜巻を思い浮かべてほしい。竜巻状の風のエネルギーはぐるぐる回りながら、やがて小石、屋根の板、木の枝を巻き上げ、ビルを壊し、車を持ち上げてしまうほどのパワーで一気にフィールドの中に巻き込む。そして、その竜巻の内部に入り込めないのと同じ原理で壁に手が通せないわけだが、そこには目に見えないエネルギーがあるからだ。

アリストテレスがプレナム（天井裏）と呼んだ無の空間には、何もないどころか想像をはるかに超えたエネルギーがある。物理学者が「ゼロ・ポイント・フィールド」と名づけたこの光の粒子の海は、アメリカの物理学者リチャード・P・ファインマンによると、たった二八・三二リットルの空間に世界中の海を沸騰させるエネルギーがあるという（6）。それゆえに逆説的だが、「何もない空間」というのは、何よりもパワーがあるのだ。おそらく「ゼロ・ポイント」は将来、私たちに必要なエネルギー源となるだろう。

もう一つ、物理学の現実の中での驚くほど不思議な逆説は、そのゼロ・ポイントが事実上存在していないとされていることだ。『フィールド 響き合う生命・意識・宇宙』（野中浩一訳 河出書房新社）の著者であり、ジャーナリストのリン・マクタガートは、ゼロ・

ポイントというのは「モノとモノの間の空間にある微少な震動のフィールド、つまり純粋で無限の可能性のある状態の海だ」という。「粒子は私たちに干渉されるまではすべての可能性を持って存在している。観察、測定される時点で粒子が安定し、やっと現実のものとなる」と彼女は書いている。言い換えれば、現実的に存在するには、存在する必要性がなくてはならないということになる（7）。

物理学者の間では、このような膨大で驚くような規模に広がるものの存在を探し出すのは困難だとされているが、今のところ、「すべてはずっとどこか遠くにある宇宙のソースのようなところから取り出したものを、人間の心が時間と空間に分類して、現実としてつくり出している」とされる。科学者が宇宙のソースのフィールドを探し出すには、ずっと遠くに信号を送って、その時に起こった出来事にどう影響を与えたのかを見つけ出さなくてはならない。

イギリスの生物学者の本とＤＶＤ『あなたの帰りがわかる犬』（ルパート・シェルドレイク著　田中靖夫訳　工作舎）の中で描かれている、よく知られた実験を取り上げてみよう。（英国）心霊現象研究協会（The Society for Psychical Research　ＳＰＲ）の刊行物によると、実験に参加した飼い主の四五％が、家族が帰ってくる前に動物にはそれがわかっていると感じるという（8）。

オーストラリアのテレビ番組でのシェルドレイクの実験では、飼い主のパム・スマートと愛犬のジェッティーが登場する。飼い主が外出先から家に帰るという電話をかけると、その瞬間にジェッティーが飼い主が帰ってくるのを迎えにドアに向かう姿が何度も録画されていた。

どうしてこれが重要なのだろうか？　ほとんどの人がペットとの間に特別な精神的つながりがあり、なかには大事な人がトラブルに巻き込まれたのを犬が感じていたという経験を持つ人さえいる。ここで重要なのは、犬が光速よりも速くメッセージを受け取ることに科学者がまったく興味を示さないとすれば、何かが間違ってはいないだろうか？　ということだ(9)。

こんな現象を物質主義の科学では説明もできなければ、気にもかけない。かつてコペルニクスの地動説を教会が否定したように、科学も、物質がすべてであるという原理に合わないからという理由で、犬がものすごい速さでメッセージを受け取っているという実験が示す事実を無視しなくてはならない。テレパシーでのコミュニケーションが可能であるという説明のつかないフィールドが働いていても、科学ではそれが単に目に見えないからという理由で信じないのだ。

実は、無意識の集合的意識（モーフィックフィールド）という「自然の固有の記憶装置」が存在しており、そこではサイキックと呼ばれるコミュニケーションが思考と同じスピードで進むとする説もある(10)。シェルドレイクは、どういうしくみかはわからなくても「フィールド」が存在すると認めた人であるが、科学的な説明を見出そうと、さらにこのフィールドへの実験に没頭することになる。

この実験が重要なのは、目に見えないフィールドの存在を証明しようとしていることだ。そしてその意味は、頭の中で口笛を吹いて犬を呼び寄せるよりずっと大きい。同じような実験では、ＡＩＤＳ患者や術後の患者の回復を願うと、その気持ちが伝わって病状が好転したり、ある都市の人口の一％の人が瞑想状態に入ると、その地域の犯罪が明らかに減少することがわかった(11)。

説明できないからという理由でフィールドの力を無視するのは明らかに馬鹿げている。幸いにもフィールドの力に興味を示す科学者は増えてきていて、物理学者も興味を持っているからこそ、フィールドを「目に見えない力」と呼んでいるのだ。

さて、どうしてこのフィールドを理解する必要があるのだろう？　答えは三つ。一つ目は、科学と宗教の間の地球から離れたところに神がいるかどうかという意味のない論議をきっぱりと終わらせ、この地球のために協力できるから。二つ目は、目に見えないフィールドが何であるか、たとえ今は理解できていなくても、科学を新しい探求へと挑戦させて、これまで無視してきたものを探して新しい世界を開いていけるから。そして最後に、人間性にあふれる夢のような場所があり、そこは「戦場（バトル・フィールド）」ではなく、「自由なフィールド」が待っているはずだ。

5章　【神話2】適者生存の法則

「外はジャングルだ」「誰もが自分のことしか考えていない」、こんなキャッチフレーズをいつも聞いていると、あたかもそれが現実だと思い始めてしまうだろう。もしダーウィンの言う生命の自然の競争原理が間違っていたとしたらどうだろう？　生き残るのに必要なのは、どのくらいうまくコミュニケーションをとり、情報を流すかだとしたら？　そして、ただ生き残ること以上のものが世界にあるとしたら？

チャールズ・ダーウィンは、科学的物質主義のパラダイムをつくり上げるのに重要な役割を果たした。そのパラダイムは人間の健康と進化に応用されはしたものの、進化論そのものは彼が生まれる一世紀前から熟していたともいえ、祖父であるエラズマス・ダーウィンも同じ研究で論文を残しているし、フランスの生物学者ジャン＝バティスト・ラマルクは、進化に関する最初の論文『動物哲学』（小泉丹、山田吉彦訳　岩波文庫）をダーウィンが生まれた年の一八〇九年にすでに出版している（1）。弱肉強食や適者生存といったダーウィン主義の決まり文句も彼の生まれる前からすでにあったのだ。

チャールズ・ダーウィンの業績が有名になったのは、経済哲学者トマス・ロバート・マルサスの信念や書物がダーウィン理論の基礎となったからだ。マルサスは、ジャン＝ジャック・ルソーや哲学者で経済学者ディビッド・ヒュームを友とする啓蒙時代の指導者の息子で、若き日の彼は父親たちより暗い世界観を持っていた。父に反抗していたせいもあったのだろうが、彼は人口と食糧について、例えばグラスに水が半分入っている状態から、やがて四分の三が空になり、それから八分の七が空になるというように減っていくと結論を出した。つまり、食糧が1↓2↓3↓4↓5といった等差数列に繁殖するのに対して、動物は2↓4↓8↓16↓32というように繁殖するという。

この論理でいけば、農夫が努力すれば自分の土地の収穫量を次の年には増やせることになるが、動物は各世代で子孫が倍に増えるので、餌が不足することになる。人間を含む動物は植物の供給量より速く繁殖するので、生命は最も強くて無情なものが生き残ることになると述べた。

一七九八年の『人口論』（マルサス著　斉藤悦則訳　光文社古典新訳文庫）では、地球が生み出せる植物より人間の繁殖力のほうが強いので、結果的に、早死にするか他の種の人類が出てくることにならざるを得ないという。

「人は罪を犯し、効率的に人口を減らすために武器で攻撃するなど、時には自ら恐ろしい行為に及ぶ。けれども戦争や病気や伝染病などが起こって何千、何万もの人命が奪われなかったとすると、今度は食糧が不足して、世界の食糧が足りるレベルまで人口を減らさなくてはならなくなるだろう（2）」

マルサスの関心事は、事態の悪化ではなく、どうすればこの問題がなくなるのだろう？ということだった。国家が戦争をしなくなっても、貧困や病気に苦しむ人がいなくなっても、社会はひどい状態になってしまうというのだ。

命を救うには、もっと多くの食糧が必要になってくる。一九世紀のマルサス主義の人たちは、こんな状況を事前に防ぐ社会的プログラムに関わった。貧しい人々に、病気で自然淘汰されたり、スラムの泥沼のような環境で子どもを育てないようにと指導してきたのだ。

けれどもマルサスの展望は、物質主義の進む道筋を厳密に見るあまりに、ダイナミックかつ複雑に絡み合う生命や自然のバランスや調和を見落としていたのだ。動物の増え方は単に年々倍増するのではなく、その時の環境に左右される。直線的な数字上での彼の結論は、「現状が変化しない場合」という前提で正しい。

現実的に私たちの住む宇宙は、カオスに大きく影響される。従って、数学的・物理的な世界観でいえば表面的にはいくらランダムに見えていても、実際は秩序正しく決められたように動いていることになるので、統計上の見方では意味がなくなる。マルサスの「進化は生き残りをかけた流血の闘いだ」という概念そのものには、科学的にはメリットが何もない。

ダーウィンの進化論

ダーウィンが活躍したのは一九世紀後半で、さまざまな社会的価値観が入り乱れていた時代だった。文明が開花した明るさは、暗い雰囲気のマルサス主義が忍び寄る中でもまだ残ってはいた。フランスでは君主国家が復活し、教会は活性化して社会権力を牛耳る勢力となりつつあった。また、物質主義が進んで科学戦争が起こり、イギリス人化学者ジョン・ドルトンの原子論が一八〇五年に発表されると、ニュートン物理学は地に落とされてしまった。

チャールズ・ダーウィンは、ユニテリアン信徒（訳注：イエス・キリストを宗教指導者として認めつつも、その神としての超越性は否定する教義を持つ）である自由思想家の上流階級の家に生まれた。父親は慣例を重んじてダーウィンに英国国教会で洗礼を受けさせ、ユニテリアンの教会に通わせた。その後、彼はエジンバラ大学に入学し、ジャン＝バティスト・ラマルクの進化に関する革新的な講義を受け、熱心に勉学に励んだ。ところが、ダーウィンは医大生になりたいとはまったく思っていなかったので、学業不振で中退した。父はダーウィンを心配して、ケンブリッジ大学で英国国教会の聖職者になるようにすすめた。イギリス上流階級の落ちこぼれへの苦肉の策だった。

彼は神学の学位を終えるとすぐ、父の反対を押し切って、船長ロバート・フィッツロイのビーグル号の航海士として二年間の旅に出る契約を交した。当時イギリス海軍では、上流階級の人間が民間船の乗組員となるのは許されなかったので、船長がダーウィンに自然科学研究者の地位を与えた上で旅に出ることになった。

航海中、ダーウィンは若くしてビーグル号の医師として、また自然科学研究者として野生を探索する責任を負うことになった。医師として船を南アメリカに進め、今度は自然科学研究家としての立場を利用して、ガラパゴス諸島へと船を進め、このことが歴史的に大きなパラダイムを生み出すことになった。二年間の予定だった航海は実際には五年かかり、その間彼は自然を研究することに没頭した。

彼は航海に出る前、『ライエル　地質学原理』（ジェームズ・A・シコード編　河内洋佑訳　朝倉書店）という一冊の本を手に入れた。それは一八三〇年に出版されたもので、おそらくはニュートンの『プリンシピア　自然哲学の数学的原理』（岡邦雄訳　春秋社）以来、科学的に最も重要な本だった。当時、チャールズ・ライエルは大きな影響力を持つ科学者だが、それにはもっともな理由があった。一八三〇〜一八三三年にかけて出版された三巻にわたる地質科学書の中で、教会は聖書に描かれている世界創造の解釈を間違っていると主張したのだ。

当時は、『創世記』に述べられているように天、地、生命は神の偉大な六日間の偉業の結果できあがったと誰もが信じていた。教会は揺るぎない社会的地位を築き、神が地球を生み出した日を事実と照らし合わせ、英国国教会の司教ジェームズ・アッシャーがアダムの出現まで聖書をさかのぼって計算し、地球の誕生日は紀元前四〇〇四年一〇月二三日と決めた（3）。

ライエルをはじめとする地質学者は、地球は無限に長い時間をかけてダイナミックに大変動を繰り返して進化してきたのではないかと推測した。その活動で地殻が湾曲したり移動したりする中、大陸、大洋、山脈の位置は、風、雨、洪水、地震や火山活動などの一定の力が長い間かかった結果できあがったものだというのがライエルの出した結論だった。ライエルの著書には、ラマルクの理論を主に扱った四章が含まれ、化石ができた状況を解説し、いくつもの生体が絶滅した何百年もの間の、長くゆっくりとした生命の進化についてで書かれている。ライエルにとってこの生物圏の進化は、惑星の進化の研究と方向が同じであるとして、世界の創世や起源についての新しい見方を人々に与えた。

五年の航海の間、ダーウィンはある意味でライエルのファンとなってその本に没頭し、科学界の権威ともいえる彼と手紙を交換するほどであった。ダーウィンがライエルとラマルクから得たものは、地球の歴史の中で地質学の現象は自然の変化によって引き起こされながら、命が受け継がれてきたという結論を出すのに役立った（4）。

一八四五年、研究ジャーナル第二編を発表した際には、ライエルの進化理論の公式がどれほど役に立つかその重要性を述べている（『ビーグル号航海記 上中下』チャールズ・ダーウィン著　島地威雄訳　岩波文庫）。

ダーウィンはこの本をライエルに贈り、次のように付け加えた。「私の本がどんなに科学的に役に立つことになろうが、それは『地質学原理』の研究のおかげである（5）」と。

一八三六年一〇月二日、ダーウィンはロンドンに戻ってきた。ダーウィンはすぐに生涯の友でもあるライエルに会って進化の研究をつき進むようにと励まされると、「種の起源（変化）」について最初の原稿を書き始めた。そのタイトルは一八〇九年に『動物哲学』（ラマルク著　高橋達明訳　朝日出版社）の中でラマルクが生み出した言葉でもあった（6）。

ダーウィンはこうして、ラマルクからは科学的な生物学的進化の基礎を、ライエルからは地球の進化への洞察を得ながら、進化のプロセスを引き起こすきっかけに焦点を絞っていった。ダーウィンは、どうして新しい種が突然現れるのかに特に興味を持っていたが、その答えを見つけられないまま行き詰まっていた（7）。自伝にはこう書かれている。

「調査を始めて一五ヶ月後の一八三八年、たまたま暇つぶしにマルサスの人口についての話を読んでいた。そして、長らく悩んで探し求めていたヒントがどこにでもあることに気がついたのだ。動物や植物の習性を長い間観察していたが、ある環境がずっと続くと、それに適応する変化をもたらすものが生まれ、そうでないものが消滅してしまうのだと気がついた（8）」

つまりダーウィンは、マルサスが社会の中で弱者が排除されるプロセスに焦点を合わせているのを読んで、より強いものが生き残るという選択のプロセスにたどり着いたのだ。このことは、彼が上流階級にも下流階級にも通じるビクトリア時代の文化的イギリス紳士だったこともあり、政治的にも意味があった。そして、下流階級の人々に選択のプロセスがあると吹き込むというより、むしろ上流階級の育ちと遺伝はすぐれていて好ましい変化をもたらす適者なので、それが進化につながると強調した。マルサスは社会の中で望ましくない要素が排除されるのを「自然の選択のプロセス」と表現したが、それをダーウィンは自著で「自然淘汰」と言い換えている。

広く受け入れられてしまった誤った進化論

一八四〇年代初頭、ダーウィンは進化理論を進めてはいたものの、チャールズ・ライエルをはじめ、誰ともその理論を共有するところまでには至っていなかった。一八四四年には、有名なイギリス人植物学者サー・ジョセフ・ダルトン・フッカーに「ついに閃きを得て、(まるで殺人を自白するようですが)種は不変ではないと確信しています(9)」という内容の手紙を書いた。彼の言う「殺人」とは、「神を殺してしまうような」という意味だ。もしその理論が正しく、種がそれぞれに進化による変化をするのならば、神と人間の関係を語った聖書の最初の部分の正当性が失われてしまうことになる。また、手紙の中で「種は突然変異をすると考えています」と述べているのも興味深く、彼はこの時点でまだ種が進化するとは信じきれていなかったのだ。

その年、スコットランド人ジャーナリスト、ロバート・チェンバースが匿名で公表した『Vestiges of the Natural History of Creation(創造の自然史の痕跡)』という本は、天地創造説をくつがえし、進化論を支持する人々に広く読まれた。ビクトリア時代の社会で非難を受けつつも、この本のおかげで進化の概念が広がり、ダーウィンの説が途絶えずに正式に世に出るきっかけをつくった。

ダーウィンは持論を展開するのに彼と同じような理論が他の人に研究されて追い詰められるまで、それから一〇年以上も時間をかけた。一八五八年、ついに行動に移さざるを得ない荷物を受け取る。それは、ボルネオで働くイギリス人自然科学者のアルフレッド・ラッセル・ウォレスから送られたものだった。彼はある意味ダーウィンよりすぐれた自然科学者であったが、労働者階級の庶民だった。生計を立てるために標本となる動植物を捕まえて、それを博物館や動物園、裕福なコレクターに売りながら自然科学者としての知識を独学で蓄えていった人物である。

ウォレスは、「変種が原型から無限に遠ざかる傾向について（On the Tendency of Varieties to Depart Indefinitely from the Original Type）」という題名の原稿のコピーを送ってダーウィンに感想を求めた。もし仮にこれが認められないと思った場合には、原稿をチャールズ・ライエルに渡してほしいという手紙が添えられていた(10)。この原稿こそ、ウォレスの「進化論」だ。端的でエレガント、かつ学術的な彼の原稿は傑作であり、ウォレスこそが「進化論をつくった人」といえるほどであるが、進化論を打ち出した人物といえば現在、ダーウィンが独占したかたちになっている。

庶民が進化論を提唱したことにならないよう、ダーウィンはライエルに、このとてつもなく大きな発見には自分に優先権があるはずだと、自分の理論だとする権利を求めた。一八五八年六月二六日付けの手紙で、ダーウィンは次のように書いている。

「このように長年にわたる研究に対する私の優先権を奪われるのは大変心外です(11)」

現在では科学史上最大の陰謀といわれるが、ライエルは取り乱した後輩ダーウィンを助けることにして、二人の共通の友人だったフッカーに慎重に手配してくれるようにと依頼した(12)。

ライエルとフッカーは、ダーウィンとウォレスが昔からの知人だったという手紙をつくり上げた。手紙の中で「それぞれの二人の紳士が、互いの顔も知らぬまま、同じ独創的な理論を考え出した……この重大な探索の過程で自分が理論をつくり出したと二人のうちどちらが主張してもおかしくない(13)」と述べている。本当のところは、ウォレスにはすでに完成した進化論を書き起こした原稿が手元にあり、ダーウィンは長い間、その理論を抱き続けて結論が出ていなかったというだけのことだ。けれどもライエルは自分の立場を利用し、上流階級のダーウィンが先であって、庶民階級のウォレスは二番手の寄稿者であるかのようなあやふやな立場になるように書類を改竄《かいざん》した。

ダーウィンが小包を受け取ってから一ヶ月後、進化論はダーウィンとウォレスの進化論として一八五八年七月一日、ロンドン・リンネ学会で正式に紹介された。この事実は一見、人間の歴史から見れば取るに足らないことに思えるが、今日、それにはもっと大きな影響があるとわかる。進化論で信用を得たのがダーウィンだったかウォレスだったかは、進化論の中の縮図でもある「コップ」に水が一杯に入っているのか、半分しか入っていないのか、というほどの違いがある。

ウォレスは庶民の観点から、進化は弱者が排除されることから起こるとしていたが、一方ダーウィンは、同じデータから進化は遺伝的に最適なものが生き残ること（適者生存）から起こると解釈していた。その違いとは何だろう？　ウォレスが、弱者にならないように進歩する必要があると主張しているのに対して、ダーウィンの論理では、生き残るには最高のステイタスや地位を手に入れるべく闘うべきだということになる。もし、ウォレスの考えが広まっていれば、競争よりも協調にもっと焦点が置かれたかもしれない。

この微妙な出来事があった一年後、ダーウィンが『種の起源』を出版して世界的な名声を手にすると、ウォレスの姿は世間から消えていった。ベストセラーになった本によって世の中に進化と自然選択という概念が広がり、適者のみが生き残るという背筋の凍るような考えが世界中に植えつけられてしまった。

何より注目を集めたのは本の副題で、のちにダーウィン主義として知られることになる痛烈ともいえる概念だった。本の原題はこうである。『自然選択の方途による、すなわち生存競争において有利なレースの存続することによる、種の起原』（『種の起原』〈原著の初版訳〉チャールズ・R・ダーウィン著　八杉龍一訳　岩波文庫）。

ここで強調しておきたいのは、ダーウィンは時代がつくり出したということだ。彼はライエルの研究でわかった地質学的な解釈をもとにして革新的論理を展開したが、今では間違いだとわかっているマルサスの結論をやみくもに信じ込んでいた。マルサスの観点からいえば、生物学上の遺伝は明らかに環境によるもの、つまり限られた資源をめぐって争いが起こることに対してどう適応するかが焦点になっている。

ダーウィン主義の概念は、偶然にも「適者生存」という言葉を社会につくり出して名声を得たハーバート・スペンサー（訳注：イギリスの哲学者、社会学者、倫理学者）と一致していて、ダーウィン説の厳しい競争の論理がますます強調された。そして、この理論は、遺伝的に劣るとされる人々をふるいにかけるという民族浄化につながっていった。この意図を受け入れたダーウィン主義が、国家公認の科学となり、ナチスドイツの使命となったのだ。

のちにダーウィン自身は、自分の打ち出した学術的な主義から離れていくことになる。生き残ることや闘うことを強調するよりも、愛や利他主義、そして受け継がれてきた人間の寛容さを注目し直していった。その上、ラマルクの言う環境こそが進化を導く力だと認め始めた。残念ながら、ダーウィンの弟子たちはこの彼の考えを、ダーウィン主義を貶《おとし》めるとみなし、ダーウィンがのちに表したものを彼の認知症のせいにしてしまった。

そして『種の起源』が出版されて一〇年もしないうちに、世界中の科学者のほとんどがダーウィン主義を真実として受け入れてしまったのだ。この進化論には想像をはるかに超えた影響があり、結果的にダーウィンが文明の基本的なパラダイムを変えてしまう欠陥のある概念を広めてしまったことになる。

『種の起源』が発表される以前は、一神教が西洋文化を形づくっていた。というのは、それが例の永遠に問われ続ける三つの質問に満足に答えてくれる唯一の真実だったからだ。

❶私たちはどうやってここにたどり着いたのか？
❷なぜここにいるのか？
❸ここにいて、なすべきことは何なのか？

科学は奇跡的ともいえる進歩を遂げ、教会の社会権力を奪い続けていった。私たち人間が「どうやってここにたどり着いたのか？」という疑問に対して、科学が「進化して」という答えを公式に社会的な真理として確立したことで、完全に一神教の地位に取って代わることになったのだ。

『種の起源』が出版された当時、作物や動物を育てることに携わっていた人の割合が多く、作物や動物の子孫にはさまざまな特徴が受け継がれつつ、遺伝的なものに変化があることは誰もが知っていたことでもあった。地球上の生命は何百万年にもわたって繁殖してきた原始時代の先祖から進化したとするダーウィン主義の概念は、人々が目にしていたこととさほどかけ離れたものでもなかったので、科学者にも人々にもすぐに受け入れられたのだ。こうして人間の起源についての疑問への権威ある科学者の答えは、一神教の主張する「創造」の概念よりも理解されやすかった。

当然、教会は、「創造」に神の介入がないとする進化論者に対して強く異論を唱え始めたが、宗教と科学の対決は、『種の起源』が出版されてからたった七ヶ月で終わる。それは、一八六〇年六月、ＢＡＡＳ（英国科学振興協会）によって開催された会議中のことだった。公式な場で新しい進化理論にもとづいた二つの学術論文が紹介され、それに続いて「創造説」を唱える人々の代表として司教サミュエル・ウィルバーフォースと、ダーウィンの友人で進化論の申し子であるトーマス・ハックスレーの間で議論が行われた。

映画、ラジオ、テレビなどが普及する前の時代、大衆の注目を集める娯楽の一つでもあったディベートには単なる情報以上の意味があった。このようなディベートでは、鋭く、大げさに、劇的に、そして諷刺を込めて互いを攻撃したりすることもあったが、ウィルバーフォース司教は賢く優位に論議を進めることから、「お世辞屋《ソーピー》サム」と呼ばれるほどだった。つまり、サムの言うことはあまり当てにはならないという意味でもある。

ディベートで司教は進化論を打ち砕くことはできず、人々の心から邪悪なものを祓《はら》うようにと述べたにすぎなかった。彼の目的は進化論を貶め、人々の心を教会の主張する「天地創造説」に引き戻すことであり、わざと不自然な質問をしてはハックスレーがどんな受け答えをしても愚かに見えるようにしていたのは明らかだった。例えば、「ハックスレー氏に一つ質問があります。サルから進化したのは、祖父方ですか？　祖母方ですか？」といったものだ。

一方、ハックスレーは、「ダーウィンの番犬《ブルドッグ》」として知られ、お世辞屋サムのレトリックの罠を把握してディベートに臨んでいた。彼の返答は司教の盲点を突いていた。「司教、その質問にお答えします。あなたにとって、サルは通り過ぎる時にはにっこり笑い、おしゃべりをしながら身をかがめて歩く知能の低い生物に見えるかもしれません。けれども私にとっては、せっかく与えられた優雅さや文化に偏見を持ち、偽りをもたらそうとしている人間より、サルが先祖であるほうがまだましです(14)」

ハックスレーの答えは、司教を打ち負かしただけでなく、教会をもひどく攻撃したことになり、瞬時にしてそのディベートは一神教もろとも終わりを告げた。二〇〇〇年の間、教会は「知識の灯り」として西洋文明の基盤となるパラダイムを支配してきたが、その「知識の灯り」によって支配を放棄せざるを得なくなった。いまや未来は、科学的物質主義の手の中にあった。

世界は食うか食われるかという競争の原理で動いていない

一七世紀以前の科学では、生命とは調和を重んじるアニミズム、自然神論の立場をとっていた。けれどもダーウィンが現れる前後から、文明の中での自然は慈愛や母のような存在から、競争の激しいジャングルのようなものと捉えられるようになった。

これは、凶暴なものとは自然の中の捕食・被食関係や、テリトリー、食物、つがいをめぐるライバル関係だと捉える偏った科学から生まれた結論にもとづいているが、実際は致命的になるようなライバル関係は自然界にはめったにない。いったんどちらかの優位が決まり、誰のテリトリーかが決まると、負けたほうは生きたままこっそり逃げ出す。だから、食うか食われるかといった世界ではない。確かに犬はリスを食べるし、他の犬にうなり声をあげるが、他の犬を捕って食べたりはしないのだ。

人間は幸いにも食物連鎖の頂点にいる。もはや自然の中には人間を捕獲して食べるものはいないのに、お互いの命を犠牲にしている。自然界の食物連鎖の中で鹿を狩るのと、娯楽としての鹿狩りには明確な違いがあり、自然本来の道徳からかけ離れた凶暴な行動に夢中になるのは自然への誤解から生じている。

ダーウィンのはるか昔から、自然にであろうと意図的にであろうと、暴力の行使が一般大衆をまとめる社会システムの一つだったが、ダーウィン主義の理論はたとえ非人道的であっても人間に、個人に暴力を行使したり、集団で力を行使する科学的な権限を認めた形になっている。特に集団への力の行使は、下級の大衆が急成長する計画を排除するための手段が正当化されてしまうことを意味するのだ。

宗教的なモラルを打ち砕いて以来、ダーウィン主義は教会を自分たちより下に扱ってきた。ダーウィン主義のいう適者とは、大勢を配下にする能力、あるいは子孫の数を増やす能力を持つ者という意味だ。だから適者とは健康で、子孫を残す能力のある者だけを表している。どうやってその子孫を育て上げるか、思いやりをもってなのか銃をもってしてなのかは問わないのだ。

その結果、優遇された人種に対して全体を犠牲にしても特権を得てもいいという暗黙の許可を与えてしまった西洋文明は、一神教の経典の法律から、科学的物質主義の弱肉強食の法律へと変わっていったのだ。もはやルールもモラルもない、残ったのはダーウィン主義における勝者と敗者だけだった。

そしてダーウィンの本を実際に読んだ人はほとんどいないのに、適者生存という言葉だけはよく知られるようになった。本来、「適者」とは科学的な概念ではなく、定義するために使われる語彙で、科学用語では「生存」と言い換えられる。ダーウィン主義が適者生存という時には、「最も生き残る可能性のあること」と言っていることになるが、人の心には、ガゼルを追いかけるライオンのようなイメージがわき上がり、適者生存という言葉に命の危険を感じてアドレナリンが出るような重大事に思えてくる。

けれども、自然を観察すると、そのイメージは実際の弱肉強食の法則にさえ当てはまらないことに気がつく。ライオンがガゼルを追いかける時、ライオンは自分が「適者か」どうかを気にもしないし、戦利品となるようにと、より大きな角を持つガゼルを狙うようなこともしない。それどころか、空腹なら確実に食べられるように「適していない」ものを狙うだろう。もっと正確にいえば、弱肉強食の法則とは「うまく適応できないものは生き残れない」という決まりだ。「生き残る」という表現を定義するのに、「適者」という言葉は必要なく、「うまく」とか「適応できる」とかいった表現がありさえすればよい。それは、毎日、ライオンに食べられないガゼルがどのくらいいるかを考えてみればわかるだろう。

「弱者にならない」ための教訓がある。ある二人が、キャンプをしていて目が覚めると熊がいた。一人が靴を履き始めると、もう一人が「どうして靴なんか履くんだい？　熊のほうが速いだろう？」と言った。すると、靴を履こうとしていた人が言った。
「いや、熊には勝たなくてもいいんだ。君に勝ちさえすればいいんだから」

最も適応するものが生き残る

文明が精神と物質のバランスのとれた地点へと戻ると（3章参照）、進化論にも量子物理学で見つかった新しい法則が当てはまることがわかってきた。

進化は、ある環境の中で自らバランスをとろうとしている中でつねに見られるというのだ。例えば、ある有機体#1が増えると当然食料Xは減るが、同時に#1が排出するYが増える。食料Xが減り、排出物Yが増えると、やや全体としてのバランスが崩れ、排出物Yを食べる新しい有機体#2が進化するチャンスが訪れ、有機体#2の排出物Zが出る。そして、有機体#2が増殖すると、今度は排出物Yが減少すると同時に排出物Zが増え、やがて排出物Zを食べる有機体#3が出現することになる。そして、それが続く。単純に聞こえるかもしれないが、ここには精巧な進化理論が示されている。

一九九八年、『ネイチャー』には、イギリスの科学者（生物物理学、医学）であるジェームズ・ラブロックによって提唱されたガイア説がティム・レントン教授によって紹介された。ラブロックは、地球が一つの生命体（有機体）として複雑な自己調節能力を持っているとしている。レントン教授は、地球上の生命が三八億年前に現れて以来、太陽の温度が二五％も上昇しているにもかかわらず、どうやって地球は一定の気候を保ちながら、かなりの温度差を調整してきたのかを説明している。その中で全体のシステムに有益な特徴を持つ進化は強化され、逆に環境に変化を与えたり不安定にするようなものは抑制されるのだという。

レントン教授は、「ある生体がガイアに反するような突然変異をしたとしても、その拡大は抑制され、結果、その突然変異で進化するものにとっては不利になる(15)」と結論を出した。現在の状況に当てはめると、人間がもっと地球と調和をとる方向に改革できなければ、やがて住む場所はなくなってしまうだろうというのだ。

神話が間違っていたのは、真の進化論は「生き残れるような適応を果たす」という原理だったことだ。地球と調和をとるのに貢献する有機生命体は環境に順応し、そうでないものは、どうなるかというと……。

答えは体の中にある

マルサス派の言う、人口が増加すれば「食糧不足」が起こるというジレンマを乗り越えて進化するにはどうすればよいだろうか。最も説得力のある答えは、おそらく地球上の多細胞の起源とその発達にある。どうやって、何兆もある単細胞が一つになって人間という生体へと進化できたのだろう?

この疑問に答えるには、まず三八億年前に地球上に最初に現れた生体が、バクテリア、藻類、酵母菌、原生動物といった単細胞生物だったことを思い出さなくてはならない。

およそ七億年前、細胞が集まり始め、原始的なコロニー(群体)をつくった。情報を分かち合いながら共存する関係ができあがると、さらにその周りの環境情報が入ってきて、有機体を構成している細胞も強くなっていった。簡単にいえば、環境に対する情報が進化をもたらし、もっと広い世界で生き残るチャンスを有機体に与えたのだ。

初めは、有機体の中のすべての細胞が同じ機能を果たしていたが、有機体を構成する細胞が十分に増えると、もはや全部が同じ機能を果たすよりも分業する利点を生かすことになる。生命活動を支える責任をそれぞれが分担したほうがずっと効果的だ。共同体の中では狩りをする人が外に出かけ、他の人々は家で料理、子育て、道具の手入れなど、さまざまな家事をこなす。これこそ、まさに多細胞の生体が進化する際に起こることなのだ。生体の中の細胞が、数千、数百万、そして何兆と増えると、共同体の中のそれぞれの細胞は、ある有機体全体が生き残れるように別々の働きをする。この分担を生物学者は「分化」のプロセスと呼んでいる。

分化した細胞の構造がさらに進化すると、突然のように多細胞の種ができあがりながら、三八億年前からの生命として生き残ってきた。この多細胞生物の構造は、ある意味ではこの地球の進化として画期的な飛躍だったといえる。知覚能力の点で考えれば、現在の人間は進化の最終地点に達したものだと思いたくもなるだろう。けれども実際のところ、人間は次の、より高いレベルの進化の始まりであり、「人間性」を持つ人々でつくられた巨大な有機体へと変化を遂げる始まりなのだ。

最適なものが生き残るという概念は、個人主義の文化の中では最適なものだけが生き残ると解釈されてきた。残念ながら、最適な者とは地球にとっては興味の対象ではなく、全人口に影響を与えるグローバルな規模での代謝や環境のほうが気にかかるのだ。だから、人間性の進化とは、ガンジーやマザー・テレサ、さらにはレオナルド・ダ・ヴィンチのような最適な者がいかにたくさんいるかという基準ではなく、いかに人間全体が適応できているかどうかで測られる。

ギリシャ語の語源では、「争う（competen）」とは本来、「ともに生き残る」という意味を持っていた。しかし、現在の人間社会ではそれがゆがめられ、生き残る手段という概念がその中核を占めている。ギリシャ人にとっての競争の概念というのは、相手の力を使って自分の力を引き出すという意味で、相手を敵とみなし、何があっても相手に勝とうとすることではなかった。

ある人が自らの限界を超えようとするのは素晴らしい野心ではあるが、どんな競争でも勝者より敗者のほうがずっと多い。ドキュメンタリー映画『ステップ！　ステップ！

ステップ!(Mad Hot Ballroom)』は、競争の意味を間違って認識している都会の生徒に、社交ダンスを通じて自分を大事にすることを伝えようとしたものだ。生徒たちがダンス競技会に向けてともに競い合う中に学びや楽しみがあり、成長していくわけだが、決勝に残れなかった子たちは涙を流す。これには一体どんな意味があるのだろう?

巨大企業エンロンはかつて、未来を担う企業だと評価されていたが、ダーウィン主義の温床となって骨まで腐っていたと『フォーブス』『ウォール・ストリート・ジャーナル』で紹介されてニュースとなった。元CEOのジェフリー・スキリングは、自分がバイブルとしていたイギリス人科学者リチャード・ドーキンスの著書『利己的な遺伝子』(日高敏隆、岸由二、羽田節子、垂水雄二訳 紀伊國屋書店)を称賛し、まさにダーウィン主義的なやり方でエンロンという企業を計画的につくり上げた。その手法とは、ある部署を訪れてはその雇用者に、次の四半期の間に成績の悪い一〇%の者の首を切ると言って回ったのだ。そして、彼らは言葉通りに成績の悪い者を解雇した。雇用者たちのプレッシャーは、今一番の親友が一番の敵になるかもしれない、自分は周りといつも闘っているのだという雰囲気をつくり出した。

「競争」の概念を誤解したまま、企業のすべての取引が強引に行われた。ドキュメンタリー映画『エンロン:巨大企業はいかにして崩壊したのか?』を観ると、祖母の年金さえすんで奪って自分の持ち株が上がるようにあおり、棚ぼたで利益を得ては国家経済の破綻でさえも祝うようなトレーダーたちの姿がそこに描かれている(16)。

けれども彼らの高笑いは突然なくなった。というのも爬虫類のようなやり方のエンロン幹部は企業を衰弱させ、最後には従業員の給与や年金、将来の年金として保管されていた株をも持ち逃げしたのだ。エンロンが落ち目になり、そのショックの波が調子のよかったダーウィン主義のビジネス界にも及んだことは、短期失業者増加の可能性や次期四半期利益への警告となった。それでも、利己的な遺伝子という欠陥だらけの概念だけは生き残り、私たちが本来持つ才能が見失われたままであることは変わっていない。

私たちは一つ、人間は地球の一つの細胞

量子物理学とフィールドでの実験がもたらしたものの中で一番重要なことは、すべてのものが互いに関連していることであり、宇宙はきちんとした階層に分かれた直線状に並ぶ構造ではなく、互いにフラクタルな関連があるということだ。「フラクタル」とは、自然界の葉、茎、枝、木、あるいは森を遠くから見ると、自己相似的なパターンがさまざまな規模や複雑さで繰り返されているのに気がつく、そうした自然にあるもののパターンのことである。

自己相似的なフラクタルのパターンは、自然界のさまざまなレベルで繰り広げられている。したがって、私たちの細胞にも自分自身にも、そして文明にも酸素や水、食料が必要なように、一つのものの利益になることは全体の利益になり、逆に害になることは全体の

害にもなる。当然のことだと思うかもしれないが、世間に広がる神話の中では、残念ながら当たり前となっている常識こそが間違いになっていることも少なくない。不幸中の幸いは、私たちが今、命のつながりを意識し始めたということだろう。

地球温暖化にともなう気候の変化や種の絶滅という警告を発する問題は、どんなに肉体的・金銭的に恵まれていても、どんなに安全な壁に囲まれて生きていても、種そのものが生き残れなければ、結局誰も生き残れないことを示している。

博学者アーサー・ケストラーは、「全体を構成する一つひとつの要素がそれ自体、全体と同じ構造を持つ」という意味の「ホロン」という概念をつくり出した。人間は「ホロン」だ。私たちは確かに細胞、筋肉、内臓器官というパーツでできあがっており、同時にもっと大きなものの一部なのである。ある共同体に属し、国家の一員であり、そして人類の中の一人なのだ。一人の人間は母なる地球の一つの細胞ともいえる。人間が生き残る鍵は、健康な細胞、健康な人間、そして健康的な惑星としてシステム全体が生き残ることにある。言い換えれば、地球がなければ私たちには住む場所がないのだ。

一般的に種が生き残るとは、繁殖することだと表現される。けれども、種そのものが環境の変化によって脅かされている現実を見れば、私たち人間が繁殖する意味のない環境をつくり出すようなことを続けていれば、当然人間の命は途絶えてしまうだろう。

必然的にこの問題は人間にとって緊急であり、それには私たちがみんなつながっていて、「適者生存」とは「適応できるものが生き残ること」という考えを変えなくてはならない。

つまり、人間の行動を全システムが生き残るように適応させていかなくてはならないという意味だ。現在、地球上に七〇億人もの人間という細胞がいて、無意識にエネルギーを破壊的な目的で使っているが、それではもはや生物学的に機能しない。

単細胞の有機体（生命体）がもっと複雑で効率のよいものに変化しようと意識した上で環境を利用するように、人間社会も新しい社会的なパラダイムと経済関係を取り入れていかなくてはならない。

逆に、この新しい協力的な意識があれば、個人の意志を拡大させ、全体のためにもなるのだ。表面上、互いに反目したり誤解が起こっても、和解できれば精神論者が教える新しい人間をつくり出せるだろうし、それは私たちが超えなくてはならない運命でもあるのだ。

6章　【神話3】すべては遺伝子が決める

現代科学の使命とは、フランシス・ベーコンが四〇〇年以上も前に言ったように、自然を支配し、コントロールすることだ。学者たちは物質主義の領域を理解すれば、自然環境を超える力を手に入れられるだろうと思っていた。だから、自然主義のシステムの物質界、特に遺伝子の中にその鍵を探そうとするのは当然といえば当然のことだ。

遺伝子学の科学では、体内にあるものをコントロールしている物理的な分子の構造と行動を見つけ出すというとても近視眼的な手法をとってきた。そしてその生物学的な構造がわかった途端、科学は自然をも支配しようとした。この技術があれば、遺伝子操作を発展させたり、人間も含めた生命そのものを扱ったりできると思ったのだ。

けれども、宇宙のいたずらともいうべきことが起こった。生命の秘密を解く鍵を探し求め、それを手にしたと思った瞬間に、その鍵ではうまくいかないことがわかったのだ。

遺伝子は環境からの影響を受けるという発見

ダーウィンが親から子に受け継がれる特徴があると定義して遺伝子をもとにした進化論を発展させたことは、動物を育て、同じ種からは同じ種が生まれると知っている人には説得力があった。ニュートン主義の見解では、優性なものが体内の分子に物質的な暗号として書き込まれているだろうと推測していた。ダーウィンは、遺伝子の中に粒状の無性芽のような物質があると仮定し、それがその種の特徴となるようなさまざまな身体的プログラムやその振る舞いを決定するとした。進化の際には、卵子と精子とが結びつく際にその特徴を運ぶ粒子が次の世代に受け継がれる。

ニュートンの物質主義の論理では、物質の中にある器官の特徴をコントロールする生殖細胞こそが肉体的な特徴を決めているとされていた。これをダーウィン主義では「自然淘汰」の考え方と結びつけ、受け継がれる特徴はその種が生き残るのを助長すると、のちにダーウィン主義をもとに発展した遺伝子学にとってはこれが次の挑戦へとつながった。つまり、遺伝する特徴が暗号化された物質的な要素を見つけ出し、それが細胞レベルでどのように働いているかを説明し、さらに人間をもつくり出そうという科学者などがその情報を扱えるようになる挑戦が始まったのだ。

遺伝子学の科学者は、ダーウィンの遺伝に関するこの推測を証明するために一〇〇年もかけて献身的に研究した。ドイツの細胞学者ヴァルター・フレミングは一八八二年、物質的な遺伝的要素を確認という飛躍的な発見をした人だ。彼は顕微鏡学者であり、初めて有糸分裂――細胞の分化のプロセス――を説明し、生殖の際の細胞の核の中にあるフィラメントの重要性を強調した。その六年後、ドイツの解剖学者ハインリヒ・ヴァルダイエルが、遺伝性を伝達するフィラメントに「染色体」と名づけた。

一九世紀に入ってすぐ、今度はアメリカの遺伝子学者であり発生学者のトーマス・ハント・モーガンが、遺伝子の突然変異として知られる現象を説明した最初の科学者となった。ショウジョウバエとミバエを観察して、遺伝性の特徴をコントロールする遺伝的要素は染色体上に一列に並んでいると推測した。

さらなる科学的分析でわかったのは、染色体はたんぱく質とデオキシリボ核酸（DNA）でできているということだった。けれども、遺伝の鍵となる部分がたんぱく質なのかDNAにあるのかは、一九四四年にロックフェラー研究所の研究員オズワルド・アベリーとコリン・マクラウド、マクリン・マッカーティの三人がDNAに遺伝性の特徴が暗号化されていると実験で発見するまではわからなかった（1）。

彼らの実験は簡潔なものだった。検体#1のバクテリア種から染色体を取り出して、さらに、たんぱく質とDNAだけを取り出したものを検体#2の染色体に移植して培養した。その結果、検体#1のDNAが培養された時にだけ、検体#1の持つ特徴が検体#2に現れ、検体#1のたんぱく質を移植した検体#2には検体#1の特徴は見られなかった。これの研究で初めて、遺伝をコントロールする分子はDNAであると認められたのだが、この偉業をどうやってＤＮＡがやってのけるかを示した洞察は何もなかった。

面白いことに、小さな生命の大きな秘密を最初に紐解いたのは生物学者ではなく、ノーベル物理学賞を受賞したエルヴィン・シュレーディンガーの物理学のメカニズムによるものだった。彼は著書『生命とは何か　物理学者のみた生細胞』（岡小天、鎮目恭夫共訳　岩波文庫）の中で、理論上、遺伝子情報は結晶体を構成している分子のつながったものの中に暗号化されている可能性があるという考えを示した（2）。

彼の理論は、生物学者が遺伝子要素を探す際にもっとも理屈に合った仮定であり、それをもとに分子物理学者のジェームズ・ワトソンと物理学者フランシス・クリックが協力して、生物学の歴史上最も重要な発見をすることになる。

一九五三年、ワトソンとクリックは「デオキシリボ核酸の分子構造」という論文を『ネイチャー』で公表した。Ｘ線結晶構造分析でＤＮＡはヌクレオチドという異なる四つのタイプの分子が一直線状に集まったものだとわかったことで、人間の歴史が変わった。アデニン、チミン、グアニン、シトシンと呼ばれるヌクレオチド塩基はそれぞれＡ、Ｔ、Ｇ、Ｃと記され、さらにＤＮＡは二重螺旋構造になっていることもわかった。重要なのは、Ａ、Ｔ、Ｇ、Ｃのヌクレオチド塩基が、体内のたんぱく質を合成する暗号の役割をするＤＮＡ分子だと発見したことだ。あるたんぱく質をつくるには、遺伝子にはヌクレオチド塩基配列を含むＤＮＡの暗号が必要であり、たんぱく質分子が生物の体や行動の特徴をつくり出す役割をしている。

フランシス・クリックの仮定による、たんぱく質の構造は暗号化されたＤＮＡに従うという分子生物学の中核教義、セントラルドグマ（科学の中で最も重要な教義）は、ＤＮＡ優位性とも呼ばれ、生物内のシステム情報が流れる場所だと定義された(3)。たんぱく質の構造を示す暗号であるＤＮＡのＡＴＧＣ塩基配列が、ＲＮＡと呼ばれるもう一つのリボ核酸にコピーされる。

ＤＮＡにある情報がＲＮＡに書き写され、そのＲＮＡに書き込まれた情報で新たなたんぱく質分子がつくられる。クリックのセントラルドグマの概念では、生物学的情報はＤＮＡからＲＮＡへ一方向に流れるとされていた。

ある種の特徴をつくり出すたんぱく質の構造の源がＲＮＡによりＤＮＡに組み込まれることから、この分子こそが私たち生物の特徴を決定する源ということになり、生命の秘密は究極的に、あるＤＮＡ遺伝子のオン、オフが切り替わる細胞の核の中で起こる線状につらなる分子にあるとした彼らの結論は、生物学的還元主義の典型であり、生命は物質的な遺伝子からできあがっているとしたものなのだ。

こうしたセントラルドグマは、それから五〇年間の遺伝子学研究に重要かつ直接的影響を与えた。ニュートン物理学の世界で信じられたことをそのまま生物学者が確信することになり、生命とそのメカニズムは明らかに物理的な相互作用の結果であり、手巻き仕掛けの時計の中のギアを組み合わせて動くようなものだと思われてしまった。そして残った疑問といえば、それが「どの分子」なのかということだった。

科学者は、仮説がある程度予想された結果だったことも手伝って、疑うこともなく、また生物学者でさえ有効性を確かめ評価することもなく、すぐに仮説をセントラルドグマとして採用した。大事な点は、クリックがDNA‐RNAたんぱく質分子が情報の通り道であるという仮説を自らドグマ（教義）と表現したことだ。ドグマという言葉は、「科学的な事実」ではなく、「宗教的信仰にもとづいた信念」という意味だ。

つまり科学的な物質主義は、証明もされていないドグマを採用し、生体医学の基本中の基本として公にして皮肉にも宗教の領域に入り込んでいったのだ。現代科学では、科学なのか宗教なのかという疑問が、DNAが生命をコントロールしているかいないかという疑問と同じ意味になってしまったのである。世界中のホテルの部屋に置かれている聖書が遺伝子の本と置き換えられるようなことになる前に、DNAの優位性に関する疑問を調べてみよう。

クリックのセントラルドグマの重要な点は、「遺伝的な情報は一方向にのみ伝わる。DNAからRNAへと伝わり、決して反対方向に伝わることはない」とされていることで、クリックによると、たんぱく質はDNAの暗号の構造や活動に影響を与えることはできないと結論づけられている。けれどもここに問題がある。生命はたんぱく質からできた体でさまざまなことを経験するが、もし、たんぱく質が生命の経験した情報をDNAにフィードバックできなければ、とりまく環境の情報が遺伝子の運命を変えることはできない。つまり、遺伝子情報は環境と切り離されているということになる。

セントラルドグマにおける遺伝情報の流れの仮説は、遺伝子決定論とつながり、地球上すべての人の生命に影響を与える概念ともなった。遺伝子決定論とは、肉体、行動、感情などすべての特徴を遺伝子がコントロールしているという考え方だ。だからこそ、科学者はある家系に流れるある特徴の遺伝子を探して調べるというように、人の運命は遺伝子の中にロックされていて、自分の遺伝子は変えられないのだから、人間とは遺伝子の犠牲者のようなものだという考え方につながったのだ。

しかし時が経ち、新しい発見によってその信憑性が問われることになった。一九六〇年代後半、ウィスコンシン大学の遺伝学者ハワード・テミンは、腫瘍を引き起こすウィルスを研究し、感染した細胞の中のウィルスがどうやって遺伝子コードを書き換えているかを発見した。彼が取り組んでいたウィルスにはRNA遺伝子分子しか含まれていなかったことから、テミンは、RNA情報が逆流して、もともとのDNAコードを書き換える可能性があると公表した。すると、彼は科学界の異端者であるとして学会から排除されてしまった。彼の異説に含まれる意味が、宗教的なドグマに反するという罪を負ったのだ(4)。

当時はテミンが発見したものの意味の大きさを誰も理解できていなかったのだ。ただし、彼の発見以降もテミンと同じ理論でRNA遺伝子のメカニズムによってHIVウィルスがAIDSを発症させる可能性があることが次々とわかってきた。最終的にテミンは、一九七五年、RNAの情報がDNAコードにコピーされる逆転写酵素の発見でノーベル医学生理学賞を受賞した。

こうしてクリックのセントラルドグマは崩れ、遺伝子情報はDNAからRNAへ、RNAからDNAへと両方向に伝わることがわかった。テミンの研究は、遺伝子の変化はそれまでの仮説で認められていた突然変異だけでなく、環境からの影響でも逆転写も起こっているという結果が導き出された。

一九九〇年には、セントラルドグマと遺伝子決定論のもう一つの基本理念が崩されることになる。デューク大学の生物学者H・フレデリック・ナイトハウトが、これまで遺伝子はオン、オフをコントロールできない(5)とされてきたが、もともと遺伝子は単なる青写真にすぎず、青写真にスイッチがあるかどうか自体に意味がないとしたのだ。例えば、ある事務所で建築家が青写真(設計図)を見ながら、「この青写真にオン、オフのスイッチがあるだろうか?」という疑問を投げかけるより、「この青写真は書き換え可能かどうか」を問うほうが自然な会話だろうと考えたのだ。

それこそ、遺伝子は自ら情報を読み込むわけではないので、自らと同じ外見のものを直接つくり上げることもできなければ、生み出しもしない。そこで「では、何が遺伝子情報を読み込んでいるのだろう?」という質問が浮かぶ。彼の表現では、「生体にとって新たな遺伝子をつくる必要が生まれるのは、遺伝子そのものではなく、生体を取り囲む環境からのシグナルによって必要な遺伝子が現れるように活性化される」という。つまり、環境が遺伝子の活動をコントロールしていることになるのだ。

すでに見てきたように、生物学は、哲学的にも新しい遺伝子学エピジェネティクスに取って代わられようとしている。「エピ」には「上の、超えた」という意味があり、文字通り遺伝子はそれを超えたものでコントロールされている。言い換えれば、エピジェネティクスは、DNAという内在しているものに関するというよりも、外界の影響によって、遺伝子がどのように活性化され、どのように細胞が生まれるのかに関するものだ。

問題なのは、遺伝情報は一方向にしか伝わらない、遺伝子が生体の活動を自らコントロールしているのではない、とする間違ったセントラルドグマが二〇年前に再評価されたにもかかわらず、訂正された欠点を解消することなく、科学の基礎となる本やメディア、そして何より製薬産業でも、いまだにかつてのセントラルドグマの概念を捨てようとせず、遺伝子が生命をコントロールしているという素人のような見解のままであることだ。明らかに、すでに死んだドグマに宗教的な栄養を与えて、まだ生きているると偽っているのと同じ状態なのだ。

ニュース記事では、さまざまな体の特徴をコントロールする遺伝子が見つかったといまだ報道し続けている。一般の人々にとっては、ヒトゲノムを読み出せる遺伝子チップの最新技術のニュースを耳にすると、とたんに自分の未来を少しでものぞいてみたいと思ってしまうのが普通だろう。遺伝子決定論の概念を含むパラダイムがあまりにも社会に広まりすぎて、明確な証拠があってもその流れを一向に変えることができないでいる。

利己的な遺伝子

科学的な論争となり、広く旋風を引き起こしたリチャード・ドーキンスの『利己的な遺伝子』は、すでに消えたはずのドグマが生き残った例だ(6)。人間は遺伝子が繁栄するために遺伝子を運ぶものとしてつくられたというドーキンスの理論は、生物を遺伝子を運ぶ命令を乗せた単なる乗り物として捉えた、まさに還元主義的概念である。

彼が言うには、遺伝子は世代を通じて生き残るが、人間は自分の人生しか生きられない。遺伝子がドライバー(運転手)であり、私たち人間は一二〇年間走り抜けると新しいモデルに取り替えられる車にすぎない。ドーキンスの命題は、鶏が卵を産む道具にしかすぎないというかつての考え方と似ている。

けれども、なぜ遺伝子は利己的なのだろうか? ドーキンスによれば遺伝子は、遺伝子が住みついている生体やその種のことは何も考えずに生き残ろうとするという。進化的な適応をするのは、その種の生体が生き残れるかどうかという観点からではなく、遺伝子自体の生成力を促すためのもので、生体が生き残ろうが生き残るまいが、遺伝子にとっては重要でないというのだ。

すべては遺伝子から始まるとすれば、「人間は生まれつき利己的だ(7)」となる。また、自然淘汰は人をだましたり利用したりする人に有利に働くと、ドーキンスは信じていた。利他主義は自然淘汰に反するので、基本的にうまくいかないというのが彼の主張だ。だから養子縁組は、利己的な遺伝子の本能や興味に反することだという。

幸いにもドーキンスの極端な物質主義を受け入れた人はほとんどいなかった。それでも巨大企業エンロンの例のように、無情ともいえるほどにいきすぎた社会、産業、企業、そしてダーウィン主義者などにとっては自らを政治的に合理的に正当化する理由となった。自らを無神論者だと述べたドーキンスは、創造主も人間も慈悲深いとは信じていなかった。神を信仰する多くのヒューマニストとは違って、純粋に遺伝子決定論・物質主義でないものを捨て去り、生体の利己的な部分に終始したのだ。

ドーキンスのいうように、生き残ることが成功することと同じであれば、悪性のガンはかなり成功していることになる。もちろん、住みついている人が死ぬまでの間だが。とすれば、もしＤＮＡにコントロールされてガンを発病させる利己的な遺伝子が、住みついた人間の子孫の遺伝子系列に入り込んで、それが何度も何度もコピーされるのならば、遺伝子が原因でガンになる可能性はもっと高く、まさに私たちの運命はＤＮＡにコントロールされていることになる。

地球環境に例えれば、人間はまるでガン細胞のようにどんどん生殖を繰り返し、最終的には地球全体にまで広がっていくということになる。さて、宇宙旅行ができるほど発展した私たちは、死にそうな状態の大切な地球を後にして、他の惑星にまでガンを伝染させながら生き残ろうとでもしているのだろうか？

想定外だったヒトゲノム

やがて、物理的な遺伝子学は、発生学として生物学の歴史上最も期待された（そして落胆することになった）ヒトゲノムプロジェクト（HGP）へと進んでいった。

ヒトゲノムプロジェクトは一九九〇年に発足し、アメリカ政府機関国立衛生研究所（NIH）の代表ジェームズ・ワトソンが指揮をとった。このプロジェクトは、表向き利他的な目的である、①人間にとってプラスでもマイナスであっても全人類の特徴となる遺伝子の基本を探ること、②バイオ研究産業で共有するための分析のためのデータベースとツールを作成すること、③世界中の新しい医学に役立て発展させること、の三つだった（8）。

少なくとも人間体内の遺伝子には一〇万種以上のたんぱく質と、それぞれをつくる遺伝子の青写真が必要なのは確かだろうと推測していたプロジェクトの立案者は、人間の遺伝子すべての概要がわかれば、ユートピアをつくるデータとして使えると信じていた。

けれども、ヒトゲノムプロジェクトには実は隠された動機があった。遺伝子学者は、ヒトゲノムを構成する一〇万の遺伝子を特定できれば大儲けできると投資家に信じ込ませたのだ。遺伝子のヌクレオチド塩基配列の情報の特許を取り、それを基に製薬会社が薬を開発できるようになれば投資額は巨額になると予想された。

そして、『ネイチャー』も利益を得ようと巧みにある秘密を覆い隠した。ヒトゲノムプロジェクトに関わる暴利をむさぼろうとする人々に、より複雑な特徴をコントロールしている有機体にはよりたくさんの遺伝子があるだろうと思わせたのだ。だから、まずはプロジェクトを本格的に始める前に、単純な有機体の遺伝子を例として解明した。

自然界で最も原始的な有機体である細菌には、通常三〇〇〇～五〇〇〇の遺伝子がある。そして、ほとんど目に見えないぐらい小さくて丸い虫、シー・エレガンス（訳注：線形動物門双腺綱桿線虫亜綱カンセンチュウ目カンセンチュウ科に属する線虫の一種）には、その名前の響きから想像するよりずっと少ない一二七一個の細胞には二万三〇〇〇の遺伝子があるとわかった。ここまではうまくいった。

そこからさらに複雑な構造を持つ生体の遺伝子特定へと進んだ研究は、より進化したミバエを研究したが、驚いたことに一万八〇〇〇の遺伝子しか見つからなかった。どうして単純な丸虫よりずっと複雑なミバエの遺伝子の数のほうが少ないのだろうか？　という疑問を残したまま、ヒトゲノムプロジェクトは着手された。

そして、ついにヒトゲノムの分析が完成すると、結果は期待を大きく裏切ったのだ。約五〇兆個の細胞を持つ生物学的に複雑な人間には、下等とされる丸虫とさほど変わらない、おおよそ二万三〇〇〇の遺伝子しかないことがわかった（9）。

それでも二〇〇三年に公開されたプロジェクトの結果は、人間の最も偉大な業績の一つだと公表された。そして一〇万個以上の遺伝子があるだろうという期待を裏切る研究結果を生み出したバイオ化学のセレーラ・ジェノミクス社は規模を縮小し、ＣＥＯは辞職する事態となった。

ゲノムと肝細胞研究のパイオニアで、プロジェクトに当初から提唱者として関わってきたポール・シルバーマン博士は、驚くべきこの結果に対して、遺伝子決定論という科学概念は再考の余地があると結論づけた。シルバーマンは「核中のDNA変換引き金のプロセスを示す細胞は、細胞の外からの刺激に大きく影響されている(10)」と論文に書いたのだ。つまり、「遺伝子は環境からの影響を驚くほど受けている(11)」と。

それでも人々は遺伝子決定論を信じ続けている。遺伝子が青写真であるという表現は当然だと思われたまま、「一体誰が、その契約者なのだろうか？（誰がどの青写真を使うかを決めているのか）」というような質問を誰もしようともしない。あるいは「一体どこから利己的な遺伝子なんていう考え方が生まれてきたのか？」「その利己的なものを誰がプログラムしたのか？」などと疑問にさえ思わないでいるのだ。

ヒヒなのかボノボなのか

人がDNAに支配されているという概念だけでなく、利己的、暴力的、攻撃的な遺伝子が人間のハードドライブにプログラムされていると広く信じられている。何しろゲノムに遺伝子として刻まれているのだから、文明が暴力にむしばまれても仕方のないことだとさえ思われているのだ。結局、人間は裸のサルにすぎないのだろうか？

いや、違う。ここに二つの興味深い実験があり、それまでの人間の本質についての概念に疑問を投げかけることになる。一九八三年、ケニアのマサイマラ国立保護区に大惨事が起こった。当時、アメリカ人霊長類学者ロバート・サポルスキーは研究のため、その地区に五年にわたって滞在していた。大惨事の原因は汚染廃棄物だった。その影響で、彼の研究対象のヒヒの群れで最も中心となって食物を勝ち得ていた攻撃的な性格の雄が死んでしまったのだ(12)。

そこでサポルスキーは、その群れをいったん離れ、研究対象を男女比のバランスのとれた群れに移したが、一〇年後元の群れに戻ってみると、驚いたことに死んだ雄だけでなくそれまでいた他の雄まで全部いなくなり、まったく異なる新しい文化ができあがっていた。以前とは違い、体の大きなヒヒが体の小さなものをいじめて支配権争いすることもなく、他のヒヒと変わらないほどの体格をしたヒヒが長に選ばれ、雄は雌を攻撃しなくなっていた。

一〇年前には、その群れのヒヒからはグルココルチコイド受容体と呼ばれるホルモンが発見されていた(訳注：副腎皮質ホルモンの一種。糖質コルチコイドとも呼ばれ、たんぱく質を糖に変えて血糖値を上昇させる働きなどをする)。「戦う」ホルモンとも呼ばれるこのホルモンは、競争したり攻撃をする際に分泌されるものだ。けれども新しい群れのヒヒを調べると、肉体的ストレスもホルモンもずっと少ない値を示した(13)。

一体何が起こったのだろう？　サポルスキーは、年をとったリーダーが亡くなり、群れの中で比較的年上だったのは雌だけだったのだろうと仮定し、その雌たちが子育てをし、攻撃性もストレスも少ない振る舞いをするものをリーダーに選んだとした。外部から進入し移住してきた雄がこの微妙な群れのバランスを崩すことがないか細かく観察したが、それまでのところ群れに変化はない。

いわゆる霊長類の利己的な遺伝子が遺伝しようとしまいと、環境の変化こそがそれまでになかった文化圏の変化のきっかけとなり、文化圏としてより高度な機能を果たすことになるのだろう。

さらに興味深いのは、ボノボのケースだ。ボノボは以前はピグミー（小型の）チンパンジーとして知られていたもので、人類に最も近い親類のようなものだとされている。チンパンジーの群れでは一般的に、支配的な雄が体の小さな雄をいじめたり雌に暴力を振るったりするのだが、ボノボに限っては見事なほど、戦いではなく愛し合う社会で生きている。互いに対立する可能性がある場合には、その緊張をほぐし、安全や友情を促すように性的行動をとる。男女間の性的な触れ合いが一般的ではあるが、もっと多様な性的行動も見られる。雄は闘った後、まずはその後で喧嘩が起こらないようにお互いにキスをして仲直りしようとする。そして不思議なのは、他のチンパンジー種よりずっと性交の回数が多いのに出産率は安定していることだ。

また、雄雌間の興味深い結びつきが群れの変化を生み出している。まずは成熟前の雌は他の群れに移り、すぐに一、二歳年上の雌を見つけて自分の生殖器を擦り寄せ、移り住んだ群れの中の雌との間に永続的な絆をつくって、雄が自分に対して暴力を振るうのを防ぐのだ。通常のチンパンジーの群れでは雄と雌の交尾はボスとなった雄が自分より体格の小さい複数の雌から選んで行われるのが一般的であるが、ボノボの群れでは、雄と雌の体格がほぼ同じであり、性的に平等であることを示すものでもある。

ボノボの研究者は、このエデンの園のボノボの群れが保たれているのは、環境的な要因のせいだとみている(14)。オランダの心理学者で霊長類学者フランス・ドゥ・ヴァールは著書『ヒトに最も近い類人猿ボノボ』(フランス・ランティング共著　加納隆至監修　藤井留美訳　TBSブリタニカ)の中で、ボノボは守られた森の中から出ることはないという。ボノボは他のチンパンジーと同じように小動物を狩猟して食べる雑食動物で、研究者ゴットフリート・ホフマンによると、他のほとんどのチンパンジーは食料を確保するのに懸命だが、ボノボが生息する森には、他の動物には毒になるタンニンを含んだボノボの食料(パワーバー)が豊富にあるおかげで、食料を確保したり、それをめぐって争ったりしたりする時間がほとんど必要ないという(15)。

さて、ボノボの生態から何が学べるだろうか?　ボノボの社会が意味する本当のメッセージは、もし資源が豊富にあれば争いは必要でなくなるし、争いが減ると資源はさらに豊かになるということだろう。

これは、年に一兆ドル以上もの武器を生み出している人間社会への重要な洞察である。資源を防衛から成長のために転用すれば、社会にとっても私たちの体にとっても、健全に繁栄するための大きな後押しとなる。

もう一つは、自分たち自身の問題だ。ボノボが豊かなバランスをとって平和に生息しているのであれば、そして群れの中のかつては暴力的だったボノボが争わず平和を楽しんでいるのなら、使える資源が豊富にあり、考える力のある人間は何を成し遂げられるだろうか？ 私たちは恐ろしいと思われている人や世界の状況に対して、利己的な遺伝子を責め、自分は無力で責任はないと思い込んできただけではないだろうか？ もし、原始的とされてきた種が人間より進化しているとなれば、創造主も進化論者も非常に残念に思うだろう。

心が持つ潜在的な治癒能力

医学の論文や研究では、毎週のように遺伝子欠陥と病気との関連が次々と見つかっている。ガン、アルツハイマー、パーキンソン病の遺伝子欠陥は、遺伝子によって私たちの運命が決まるかのような概念をますます強く印象づける。けれども遺伝子の変異によって実際に発病する割合は比較的わずかしかない。米国国立ガン研究所によると、たとえガンの研究者が遺伝子レベルでの奇跡的な解決法を見つけたとしても、少なくとも全体の六割は環境によって発病していると結論づけた(16)。

さらなる原因究明は続いているが、環境的な要因と病気の間に関連があったとしても、実際には比較的わずかな環境要因しか病気感染に関係していないということもわかってきた。数年前のある研究では、慢性的にアスベストにさらされると約千人に一人が死に至るガンである中皮腫にかかるという。これは一般に比べて非常に高い発症率であるが、病気にならなかった九九%の人には何が起こっているのだろう? ということだ。健康な状態を保とうと何かをしている、していない、ということなのだろうか? それともガン発症の要因が他にあるのだろうか? 現代医学では、形がなく目に見えない治療法には不思議なほど無関心だ。現代医学のセントラルドグマが一〇〇年間にわたって浸透してしまったせいで、私たちは自分を生化学的なロボットのように思うようになった。調子がおかしいとか、ある症候が起きると、すぐに近くの病院に行き、医師は「あー」と患者に言わせて舌をのぞき込む。

オーストラリア出身のアメリカ人物理学者、フリッチョフ・カプラは著書『ターニング・ポイント』(吉福伸逸訳 工作舎)の中で、内科医の医療行為は三つのR「リペアー(修復)」「リプレイス(交換)」「リムーブ(除去)」からなる(17)と述べたが、実際、現代の生化学的医学の歴史ではまさにその比喩通りだ。デカルトが体とは機械だと宣言したのは、まるで車輪が軋むようだとたとえたかったのに、薬剤は全体というよりあるパーツに働きかけるという概念に影響されたままだ。

古代の漢方では、心臓は魂の居座る場所とし、アーユルヴェーダの伝統では体の器官は天と地を結ぶアビタ(調停者)とみなしているのに、現代医学ではいまだにルネッサンス期の有名な内科医ウイリアム・ハーベーの言う「心臓は機械的に動くポンプである」という定義に満足したままだ。二一世紀のイギリス人科学史家である生化学者ジョセフ・ニーダムは「人間は機械であり、それ以上でもそれ以下でもない」と言った。それに付け加えて、ドイツ生まれの生化学者で生物学者ジャック・トーブは、「生きている生体は化学的な機械である」と述べ、肉体が機械のようなものだという概念をさらに強めてしまった(18)。

新しい科学、エピジェネティクスでは、核の中にあるDNAではなく環境こそが細胞がどう働くかを決めるとされる。環境から伝わる情報は生体的反応を通して細胞膜に伝わり、それがそれぞれの細胞にある頭脳としての働きをする(19)。細胞膜は、「ゲート(入り口)とチャネル(経路)のある水晶のような半導体」といったほうが正確だろう。さらには、細胞膜にある「言語」がコンピュータチップと定義できるのだとすれば、コンピュータも私たち人間もプログラムできることになる。そして、喜ばしいことに、そのプログラムをつくる存在はつねにメカニズムの外側にいるのだ!

だとしたら、生体をプログラムしているのは誰、あるいは何なのだろう? 多分、問題はカルマにあるのではなく、そのドライバーにある。

例えば、あなたがマニュアル車を販売しているとする。マニュアル車の運転に慣れない人がやってきて、その車を(買って)運転して去っていく。一週間後、また彼がやってきて、「君から買った車のクランチがいかれている」という。あなたは車をドクター、つまり修理工場に持っていくようにと言うだろう。すると、整備工が「このクランチは使い物にならない」と言い、手術、つまりクランチを交換しなければならなくなる。さて、クランチの入れ替えがうまくいったとする。車の持ち主は、ガタガタよろよろしながら運転して去っていく。ところが、わずか一週間後には新しいクランチが動かないとクレームがつけられ、その車はまた修理に戻ってくる。「う〜ん」と考えた整備工は、「この車にはCCDの症状が出ているよ。慢性的にクラッチが機能障害（CCD）を起こしているね」と言う。そして整備工が、車の持ち主に二ヶ月に一回新しいクランチと交換する書類を渡す。こうして整備工は、運転手のやるべきことを無視して、車にもともと欠陥があることにしてしまうのだ。

さて、これがアロパシー（異症）療法での人間の病気の捉え方だ。つまり、ほとんどの病気が遺伝子の突然変異によって起こる体内の機能障害が現れたものとするのだ。ここでは、体のドライバーである心の役割はまったく考慮されていない。

アメリカの各州には、車の事故の全ファイルが報告書として残っている。政府機関の責任として、その事故が機械の不具合で起こったのか、ドライバーのせいなのかを記入する欄があるが、その九五%を占めるのはどちらだと思うだろうか！　それはドライバーのせいで起こっているのだ。「カルマに振り回される」のではない本当の「健康促進システム」とは、ドライバーを教育することによって避けようと思えば避けられる悲劇的な事故をなくすことだろう。

私たちは思っているよりずっと「環境に応える」力を持ち合わせていて、それを生かす責任がある。プログラマーであり、遺伝子を超える力を持つ者とは、ほかでもない私たちの心、つまり思考や信念なのだ。

この目に見えない心のパワーを示すさらに驚くべき話がある。一九五二年、イギリスの若い麻酔医アルベルト・メイソン博士は、外科医ムーア博士とともに一五歳の少年の治療をしていた。その子の肌はたくさんのイボで覆われ、人間というより象の肌のようになってしまっていた。ムーア博士は、少年の胸部のきれいな肌を体の他の部分に移植しようとしていた。メイソン博士は、イボを取るのに「催眠療法を試してみてはどうでしょう?」とムーア博士に打診した。ムーア博士は嫌味ともとれるような言い方で「やってみたら?」と言い、メイソン博士は催眠療法を行った(20)。

催眠療法の最初のセッションは、片方の腕に焦点を絞って行われた。少年が催眠状態に入ると、メイソン博士は少年に腕が癒されて健康な肌になると話しかけた。一週間後、少年が診察に来ると、確かに腕が健康的になっているのを見て喜んだ。そして、メイソン博士が彼をムーア博士のところに連れていくと、ムーア博士はその腕を見て驚きに目を丸くしたという。その時になってムーア博士は、患者はイボでなく先天性魚鱗癬症という死に至る不治の病気にかかっているとメイソン博士に話した。心のパワーだけで症状を回復し、メイソン博士と少年はそれまで不可能とされていたことを成し遂げたのだ。メイソン博士は以降も催眠療法でその子に驚くべき結果をもたらし、肌のせいで学校でいじめを受けた少年は、健康な肌で教室に戻り、普通の生活を送れるようにまでなった。

メイソン博士は、このケーススタディーを世界で最もたくさんの人に読まれているイギリスの医学誌に公表した(21)。けれども結局、催眠療法は万能ではなかった。その後、メイソン博士は魚鱗癬症の患者をたくさん診たが、少年と同じ結果をもたらすことはできなかった。

メイソン博士は、うまくいかなかった理由がその治療法に対する自分の信念にあると思った。彼は自分が今まで医学界では治らないとされてきた先天的な病気を治したのだと自覚した後、他の患者を診る時、少年のイボを治そうと思っていたかつての心理状態には戻れなかったということを、ディスカバリーチャンネルで語った。また、博士は他の患者の治療を振り返って「私は演じていた」と表現した(22)。

体に関する自分の信念にもそして疑念にも驚くべきパワーがあるとすれば、「心の中にある信念の潜在的な治癒能力にはいまだ明らかにされていないパワーがあるのでは?」と問いかけなくてはならない。つまり、「信念の持つ力で結果を出せないだろうか?」ということだ。これからご覧に入れるが、目に見えないフィールドの持つ衝撃ともいえる可能性は人類の文化にそもそも存在しているもので、信じられないかもしれないが、すでにあなたの中に組み込まれている。それが遺伝子なのだ。

私たちが今までこのパワーにアクセスできなかったのは、潜在意識にアクセスできないのと同じだ。癒しのパワーに対する間違った認識は、そのパワーが私たちの力の及ばないところにあるというものだ。ところがそれは、私たちにパワーを持たせなくすることで利益を得る人たちから押しつけられたものにすぎないのだ。

さて、最も確実に医療界にインパクトを与えるものがどこにあるかがわかった今、私たち地球の自発的な回復力をもたらすには、生き残ることから生き延びることへと意識を変え、その変化をもたらすパワーと責任が自分自身にあることをしっかり認識することにある。創造主や地球を救うのは、何を隠そう私たちなのだ！

7章 【神話4】進化はランダムに起こる

おそらく、ジャン＝バティスト・ラマルクという名前は、高校の生物の授業でキリンの首が長くなったのは高い木の葉や実に届きたいと思ったからだということを発見した人だといえば思い出すだろう。原始的な生物に意志があり、それが進化に影響を及ぼすという考え方は少々ばかげて聞こえるかもしれないが、彼が聖書の内容に異論を唱えて異端者となりながらも主張したことは、自然科学者で動物学者のバロン・ジョルジュ・キュヴィエというフランスで最も影響力を持った科学者の意見と同じであった。ところが一八二九年、教会への中傷ととれるラマルクの理論を抹消するために彼の査定をしたのはキュヴィエ男爵であった。

ジャン＝バティスト・ラマルクは一七四四年フランスに生まれ、イエズス会修道士神学校を卒業後、フランス陸軍に七年間務めたが、感染症にかかると陸軍をやめ、医学を学ぼうと志しながらパリで銀行員の職に就いた。そこであの有名な哲学者ジャン・ジャック

・ルソーと出会い、啓蒙時代の理想に影響されて、植物学に生涯興味を持ち続けることになる。一〇年の歳月をかけ、仕事の合い間に植物について三冊の本を書き上げ、フランス国家の科学会からアカデミー・フランセーズ賞（訳注：フランスで最も権威ある文学賞の一つ）を受賞する。上流階級といっても一市民にしかすぎなかった彼だったが、ルイ16世が統治していた時代に国の植物学者に任命された。ナポレオン・ボナパルトが権力を握った一七九九年にフランス革命が終わると、彼は退位した王の持ち物だった王立庭園を一般向けの植物公園にする責任者となり、その場所はパリ植物公園と名前を変えた。

フランス革命によって「自然」が「王」となり、フランスは共和国となった。教会の教義から解き放たれると、進化の過程で自然は完全なものへ向かって進むというラマルクの考え方が広く知られることになる。「自然は、その子孫を生み出すどんな種でも、完全なものになろうとして、最も単純なものからより複雑になっていく」と述べた（1）。

彼にとっての不運は、その自然の進化に対する考え方が社会的に危険な意味を含んでいたことだ。もし、自然が進化するのであれば、下層階級の人々も進化していることになる。従って、フランス革命が終わり国王ルイ一八世が君主制を復活させると、ラマルクは教会や支配階級に見限られてしまったのだ。それは彼にとっては予想外のことだった。さらにはイデオロギーと神学上のライバルだったキュヴィエ男爵が、彼の進化の研究を意図的にゆがめ、本来の意味とは違った引用をしたのだ。

また、ラマルクと男爵との間には性格的な衝突もあった。ナポレオンが上流階級の人々を追い出し始めた頃、貴族だったキュヴィエ男爵のほうが、社会的には身分が下だったラマルクよりも隷属的な立場に置かれていた。それでもラマルクは、キュヴィエ男爵がパリで地位を確立できるように手助けしたのだが、キュヴィエ男爵にとっては許しがたいことだった。ナポレオンの敗北後、キュヴィエ男爵はフランスの学術界での権力を取り戻し、学術界を去っていった人々を評価する立場になった。

キュヴィエ男爵は、他の学者に対しては比較的公正であり、その貢献も認めたが、ラマルクの死に際して、ラマルク自身だけでなく進化に関する新しい科学までをもスキャンダラスに書き立てた。キュヴィエ男爵のラマルクに対する追悼演説は手厳しいもので、下層階級の人々に対する憎しみにあふれ、身分の低いものが学会に論文を提出したり出版したりするのを拒んだ。ラマルクの死から三年、そしてキュヴィエ男爵の死後半年を経た一八三二年にラマルクの研究が編集、出版された(2)。ラマルクの考えに対するキュヴィエ男爵の評価は、科学になっていないというもので、以来ラマルクには道化師のような扱いが妥当だという根拠となる文書として引用され続けている。

もし、ラマルクが生きていて自己弁護できたなら、動的な環境の中で変化に適応して生き残った生物を形成している生物圏では、生体の間で互いに有益になるように協力して進化するのだと強調しただろう。このことは生物と環境の素晴らしい関係を観察するとさらにはっきりとわかる。毛皮に覆われたホッキョクグマは暑さでうだるような熱帯地方にはは住めないし、繊細なランの花は凍てつく北極には生息できない。進化というのは、つねに生物が変化する世界の中で生き残るために必要な、環境に対する適応力を獲得した結果なのだとラマルクは言う。

ラマルクの研究が誤解されたのは、キュヴィエ男爵がフランス語の「besoin」という「必要不可欠」とも「望ましい」ともとれる単語を、故意にラマルクの意図と違えて解釈したからであった。ラマルクは、進化の多様性は自然界で「必要不可欠なこと」だと述べたが、キュヴィエ男爵はラマルクがこの言葉を「望ましい」、つまり動物は進化したいと望んで進化するのだという意味で使ったと解釈したのだ（３）。

さらにキュヴィエ男爵は、ラマルクは鳥類が翼を持つのは彼らが飛びたいと思ったからだし、水生の鳥類は泳ぎたいと思ったから水かきができ、陸上を歩く鳥類は体を濡らしたくないと思って長い脚ができたのだと信じていたと述べた。この言葉の誤用は漫画の中でもしばしば使われ、水辺にいる魚が「ああ、足があったらなぁ」と考えている吹き出しで描かれたりするほど、ラマルクの進化に関する考え方はばかげていて、科学者にとっては魚に自分の意図があるなど受け入れられないと思われていた。

ラマルクの死後一七五年以上も経ってから、皮肉にも生物が進化しようとする意図を持っているという発見が真実に近かったことがわかってきた。けれどもその間、科学者はラマルクの主張を隅に追いやった。キュヴィエ男爵の追悼演説から三〇年後、ダーウィンが『種の起源』を出版して、その中で遺伝子がランダムに入れ替わることで進化が起こるという説を紹介すると、ラマルクの正当性は進化論者たちにますます激しく攻撃されることになった。

ドイツの生物学者アウグスト・ヴァイスマンは、ダーウィンのランダムに進化が起こるという理論を裏づけ、ラマルクの生体の進化は適応することで起こるという理論を一方的に否定し続けた。彼は、しっぽを取り除いた雄と雌のネズミを交配させ、もしラマルクの論が正しければ、その子孫にもしっぽはないだろうと仮定した（4）。

その交配の第一世代にはしっぽがあり、ヴァイスマンはその子孫の交配を繰り返し二一世代つくり出して観察した。五年間の実験の結果、しっぽのないネズミは一匹も生まれなかった。子犬の時に耳としっぽを切除するドーベルマンを育てたことのある人なら誰でも知っていることだが、しっぽや耳を切り取られても、しっぽや耳のない子が生まれるはずがない。「しっぽを切られたから、これからはネズミはしっぽをなくそう」などと自然の法則が変わるわけがないのだ。

この実験が科学的に正当とはいえない理由は、まず、ラマルクによると進化は壮大な時間をかけて起こるとされるが、それは何千年単位のことである。ヴァイスマンのたかだか五年の実験では、ラマルクの理論が正しいかどうかは判断できない。二つ目に、ラマルクは進化による変化すべてが遺伝子に影響するわけではないと言っている点だ。生物は、遺伝子の変化が生き残るために必要かどうかが確かになるまでしばらくはその特徴を変えないという。さらにヴァイスマンは、実験で使ったネズミには生き残るためにしっぽは必要でないと考えていたが、ネズミにとって本当にそれが不要なものであるかどうかを確かめてはいない。にもかかわらず、きちんと確かめもせずラマルクを歴史的なジョークのネタにしてしまったのだ。

ヴァイスマンの研究によって生物学者は、遺伝子の突然変異の要因としても進化の道筋にある要因としても、とりまく環境が進化に影響していることを見逃すようになった。けれども、エピジェネティクスの分野では、適応性を引き起こす突然変異は、ラマルクの進化には目的があるという考え方と一致し、正当性があると認められつつある。そんな中で現在でも、ダーウィンの言うように進化が遺伝子をランダムなプロセスで書き換えているという研究が続けられ、ネオ・ダーウィン論者もそう主張している。けれども、その一見ランダムなプロセスにもあるコンテクスト（文脈）がある。地球上のすべての生物は、何らかの意思のある複雑なプロセスに組み込まれた一部であり、全体としてバランスを保っている。

進化は意図的に起こる

科学的な手法がなかったラマルクやダーウィンが生きていた当時には、進化と遺伝について証明できる科学者はいなかったのだが、その後の科学者が何世代もかけて解き明かしていくと、進化の過程にはラマルクとダーウィンの両方の説が含まれているとわかってきた。

実証主義の遺伝子学は、ラマルクの理論発表から一世紀後の一九一〇年に始まった。トーマス・ハント・モーガンが、赤目ミバエの突然変異で生まれた白目のミバエが、白目のミバエを生み出すのを発見し、染色体の中に実在する突然変異を引き起こす遺伝子を特定したのだ。放射線や有害物質など環境が及ぼす影響が、遺伝子の突然変異を誘発し、環境を無視してしまうとこの結果も予測できなくなると主張した。さらに研究は進み、遺伝子が実際いつ変化するのかは、ダーウィンが言ったように予測できるものではないとするところにまで至った。

一九四三年、マックス・デルブリュック（ドイツ生まれのアメリカ人生物物理学者）とサルバドール・ルリア（イタリア生まれのアメリカ人微生物学者）は、突然変異がランダムなものであると証明した(5)。まず、ある遺伝子を持つバクテリアを取り出し、栄養分の入った培養液でコロニーになるまで何世代も繁殖させる。そのバクテリアをいくつものシャーレに入れ、それぞれのシャーレにバクテリアに感染して死に至らしめるバクテリオファージ溶液を入れた。こうすると、ほとんどのバクテリアは死ぬが、時にウイルスに対する抵抗力を持つバクテリアが生き残って、やがてまたバクテリアはコロニーを形成した。

この突然変異が、まったくランダムに起こったのか、それとも脅威をもたらす状況に対して直接細胞が反応したのかを見極めるために、彼らは生き残ったバクテリアがシャーレごとにどう散らばっているかを調べた。もし、突然変異がバクテリアを取り囲む新しい環境にそのまま適応して起こったことなら、同じようなことがどのシャーレの中でも起こるだろうし、突然変異がランダムなプロセスの結果であるのなら、生き残ったバクテリアはシャーレごとに違うだろうと推測したのだ。

その結果わかったのは、どのシャーレで生き残ったかは、環境からの刺激とはまったく関係なくランダムであり、生き残ったバクテリアは運よく突然変異をして生き延びただけだった。それから同じような実験が四五年間にわたって繰り返され、科学界では適応するためのすべての突然変異はランダムに起こるとされてきた。

この間に科学界では、突然変異が起こるのはまったくランダムで予測できないし、生物が現在や未来に必要な突然変異をするわけでもなく、ランダムに起こる突然変異による進化には何の目的もないと結論づけた。この考え方は物質的側面の宇宙観を持つ科学の考え方とぴったり合致し、創造は意図したものの結果ではなく「遺伝子がサイコロを振るように」進化すると考えるようになった。人間は、遺伝子のランダムな動きによって生き延びた「偶然の産物」の一つにすぎないことになる。

けれども、一九八八年、世界的に有名な遺伝子学者ジョン・ケアンズによって、それまでの科学界で確立されていた進化はランダムに起こるという説に異議が唱えられた。ケアンズのバクテリアについての研究は、「ミュータントの起源」という冗談ともとれる題名で、『ネイチャー』に掲載された(6)。

彼は、牛乳の中にある乳糖を消化するのに必要な分解酵素ラクターゼに遺伝的欠陥のあるバクテリアを選び出した。そして、そのバクテリアをラクターゼのみが栄養源の培養液に植えつけると、栄養素を代謝できないバクテリアは成長も繁殖もできないので生き残れないはずだと推測した。ところが驚くべきことに、培養液の中でバクテリアは繁殖したのだ。彼は、もともと植えつけたバクテリアにはなかった突然変異を発見し、ラクターゼ遺伝子の突然変異は新しい環境にさらされたことで起こったと結論づけた。ケアンズの実験では、バクテリアを瞬時に殺してしまうウイルスを使ったルリアとデルブリュックの実験よりも、ゆっくりしたスピードでバクテリアを飢餓状態にした。つまり彼は、バクテリアが生き残るにはもともと備わっている突然変異のメカニズムを引き起こすための〝時間〟が必要だと考えたのだ。

ケアンズの研究からすると、生命維持の突然変異は環境的な危機に直接反応して起こっているようにも思われ、さらなる分析の結果、ラクターゼを消化するのに関係のある部分の遺伝子だけが実際に変化していることもわかった。ラクターゼを消化する際に働く五つのメカニズムのうち、生き残ったバクテリアには同じタイプの突然変異が起こっていた。この実験結果は明らかに、進化はまったくランダムで意図がないという仮定とは一致しないのだ！（7）

ケアンズはこの新しく発見されたメカニズムを「指向性突然変異」と呼んだ。けれども、環境からの刺激が細胞にフィードバックされて直接遺伝子情報を書き換えているという考え方そのものが、セントラルドグマを持つ人々には嫌われ、科学界の反応は好ましいものではなかった。『ネイチャー』もアメリカの科学誌もケアンズの発見に激しく反論した。

科学誌には大きな文字で「生物の進化論の異端」と表現された。これは明らかに白いコートを着た物質主義の「司祭」が、利害関係からケアンズに怒りを覚えていることを意味していた。自分たちのドグマ（教義）は誰にも犯せはしない！ と。

その後の一〇年間では他の科学者がケアンズの結果に信憑性を持たせる実験を繰り返し行ってきたが、ショックからか、科学界はいまだにその理論を受け入れられないままだ。そのため、主な遺伝子学者は突然変異を重要視せず、「指向性突然変異」を「適応的突然変異」と表現をやわらげ、さらにケアンズに異議を唱えて、指向性があろうと適応性から起ころうと有益な突然変異であろうと、そのメカニズムがとにかく起こるのだと説明するようになった。

それまでの科学では、突然変異は生殖のプロセスで遺伝子がコピーされる時にだけ偶発的に起こるとされてきた。遺伝子コードを含む何十億という核酸塩基は正確にコピーされるため、そこから生まれる細胞はまったく同じゲノム（遺伝子）を受け継ぐはずである。けれども複製のプロセスには、エラーが起こる可能性がたくさんある。DNAを複製するのは、印刷機が発明される以前に手書きで聖書を書き写していたようなものだ。何万語もの言葉を書き写す間には綴りを間違えたりもするだろうし、ちょっとした転写の間違いが文章全体の意味を変えてしまうこともあるだろう。修道士が震えて「しまった！ celibate（独身）ではなくcelebrate（祝う）だった！」と書き写した文書を手にして叫ぶような話は珍しくない。

幸いにも、自然はすでにその可能性を予測して、DNAが書き込まれる際の間違いを見事に修復する修正遺伝子をも組み込んでいる。それでも複製の過程で起こった間違いが修正のメカニズムをすり抜けたら、遺伝子の青写真を書き換えてしまい、すぐにランダムな突然変異が起こるだろう。ダーウィンの理論では、進化とは究極的にはこのDNAコードがこんなふうにミスによって入れ替わることで起こるとされている。

けれどもケアンズの実験では、もとのバクテリアはそもそも栄養素ラクターゼを代謝できない。従って通常の繁殖をするには代謝に必要な部分をつくり上げなくてはならないが、今まで考えられていたようにDNAの複製エラーで起こるようなランダムな突然変異では生き延びられはしない。ケアンズの実験で使ったバクテリアの細胞は、明らかに今までの科学では解明されていないまったく新しいメカニズムで遺伝子を突然変異させるのだ。これまではバクテリアに意志があるなどと考えるのは難しかったが、どうやらラマルクが言ったように、バクテリアも環境の変化に即座に適応できるような遺伝子をつくり出せるように、生まれる前からあらかじめ知能を持っているようだ。

ストレスのかかったバクテリアが、DNAをコピーする際、酵素を分解できるように意図的にエラーを起こして遺伝子を書き換えるというプロセスがある。それによって生物はより機能する遺伝子をつくり出し、結果的に環境からのストレスを克服できるのだ。

ランダムに突然変異しながら酵素をつくり出す遺伝子のDNAが細胞の生き残る抵抗力をつけるために進化のスピードを上げたことになる。体細胞超変異（SHM）と呼ばれるメカニズムは、ランダムであるはずの突然変異が体内の細胞の遺伝子の入れ替えを促進するという目的を持つことになるが、そのメカニズムはダーウィン説の一部でもある。つまり、ストレスのかかったバクテリアがたくさんの遺伝子を複製する時、それぞれがさまざまな遺伝子コードをつくり出す。この多様な遺伝子の中の一つが、生体のストレスの原因を効果的に解消できるたんぱく質をつくり出し、バクテリアは効果のなくなった以前の遺伝子を染色体から排除して取り替える。この部分はラマルクが主張した説の一部であり、細胞と環境の間の有益な相互作用のステップが、新しく最良の遺伝子を選び出す役割を持っているのだ。

ケアンズやその後の研究では、生物は単に環境に適応するだけでなく、次の世代をも環境に適応できる遺伝子へと意図的に変えていくという現実が見えてくる。つまり進化とは、ダーウィンの言ったやみくもにサイコロを転がすようなものだけでなく、ラマルクが主張したように生物と環境の間のダンスともいえる現象によっても起こると、科学でも認識され始めたのだ。進化の過程で生物は、ストレスの多い環境に適応し続けるダイナミックなプロセスを繰り広げている。

現在はすでにこの突然変異のメカニズムが、流失した油の分解や鉱石からある鉱物を抽出するのにバクテリアを使うという科学技術に応用されている。医学界でも、微生物がどうやって最も強力な抗生物質に耐性を持つようになるかの研究で、同じような遺伝子メカニズムが発見され、今までの考えが打ち破られてしまった。

そこで、「進化は意図的に起こるのか？　それとも偶然か？」という質問に簡単に答えるとすれば、答えは「意図的である」に間違いない。バクテリアには生き残る「意志」があるのだ。

実際、すべての生命にはそれぞれ固有の生き残る力があり、科学者はこれを「生き残る意志を持つ」と認識している。細胞レベルでは、どれか一つの細胞が大当たりするまで段階的にランダムな突然変異を繰り返す。ケアンズが何度実験を繰り返しても、突然変異したDNA配列の中に一貫したパターンは見つけられなかった。だから、その点では進化のプロセスはランダムだといえる。が、そうでない場合もある。体細胞で起こる超突然変異のプロセスは、集団でアイディアを出し合うことで発見を誘発するブレインストーミングのようなものだ。例えば、新しい商品に名前をつけようとしている人たちがいるとする。まずはみんなで意見を出し合って、ランダムに出たいろいろなアイディアをまずはボードにすべて書く。そして、みんなを納得させるような名前を誰かが考え出すまでには、おそらくあまりふさわしくない名前も含め五個、一〇個、いや一〇〇のアイディアがリストアップされるかもしれない。その結果、「これだ！」という名前が出てくるはずだし、最終的にはどれかに決まる。こうしてランダムな道筋をとりながら、最終的には最適と思われる結論に至るだろう。

進化はランダムに起こるが、そのランダムなプロセスは意図した方向に向かっている。どうしてそうわかるのか？　バクテリアの場合には、最も適応した突然変異が見つかると他のプロセスは中止される。あるものが見つかったら探すのをやめるのだ。

宇宙が機械のようだったら

生命の起源がランダムに起こるとすれば、それは生命が生まれるフィールドと呼ばれるものとまったく関係のない純粋な物質だけが存在する世界に限られてしまうことになる。紙の上に鉄クズがただあちこちに散らかった状態と、目には見えないが磁気に影響されているのとではどう違って見えるかを頭に描いてみよう。それと同じように木や犬や私たち人間の中で単細胞生物がフィールドの中でエレガントなほどまとまって、働いている可能性はないのだろうか?

すでにここまで見てきたように、物理学では人間も細胞も、すべての物質はフィールドに支配されていると認識されている。それでは一体何がそのフィールドを支配しているのだろう?

おそらく量子物理学がずっと主張してきたように、デカルトの表現を借りれば「考える、ゆえに宇宙がある」ということになるだろう。つまり、遺伝的な特徴よりも「思考」が現実に現れるのだとおわかりいただけると思う。けれども、自分が神による創造の過程でつくられたと思いたくない人々にとって、生命と生物圏の起源は進化論に従ったランダムな宇宙の力にもとづいていて、人間はまったくの偶然で現在の姿になったことになる。残念だが、神には意味がないという教義を崇拝するのは、全知全能の神の存在を崇拝するのと同じぐらいに意味がない。いずれにしろ、私たちの手の届かないものに対してはまったく非力なのだ。

意味のないランダムなところから生まれた宇宙の中でも、利己的な遺伝子は生き残るだろう。なぜかというと、愛や調和などという道徳的なものの概念はないからだ。そして、すべてのことに目的がないのだから、自分に勝るものもないという説を正当化して自分が一番になれるだろう。

宇宙が機械のようなもので偶然にできあがったとすれば、究極的には機械に、競争しろ、消費しろ、静かにしろ、従えと命令されれば、私たちは従順になるしかない。人間の潜在意識に生命には意味がないと機械がささやけば、人間が成長したいという願望を単なる理想主義にしてしまうことだってできる。人々は進歩しようとする探究心をなくし、地球とともに進化するという人間の積極的な役割を忘れそうになり、生き残るその方法まで見失ってしまうのだ。

ランダムな中にもプランがある

私たちはここにきて、これまで大切にして信じてきた説が間違っていただけでなく、害にさえなると気がつき始めている。これは特にネオ・ダーウィン主義の人々が唱える、生物の進化はまったく偶然の突然変異であるという、がっかりするぐらい不正確な論にもいえることだ。

ケアンズの使ったバクテリアのような生物にもストレスのある環境で生き残るために適応性突然変異のメカニズムがあるという事実は、進化には指向性があることを意味している。つまり、生体はどのようにも適応でき、遺伝子コードをも書き換えられるのだ。だから、ラマルクが思い描いたように、進化のプロセスはとりまく環境に反応して適応し、いかに変化できるかという能力と密接な関係にある。

そこで、「人は未来に向かってどう進化していくか?」という洞察に疑問を持たなくてはならない。すると、これまで私たちが進化してきた道筋こそ、どう生き残ればいいかを示しているという答えが出てくる。

けれども、その武器ともいえる知識を使えるかどうかは、宇宙がある秩序に従ってできあがっていると信じるのか、それとも星の衝突や最強クラスのハリケーン、病原体が運ばれる飛行経路といった環境がまったくランダムに起こっていると信じるかにもよる。そして、その答えは両方にあると思う。

ランダムな宇宙は言葉通り偶然に進化し、その運命が結果的にどうなるのかはまったく予想がつかないと定義できるだろう。けれども、ランダムに見えるものすべてが本当にそうであるわけではない。それでは混沌としすぎている。表面上、カオスにそっくりな状態とランダムな状態を同じ意味で使うこともあるが、実際は反意語なのだ。ランダムな状態

生命組織の状態

生命の流れから見ると、ランダムと秩序は対局にあり、カオスが真ん中にある。予測できるかどうかが不確定なのがランダムで、秩序ある状態は決定論と関連がある。

は偶然に操られているが、一見そう見えるカオスには構造的なものが根底に流れている。

例えば、ニューヨークのグランドセントラル駅で一日で一番混雑するメインフロアを見下ろしていると想像してみよう。たくさんの人が急ぎ足でランダムに歩いていくように見えるが、それでもわずかな例外を除いて、誰もに目的地がある。仮にそれぞれの人の頭の中をのぞけたら、その人がなぜ止まったり、動いたり、方向を変えたりするのかが理解できるだろう。交通の流れはいくらランダムに見えても、実際にはそれぞれの人のプランに従って動いている。けれども、もしラッシュアワーの最中に誰かが「火事だ！」と叫んだとしよう。その瞬間に人々はどちらとも知れずあらゆる方向に流れ出す。

ランダムな状態とカオスな状態、さらに秩序のある状態とは、基準となる生命組織がどのくらい複雑かを表す。上の図を見ればわかるが、生命組織においてランダムな状態と秩序ある状態とは両極にあって、その中間にカオス状態がある。

ランダムな状態では、不確定なものばかりでは生命を維持できない。というのは生理現象を組織的に規則化して統合するのに必要なものが欠けているからだ。けれども対極にあるがっちり秩序のある状態でも、生物が生きるのに必要な力の動きがないので生命は生まれないことになってしまう。生命には環境適応していく適したものを探し出すダイナミックかつコントロールできる可能性に満ちたカオスの状態が必要だ。

組織が本来持つ秩序あるパターンに気がつけば、過去も未来も正確に予測できる。けれどもランダムな状態の中ではもともとエラーが起こる「振る舞い」があり、たとえ予測できたとしても正確ではない。ニュートン物理学では秩序を保つよう決定が下されると捉えるが、量子物理学では不確定なことも予測の中に含まれる。

カオスの状態には秩序と無秩序の両方が存在しているのが特徴であり、量子物理学は「物質のみが重要である」とするニュートン物理学を否定するというより、含んでいると考えられる。ニュートン物理学と量子物理学のカオスに対して、どちらが影響を与えているかではなく両方とも影響を与えているのだ。

科学の新しい発見に対しては、何度も出てきたテーマ、進化は意図的か偶然かという観点でいえば、ダーウィン主義もラマルク主義も物質と精神を扱い、そして今、ニュートン物理学と量子物理学によってより全体論的に世界を解釈しようとしている。生命活動は、決定論と不確実性の両方の特徴に影響を受けて展開しているのだ。

わずかな誤差が生む大きな影響

ニュートン力学のメカニズムで捉えた物質的な宇宙では、物質同士はビリヤードのボールが衝突するのと同じ力学の法則で成り立っている。数学者など洞察力のある人なら誰でも球が衝突したらどうなるかを予想でき、何をどう動かすかを決めることもできる。

フランス人数学者ピエール＝シモン・ラプラスは、宇宙の基本的な素粒子は「ナノレベルのビリヤードの球」のように動くとして、科学的決定論（8）を発展させた。彼の考えを要約すると、「ある時すべての素粒子（ここではビリヤードの球）の位置と速度がわかれば、過去や未来、あらゆる時間の動きは計算できる」というものだ。過去の出来事の十分なデータがあってそれを適切に計算できれば、モデルとなる動的なシステムや未来の出来事をかなり正確に予測できるというのだ。科学的決定論の原理では、人間のすべての出来事や行動、意思決定を含めたすべての現象は、その前に起こった出来事の結果起こり、必然的に確定している。

しかし、困ったことがある。それは、ダーウィン主義による進化とは、それぞれの環境の中、ランダムな突然変異によって起こるとされるからだ。これではラプラスの主張する予測できる宇宙観と矛盾してしまう。ダーウィンの理論では、周りの環境は突然変異の結果には何ら影響がないと強調されている。偶然に進化するとすれば、ビリヤードの台に蛾がとまり、結果がすでに決まっているはずのゲームの球の方向を変えてしまうといった宇宙の思うように状況を変えられる、トランプでいうところの「万能カード」が適用されるようなものだろう。

以前に述べたケアンズの適応的突然変異は、生体は環境に順応、調和するように活発に進化するとして、突然変異はランダムに起こるとする物質主義の考え方に反論している。適応的突然変異の研究では、遺伝子を特定したバクテリアが似たようなストレスのある培養液に入れられると、進化して環境に適応できるようになった同じものがいつもできあがることがわかっている(9)。この注目すべき発見は、ラプラスの主張する未来は予測できるという考え方と一致し、ストレスのかかる環境が起こる現象についての十分なデータが得られれば、バクテリアがそれぞれの培養液でどう進化するかが高い確率で予測できるのだ。

医学ではすでにこの進化をある方向だけに促す手法を何百年も使ってきた。医師が患者にワクチンを注射する時には、免疫システムに影響を与えて遺伝子を進化させる。ワクチン接種で特定のウイルスやバクテリアへの抗原たんぱく質を増大させて人間の免疫システムを促し、正確な構造を持った抗体たんぱく質をつくり出し、つくり出された抗体たんぱく質がターゲットとなる抗原たんぱく質と結びつくことで抗原を破壊する。

重要なのは、抗体たんぱく質を誘発する構造を持つ遺伝子がワクチン接種をする前には体内に存在していないということだ。というより、前述したように体細胞の超突然変異で適応するプロセスと同じようにある遺伝子ができあがるのだ。科学者は抗体遺伝子の突然変異に働きかけるプロセスで免疫システムの進化をコントロールしている。また産業界では、微生物学者が流出した油や有害な汚染物質を食料とするバクテリア種をつくり出して産業として利用している。

マサチューセッツ工科大学のエドワード・ローレンツ教授は、一九六〇年に決定論で捉えた宇宙を仮定してカオス理論を展開し、比較的簡単なニュートン物理学の方程式を応用した気象モデルを設計した。彼の目的は数学的な気象システムモデルをつくり、天候の予測を科学的にもっと正確にしようというものだ。ローレンツが自身の方程式を正確にするためにコンピュータのプログラムに小数点第七位までの数値をインプットしてみると、つねに天候が予想できることがわかった。

しかしローレンツのもっと重要な発見は、彼が時間に押されて急いだせいで入力データを小数点第四位を四捨五入してしまったことからわかったことだ。コンピュータはこれまでとまったく違う結果をはじき出した。つまり、千分の一以下のデータが変わってしまったせいで算出結果がまったく違ったものになってしまったのだ。こうしてローレンツは、最初はほんの微差に思えるものが結果的に世界を変えるほどの違いを生むことに気づいた。数字を四捨五入したことで、「センシティビティ（繊細さ）」が複雑で動的なシステムのパターンに影響するという重要な発見をした。初期にはほんのわずかな誤差でしかないものが、ランダムな変化をする中では大きな違いを生むという。従って、ランダムな出来事に関係しているものはほぼ予測できるが、それはデータを十分詳細に集めていればの話ということになる（10）。

ローレンツの説は「バタフライ効果」として有名になったが、これは「北京でバタフライ（蝶）が羽ばたくと、その翌月にニューヨークで嵐を引き起こすほどのシステムになるか」というものである。そんな現象が実際に起こるかどうかを想像するのは難しいが、この発見で天候、大洋の潮流や生物圏の進化といった変化するシステムは、表面的にはランダムに動いているように見えても、実際は決定論的な動きをしていて予測可能であるということが示された（11）。

神はサイコロを振るが、偏ってはいない

動的な観点から捉えた宇宙のビジョンを決めてしまう前に、あの有名な量子物理学者ヴェルナー・ハイゼンベルクの洞察でその確実性を確かめておかなくてはならないだろう。ラプラスが提唱したかつての見解では、素粒子の動きがこれからどうなるかは、時と場所、そしてその速度がわかれば予測できるとされている（12）。けれども、素粒子の位置と速度のどちらかを正確に測ろうとすると他のデータがとれなくなるハイゼンベルクの不確定性原理からすれば、修正の必要が出てくる。

不確定性原理では、ニュートン学説でいう決定論の「確実性」の矛盾を説いている。量子力学はニュートンの学説を否定こそしてはいないものの、データの確率的な質によりフ

ォーカスしている。誰も未来を正確に予測できないのは、推測に値する正確な情報をどのくらい十分に手にできるかという可能性を考えるとわかる。何世紀もの間、人間は太陽が東から昇り、西に沈むのを目にしてきた。これからもある年のある月曜日、太陽がやっぱり東から昇り、西に沈むと予測できるだろう。その可能性はとても高い確率なので、太陽の動きの予測に対して誰も反論できないのだ。けれども、明らかに起こりそうにないとはいえ、ある彗星が衝突して地球が逆に公転し始めるかもしれない。こうした筋書きが重要なのは、未来はつねに確実ではなく推測でしかないということだ。アインシュタインは、量子力学の不確定性原理には満足できず、「神はサイコロを振らない」と信じた。

ダーウィンの説では、生物はとてつもなく長い時間をかけてゆるやかな変化をしながら、一つの種から違う種へとゆっくり変化すると主張する。それに対して（生物進化の「断続平衡説」を提唱した）古生物学者のスティーヴン・ジェイ・グールドとナイルズ・エルドリッジは、進化は安定した時期に周期的に起こる大惨事によって引き起こされたことを確かめた。大惨事が起こると多数の種が絶滅し、その後に新しい種が爆発的に増えるが、その時ダーウィンの説による速度よりもずっと速いスピードで新種が生まれている。つまり、進化はゆるやかな変化の中ではなく、突然の飛躍によって起こるとされるのだ。

一つの原子から他のエネルギー殻へとジャンプする電子（量子）が存在すると聞いたことがあると思う。これはマックス・プランクが一世紀も前に量子物理学をつくった時の重要な発見だ。生命体の進化自体、とても複雑であり、量子がそれまでになかったまったく新しい形を生み出し、しかもそれは進化を遂げる生命体のある部分からは予測できないものが出現するとされる。

精子と卵子からどうやって人間ができるのだろうと考えるには、かなり想像力を働かせなくてはならない。けれども現実には、精子と卵子から人間が生まれることは普通のことだと思われている。同じように人間のつくり出す文化にも、今現在、人々がどう行動しているかからは予測もできない、まったく新しいレベルの複雑なことが起こっていて、(精子と卵子のように)互いに協力して生き延びることができるかもしれない。

一体どんな力が働いて新しいレベルの種が生まれるのかは、昆虫、鳥、魚などの群れを研究している中で明らかになってきている。興味深いことに、イギリスのリアン・クーザン教授の研究チームは、数学的モデルを使って群れの魚が他の魚の群れと近づくとお互いの群れの魚が並び方や関係を変えることを発見した(13)。魚の数がある程度増える環境的な要因でお互いの群れが密着して生活しなくてはならなくなると、魚の群れ方のパターンが変わる。ある一定の距離を保ちながらドーナツのような形の群れをつくり始め、その距離がさらに限界に近づくと互いに平行になるように群れて泳ぐのだ。さて、何がこの行動パターンの変化要因になっているのだろう?

答えを探るために彼らは研究対象をアリの群れに変え、グループ・ダイナミックス(集団力学)にヒントを探し始めた。アリの群れ方を観察すると、群れの動きに意志と決断があることがわかる。

例えば、集団の中の五一％がある方向に向かっていれば、群れ全体がその方向に進む。さらに、食料を探し出したり危険がどこに潜んでいるかを察知できる鋭い感覚を持っている「専門家」と呼ばれるリーダーがいて、群れにある行動を促すことを発見した。少数の専門家が集団全体の行動に影響を与えているのだ。例えば、三〇匹のアリに対して約一六〜二〇％の割合の四、五匹の専門家が必要なこともあれば、二〇〇匹の群れでもその二・五％にしか当たらない五匹の専門家に導かれることもある(14)。

このアリは外見上の特徴は何もないように見える。けれども、周りの環境により深く関わっていて、他のアリはそれを知っているようだ。だからもしもこのアリがスピリチュアルなヒーラーだったら、この群れ全体に何が必要か知っているように振る舞うので、シャーマンアリとか、ビジョナリーアリと呼ばれるかもしれない。

従って人間の進化も、アリの専門家の割合や数から予想できる。人口密度があるレベルまで達すると、互いにもっと近い距離で生活しなくてはならなくなるので、割合としては比較的少ない人数ではあるが文化的で創造的な専門家が、進化の方向を急速に変えて生き残るために人間の意識が高まるように人々を導いてくれるだろう。ラマルクが想像したように、この専門家たちは自分たちが助かる方法を自ら見つけ出すだろう。

インターネットによってすぐに広まる社会的突然変異

さて、これで四つの神話への誤解が明らかとなった。ところで、私たちは何がわかったのだろうか？

科学でいう物質主義が物質の領域にあるものに注目しても、粒子をコントロールしているのは形のないフィールドだ。また、目に見えないフィールドへと視野を広げると、科学も宗教も同じように生命を形づくる要素としては、目には見えない力を使っているとみなす。世界に対して健全な見識を持つには、目に見える物質と、見えないフィールドの両方を意識するべきで、そうでなければ現実の半分しか見ていないことになる。

また、宇宙に存在するものは、互いに関連し合っていることもわかった。誰かを犠牲にしても進化をもたらしはしない。そして「適者生存」で生き残ろうとすると、誰かは生き残るかもしれないが、たとえ全体を犠牲にしてある人が生き残っても、結局その人を含めた全体が全滅することになる。

何世代も続いてきた私たちの先祖は、ランダムなプロセスだけでなくカオスという動的なシステムの中に組み込まれた予測可能なパターンに従って進化してきたことがわかった。このパターンを意識できれば、それを利用できる知恵で自然さえつくり出していけるのだ。命をつないでいくことが私たちにとって最も重要であり、より知識を得て経験をしながら前進し、進化するのは避けられないことであることがわかる。

けれども、こうした予測を過信してもいけない。宇宙のいたずらをつくり出す量子の特質からすれば、どんな予測も一つの可能性でしかなく、量子は予想できない形や特質へジャンプして現れるということを忘れないことが大切だ。ジョン・ケアンズの実験のように、私たちもストレスに満ちた環境から素早く学んで環境がもたらす脅威に直面しても生き残れる実行可能な解決策を見つけ出すまで、さまざまなアイディアを出しながら信念や行動を変化させて、適応性突然変異をしなくてはならない。

幸いにも私たちには、インターネットという世界規模でコミュニケーションできる方法がある。ということは、ある社会を動かす社会的突然変異がすぐに地球上に広められるということだ。共通意識によって受け継がれてきた力は、人間の歴史そのものとはまた違ったものだ。知識は力だという点からも、人間は未来を予測する方法を知っていて、地球もそして自分たち自身も成長させ、癒す力を授けられている。

共通意識に気がつくには、まずは人間がどこにいるのかをきちんと理解する必要がある。結局はどんな復興計画でも、その第一歩は現実をそのまま知ることから始まるのだ。それは地図上に印された「現在地」という印のようなものなのだ。そして、現在の私たちの文明がいる場所は、そんなに美しい場所ではない。これは間違った四つの神話といえる信念を持ち続けてきた社会がつくり上げた愚かさのせいによるところが大きい。その四つの信念とは、次のものである。

■物質主義がすべて

■適者生存の法則

■すべては遺伝子が決める
■進化はランダムに起こる

それぞれの信念は一見、とても論理的だが、新しい科学から見ればいずれも正しくない。こうした間違ったパラダイムが無意識のうちにも私たちをおびやかす社会的な機能障害を引き起こしている。私たちは制限されて誤解したままの考え方から解放されれば、まったく新しい世界へと羽ばたく可能性とチャンスを手にすることができるのだ。想像もできない未来への扉が開かれるだろう。

第Ⅲ部

新しい世界をつくる

良くも悪くも現在の文明は終わりを告げようとしている。

確かに、文明の存続を脅かす危機は文明が崩壊する前兆にも思えるが、表面上の出来事の深い部分にもっと重大な原因がある。世界をつくり上げている信念のせいで、私たち自身が消滅しそうなのだ。

幸い、最先端科学がこれまで核となってきた信念を大幅に修正しようとしているし、新しいパラダイムは人々が新しくより多くの生命を維持できるような変化を引き起こしてくれるはずだ。西洋文明が浮き沈みを経験したのは初めてではない。アニミズム、多神教、一神教と進んできた三つの文明がかつて存在しては消え、今日の科学的物質主義へと移り変わってきた。そして、私たち人間はさらに進化して前進するのだ。

文明が生まれる時にはある思想が世界中に広がり発展するが、その時点でよりたくさんの生命をはぐくむ思想が聖なる決まりとして受け入れられ、厳格に社会の行動規範をつくり出していく。文明の寿命というのは、新しい発展とともに始まり、その文明でのルールが守られてピークを迎え、やがては衰退する。というのは、社会の中で修正された思想も、やがて必ず簡単には解決できない環境的な問題を引き起こすからだ。権力はたとえ目の前に生命の危機が訪れていても、人々の思想を厳しく規制して発展し続けようとし、さらに収拾がつかなくなると、その文明は急速に衰退して寿命を迎える。

現在、私たちは古くなった文明の灰から新しい何かが生まれるという、まるで火の鳥が生まれ変わるような時代を生きている。多くの人が現在の文明が終わりつつあると気がつき始めているが、何もそんなに驚くような話でもない。大変動が差し迫っていると、世界中で起こっている混乱がきちんと警告しているのだ。さてその警告を聞いたうえで、私たちは大規模な社会構造改革をする準備ができているだろうか？　いや、もっと大事なことは「世界が変化するのが必然なら、できるだけ改革によるトラウマが残らないように進化し、どう地球を癒していけばよいだろうか？」と自問することだろう。

現在、私たちは精神的領域と物資的領域の間のバランスのとれた地点へ向かって急速に進んでいる。これは人間の歴史上三度目の経験だ。そして到着地点がどこになるかは分岐点でどちらに進むかによるだろう。一つは、宗教の原理主義者と還元主義の科学者が争ってきたこれまでと同じような二元的な世界のままでいるという選択肢だが、この道筋では私たちが絶滅へと向かうのは明らかだろう。

もう一つは、二つの相反する両極が調和するバランスのとれたポイントに戻って、互いの相違点を乗り越え、これまで争いの原因となっていたものの両方がうまく機能する要素を加えて相容れなかった歴史を乗り越え、もっと高レベルで機能する進化を遂げることだ。

未来を支えるビジョンは、文明そのものの根底に受け継がれてきた知恵の中にあるが、たとえそんな奇跡的な解決策があったとしても、決して楽天的なものではない。この知恵とは、今日の地球の混乱を招く直接的な原因となった神話の「知恵」ではなく、新しい科学と古代から伝わるスピリチュアルな知恵を統合したもっと基本的なパラダイムのことだ。

次に生まれる文明を表す言葉は、きっと全体主義、ホリズムといったような新しいパラダイムだろう。

これまで文明が経験したアニミズム、多神教、一神教、科学的物質主義のパラダイムに続く、全体主義（ホリズム）こそが、ずっと問われてきたあの三つの質問に対する答えをすべて持ち合わせている。

❶私たちはどうやってここにたどり着いたのか？
❷なぜここにいるのか？
❸ここにいて、なすべきことは何なのか？

❶私たちはどうやってここにたどり着いたのか？

宇宙科学者によると、物質が現れる前の宇宙はフィールドと呼ばれる目に見えない互いにもつれたエネルギーが命を生み出す空間だった。およそ一五〇億年前に起こったビッグバン後、エネルギーフィールドが収束し始めて以来、量子がもつれた状態のままの物質が存在している。

量子メカニズムの理論では、エネルギーフィールドは物質に対して優位な影響を与えるとされるが、それは物質がフィールドの中に含まれるエネルギーパターンの情報で成り立っているからだ。目に見えないものや魂が物質的な領域をつくり出すというソクラテスの概念とも一致するこの理論では、フィールド内の情報は物質的世界以前から存在しているとされ、これはまさに天地創造説ともいえる。

何十億年以上もの間、地球上の物質はフィールドにある目に見えない情報パターンを組み合わせてきた。地球上に現れた最初の生体はシンプルな構造をしたバクテリアだった。原始的な細胞は環境に適応して突然変異をし、エピジェネティック（連続的）な修正を加えながら、生息地の環境により適応できるよう遺伝子コードを書き換え、つねに変化する環境にいつでも生体が適応できるよう進化してきた。

より複雑な生体へと細胞が組み合わされるプロセスでは、進化を一直線なものとみなすので、生物圏から生まれた生体は創造と進化のプロセスを経て生まれたように思われる。けれども、これまで存在してきたものがすべて、ある全体のシステムと関係があるとする全体主義（ホリズム）のパラダイムでは、進化のパターンがずっと前から存在していたとする創造論も含めて、創造と進化という生命の躍動をつくり出す互いに絡み合うものも両極端にあるものもすべて含んだフィールドに一体どんなパターンがあるのかはいまだ宇宙の謎だ。

8章では、フラクタルな進化によって自然が生態系の共同体をダイナミックにつくり上げる幾何学が存在することを述べている。進化はランダムなものだと主張するダーウィン理論とは対照的に、新しい科学では進化はそれぞれの生体がより大きな共同体となりながら適応して生き延びるプロセスが十分「意図的」であるとする。それぞれの個体は、互いに関連しながら共同体をつくり上げて、ある役割を果たし、同時に自らも全体から利益を得ているのだ。

❷なぜここにいるのか？

一九七二年、ジェームズ・ラブロックは、物質的な地球と生物圏は、相互関係を持つ原始的な生体と同じシステム、つまり生物圏は生命を維持するために物質特有なバランスをとり、緩衝して、地球の環境に規則的に影響を与えているというガイア説を立てた。生物は、食べ、呼吸し、老廃物を排泄するという命を保つために必要な条件を満たすために環境を修正する。そのため何らかの変化に対し環境的なバランスをもとに戻し、調和をもたらす生命活動をする新しい種が突然変異して適応し、進化して遺伝的なメカニズムをも変化させている。

ガイア説によると、そのバランスや調和は新しい方向に向かうのだと強調する。例えば、植物が光合成をするには二酸化炭素が必要で、老廃物として酸素を放出するが、動物は酸素を呼吸して取り込み、老廃物として二酸化炭素を排出する。人間もまた地球上の他の生体と同じように、環境とのバランスをとり、調和をもたらす存在だが、その中で唯一、自らの進化の過程とその可能性を知り、意識して環境に調和をもたらす役割を担っている。

環境は繊細なシーソーのようにバランスを保っていると思われる。新しい生体がどこかで生まれるとバランスが崩れるので、自然はシーソーの反対側にいる今まで存在していた有機体を排除したり、バランスがとれるような進化を促したりするだろう。

ある種が環境的なバランスにもたらす影響の大きさは、シーソーの支点にどのくらい近い位置で起こるかと関係があり、一つの種がシーソーの支点をまたいで左右反対側に動く可能性はいつでもある。人間は本来、そうした不安定なシーソーの上に立って進化してきたし、人間は自然に対して強大な影響を及ぼすことを意識しておかなくてはならない。人間がその責任を忘れると、命を脅かす多くの危機をもたらしてしまうのだ。地球の進化にとっての責任や、環境に対する影響をもっと認識すべきだろうし、もっと維持可能な影響の与え方に方向修正する意識も持たなくてはならない。

ラブロックが言うように、生態圏はそれ自体が大きな生き物であり世界のすべての細胞レベルの生き物から、植物、動物で成り立っている有機体なのだ。それぞれの細胞一つひとつが意識的に集まって進化し、認識をさらに拡大し、その結果、より進んだ知能を持った人間ができあがった進化の歴史は、コミュニティを拡大しながらそれぞれの認識を発達させた結果なのだ。細胞レベルの進化を考えると、文明の進化の方向も明らかになるだろう。

❸ここにいて、なすべきことは何なのか?

私たち人間は、自分のため、他人のため、そして地球のために最善を尽くせばよりよい生活が送れるはずである。具体的なヒント、もしくはモデルともいえるものは私たちの内側にある。なんと五〇兆個もある細胞が共同体として機能し、体内の調和を保っているのだ。私たち人間は、その細胞がどんな役割を果たしているかを意識し理解すれば、文明に健康と調和と祝福をもたらすことができるのだ。

地球のバランスをとる役割を持つ人間は、環境に対する自らの影響をやわらげ、持続可能なテクノロジーをつくり出していく運命にあるといってよい。8章では、細胞が一体どうすればうまく生命を育んでいけるのかを観察する。人間は他の生物より知的だと思い上がっているかもしれないが、それでは細胞といった原始的生物には知性がないといえるのかをもう一度検証してみたいと思う。

細胞が私たち人間をつくり上げているのだから、その人間の体をつくり上げている細胞こそが巧みに働いて規則をつくり出し、環境をも正確にコントロールできるような驚くべきテクノロジーを発達させているともいえる。ところが細胞による最先端のテクノロジーでもまだ、科学と意識の間のギャップを埋めきれずにいる。だからこそ逆に細胞から学べることがまだたくさんあるのだ。

科学技術は進化の過程に必要不可欠なものである。文明の進化が細胞レベルで起こって

永遠に問われ続けている疑問に対する物質主義とホリズムのパラダイムの答えの比較

永遠に問われ続ける疑問	物質主義のパラダイム	ホリズムのパラダイム
私たちはどうやってここにたどり着いたのか？	ランダムな遺伝子活動の結果	創造されて、環境に適応すべく進化した結果
なぜここにいるのか？	進化し増殖する以外に選択肢がなかったから	地球を管理し、人間性の進化に目覚めること
ここにいて、なすべきことは何なのか？	弱肉強食の法則に従うこと	すべてはつながっていると意識して自然とのバランスをとって生きること

いることと同じような道筋で進化していると考えると、私たちは不毛な庭のような状態に戻るべきだという、技術革新に反対する意見は的外れだといわざるを得ない。

人間が進化する運命にある、とは、きちんと意識して地球という庭に再び私たちが生息できるようにすることなのだ。細胞単位のテクノロジーが人間の体という共同体を働かせている手法で、地球上の人間の共同体もうまく機能するはずと理解すべきだ。

上の表は、今日の物質主義と、進化するホリズム（全体主義）の思想を比較したものだが、永遠に問われ続けてきた疑問への答えはこれまでとはまったく違っている。だからこそ、今のままだと現在の文明は消滅の方向に向かおうとしているともいえるのだ。

文明がホリズムへと進化する際には、かつてアニミズム時代に祖先が持っていた意識を取り戻さなくてはならない。地球全体の環境を把握できるのは人間だけだ。だからこそこの瞬間に物質をつくり出しているフィールド、あるいはスピリット（神）の影響をきちんと受けとめなくてはならないだろう。

宇宙は、進化しながら永遠にスパイラル状に展開しているように思われる（3章参照）。私たちは過去を振り返りつつ現在を分析することで、より正常な未来への基準となる尺度を考慮する準備が整いつつあるのだ。

地球という「庭」を再生するには、まずはその庭の見張り役を交代させなくてはならないだろう。現在までの思想を守るために扉の前に立ってきた科学的物理主義の思想の任務を解いて引退させなくてはならない。そして、新しい科学と古代スピリチュアルの知恵を融合したパラダイムを進んで迎え入れ、これまで二極化してきたものを統一し、全体的（ホリスティック）な世界観をもたらすのだ。

第Ⅲ部では、現在起こっている非常事態から抜け出すための新しい信念と思えるものを明らかにしていこう。人間は一人ひとりが別々の細胞だという認識から、お互いにつながった重要な細胞だと認識できるようなストーリーを紹介する。

個人レベルでも社会レベルでも、これまでの自己破壊的なプログラムから解放され、支配や貪欲、恐怖や増悪を終わらせると宣言しさえすれば、新しい世界を自由に描けるようになるのだ。もし世界中が昔から続いているお互いに対する恨みを捨てて過去の問題を乗り越えたと宣言したら何が起こるだろう？　もし、私たちが「そして幸せに暮らしました」と締めくくってそれまでの古い物語を完成させたらどうなるだろう？

さて、そのためには、今すぐ幸せになろうと努力しながら生き続けるしかない。私たちが過去から解放され、生まれ変わって手にする可能性には、想像できないほどのものがあるのだ！

8章 フラクタルな進化

どうやって私たちがここにたどり着いたのかというストーリーを探ろうとしたところまでは、椅子にゆったり座ったまま歴史を評価することができた。ただし、これからの、まったく新しい未来へのビジョンを得るには異なる情報が必要となるだろう。つまり、もっと未来学的な予測の域に踏み込むには、社会の傾向を読みながらシステマティックに予測をしていくことになる。そこには徹底的に推測したものから、明敏な推論から導き出したものもある。けれども推測には本来、十分な情報がないのが普通であり、所詮一つの可能性を述べることしかできない。それに対して、推論には証拠と根拠があり、当然、正確性はあるが、それでもある推論の正確さは証拠や根拠に左右されるものだ。だからもし、もともとの信念が正確でなかったり、ゆがめられていたりすれば、きちんとした推論さえ的外れなものになることがある。

ゆがんだレンズで未来を見通してしまった例といえば、フォード社だろう。一九五八年、フォード社は世間の注目を集めてドル買いに仕向けようと、四億ドルのベンチャーを立ち上げると発表した。当時マディソン街で最高の市場調査を行って、自動車に「もっとあなたのアイディアを」と宣伝し、車に最新のトレンドを入れ、広告にも買う人の心を徹底的につかむような工夫がされた。

しかしこの試みは、市場に史上最悪の大惨事を引き起こしたとして有名になった。このまったく不評だったエドセルという車の宣伝策略は大失敗の代名詞として使われるようになり、今では同じようにうまくいかなかった宣伝策略を「それはエドセル並だ」と捨て去ることがある。マーケティングの専門家は、エドセルの商戦失敗は会社が消費者の本質を把握できていなかったせいだと分析した。この中で面白いのは、『ＴＩＭＥ』に掲載された「最悪な車五〇台」という題名で、「まっすぐなフロントグリルデザインがまるで女性器のようだったので失敗したのだ、とするのが文化評論家たちの意見だ。確かにそうかもしれない。五〇年代のアメリカビジネス界は女性恐怖症になっていたから」と書かれている。

過去の信念と理屈をそのまま使った未来予測は、時に大きく外れてしまうことがある。預言者の罪の重さは、その人が口にした誤った預言でどのくらいの人がその方向に進んでしまったかによる。もしそれが政治家やエコノミスト、あるいは社会学者など、文明の未来を導く責任を担う人々だったらどのくらいの影響があるかを考えてみればわかるだろう。

その他、認識の誤りが悲劇を生んだ事件といえば、国防長官ドナルド・ラムズフェルドがイラクで勝利宣言をし、それが数週間も続かなかった例がある。ゆがんだ証拠と理由で彼が犯した罪により莫大な費用を使い果たし、それでもまだ現在も戦争は終わらずにいる。

素晴らしい未来学者というのは、データにアクセスして識別する能力がある。だから、パターンを認識することがプロセスを知る第一段階であり、未来を見通すのに必要不可欠なのだ。次に挙げるのは、未来学であなたの感覚を試すものだ。次のページの四つの数列をよく見て、空欄に入る数字や文字を予測してみよう。

パターンがわかれば答えもすぐにわかる。数列❶のパターンは、それぞれの数字がその前の数字に13を足したもの。文字列❷は、アルファベットの三つごとの文字。従って、それぞれの答えは、数列❶が78で、文字列❷がUとなり、これで未来が見通せたことになる。

けれども数・文字列❸となると明らかなパターンがない。だから空欄には、まったくの推測でどんな答えを入れてもよい。哲学的にもランダムな列なので、どんな推測も正しいかもしれないし、間違っているかもしれないが、量子物理学における宇宙の見地からすれば、推測の正確さはそれを観察している人に左右されるのだ。

多くの人は、数列❹もまたランダムな流れになっていると思うだろうが、実は答えは5だ。この数列にはどんなパターンがあるのかを注意深く見れば、ある数列、つまり円周率πを表していると気づくだろう。従って、数列❹にはたとえ未来への視点が含まれていても、一見ランダムにしか見えない自然の科学的要素はただのカオスにしか見えず、またパターンもはっきりとはわからない。

□ に入る数字や文字を予測してみよう。

❶13 - 26 - 39 - 52 - 65 - □

❷C - F - I - L - O - R - □

❸7 - 3 - B - 16 - 2 - 9 - C - 0 - 4 - H - 1 - 1 - □

❹3 - 1 - 4 - 1 - 5 - 9 - 2 - 6 - □

この簡単な練習問題には、未来を予測する際の三つの重要なポイントがある。まず、パターンが認識できれば未来に起こることを予測することができ、その正確さはかなり高いということだ。次に、もしランダムに起こっているように思われれば、予測はすべて単なる推測でしかないということ。そして最後に、一見ランダムに見えても、すぐには認識できないパターンがある場合と、単に本当にパターンが存在しない場合とがあるということである。

人類が生き残れるかどうかは、こうしたパターン認識ができるかどうかにかかっている。夜と昼のサイクル、月のサイクル、四季をつくり出す地球の一年のサイクルといった人間の自然への基本的な知識で天空で展開される事象を観察し予測するのは、農業の発達や文明の発展には欠かせない。というのは、これを知らなければ春がくれば作物の種をまき、収穫をし、やってくる冬に備えるといった計画が立てられないからだ。

同様に、人間の文明はかつて四季のサイクルに合わせて生まれ、育って、やがては死に至るというパターンとすべて結びついていた。太陽、月、そして星の動きを観察し、その情報を記録するための大きな建造物やストーンヘッジのようなものを建築する際にもこの知識が重要だった。

今日では、日、季節、そして一年の変化を表すものとしてカレンダーが使われ、いつガラパゴスの海でカメが繁殖期を迎えるか、いつツバメがイタリアのカピストラーノに帰るのかが世界中の人にわかるようになっている。天文学と文明のパターンにははっきりとした関連があった頃は、地球のサイクルと人間の生理現象の間の関連がもっとわかりやすかった。例えば月のサイクルと女性の生理の周期はどちらも二八日だが、これは偶然ではない。

かつて天空と人間の生理現象や行動パターンの関係を表したものは、占星術だった。天体のパターンを観察して人間の行動を予測することには重要な意味があり、有史以来、今日まで政府やそのリーダーは自らの国の未来を見極めるのに占星術師に意見を求めてきた。科学的な物質主義や一神教の人々によって、それまで意識されていた地球の営みへの知識が薄れ、占星術師の地位はただの神話と化してしまった。今日の科学では、このような古代の知恵を原始的な超自然的で儀式的なものにすぎないとして排除してしまっている。

けれどもやがて、地球の営みはゆがんだレンズで見た四つの神話の世界観をいまだ信じる人々の科学のビジョンには収まらないと再びわかってくるだろう。地球と会話ができるアボリジニの子孫もいるが、その数は急速に減っていて、彼らの知恵が失われてしまわないように急がなくてはならない。

今日の文明の特徴は、第一に一九世紀半ばにダーウィンが提唱した進化論がもとになった科学的物質主義が根底にあることだ。この論理には欠陥があるにもかかわらず、科学的な真実だと受け入れられてしまった。その信仰が現在のテクノロジーの発展や成長を促す重要な枠組みとなり、やがてはその欠陥が人間が生き残るための脅威にもなってしまっている。

私たちが現在抱えている問題は、未来に向けてのビジョンをつくり出せないことにある。文明は次々と大惨事を生み出し、進むべき方向を失ったままだ。型にはまった知恵では歴史の規則性も見出せずに、それがしばしば悲惨な進路をとってしまう原因となっている。人は今まで一般的に受け入れられた理論で未来の姿を見つめ、これから先の計画を立てるものだが、その計画が誤った概念でゆがめられているかもしれない。特にエネルギーフィールドや遺伝子決定論、そして進化の質というものに対する正確な認識は必要不可欠なものだ。だからこそ、私たちが一体どこに向かって進んでいるのかを正確に見極めるには、まずはどうやってここにたどり着いたのか、そのパターンを理解しなくてはならない。けれどもこれまでの科学でこの本来のパターンを調べようとすると、進化はランダムに起こるというダーウィンの論では答えがゆがめられてしまうとわかるだろう。

これまで科学では、どうやって人間がここにたどり着いたかを、何十億年もかけてランダムな突然変異と偶然の遺伝子の振る舞いによって、ゆるやかに進化してきたと説明してきた。もしそうしてここに人間が存在しているのなら、これから先の進化の方向が予測できるだろうか？　もしも本当に進化がランダムに起こっているのなら、これから先の進化について誰に予測できるだろうか？　どんな予測もただの予測にしかすぎないということになってしまうだろう。パソコンが初めて流行った頃、人間は端末の前に一日中座って、やがては体が小さく、頭が大きく進化するだろうと未来学者は予測したが、予測に反して人々が肥満になったり知的レベルが下がった現状を見ると、まさに彼らの推測はあの「エドセル」だとわかる。

環境の変化で遺伝子も変化する

地球規模の危機に瀕し、最新科学は命を支える新しい方法をまったく異なった世界観から提唱しようとしている。新しい科学によって現在のパラダイムの神話を修正されたレンズで分析すると、今まで見えにくかったパターンにはっきりと焦点が合ってくる。

例えば、人類の進化について見てみよう。ダーウィンは、進化はランダムな突然変異によって起こると主張したのに対して、ケアンズは有益な突然変異が意図的であると説明した。また、生体は体細胞超突然変異というプロセスで遺伝子を先天的に環境に適応するよう変異させることさえできるとした。

この最先端の進化論は一九世紀に出されたエコロジー、つまり生態系による種の分化の概念を復活させたものであり、新しい種が生まれるという進化は環境からのプレッシャーによって引き起こされるとした。例えば、あるわずかな地域的な環境の変化に、生体は急速に適応して生物学的な形状を変え、刻々と変化する環境下で生き残れるような行動をとるという。ある魚とカタツムリの検体をそれぞれ二つに分け、彼らを食用とする肉食動物を一方に入れると、環境の変化で魚やカタツムリの進化に何が起こるかを観察すれば、肉食動物にどれほど生態系への影響力があるかがわかる。自然のエコシステムでも同じ変化が起こっているはずだ（1）。

環境変化のあった魚やカタツムリは、成長、繁殖のスピードを増し、体の構造を変え、行動パターンも安全なところにいるものとは異なってくる。天敵から生き延び、今まで足を踏み入れたことのない場所で食料を手に入れざるを得なくなった種はますますその形態を変える。変化が後天的であろうと先天的な突然変異であろうと、環境によって引き起こされた変化はやがて多種多様な種を生み出し、もはや同じ種から派生したものだとわからないほどになる可能性がある（2）。

変化を生み出す環境の影響については、最近になって長期にわたる微生物の遺伝子研究で証明されたばかりだ。研究者は何が進化を誘発するかを見つけ出そうと、「もし、生命の歴史が同じところから始まったとしたら、どうしてこれだけの異なった展開を見せるものだろうか？」と疑問を持った。二つの試験管にある遺伝子を持ったバクテリアを入れ、同じような環境的なプレッシャーを与えながら二万四〇〇〇世代のバクテリアの進化を追った。

すると、「環境に適応して、何度実験しても同じような適応放散（単一祖先から多種多様な形質の子孫が出現すること）が起こる」ことがわかった（3）。さらに別の実験で、異なる環境下に置かれたものには異なる遺伝子変化が起こることが発見された。また別の実験では、培養されたものによっては、あるＤＮＡの配列ＡＴＣＧのパターンを変化させ、驚くほど繁殖力が増したケースも見られた。

どんな道筋をとろうと、試験管内のバクテリアは、同じパスウェイを通じてそれぞれ環境に適応しようとする。また、ある種が同じような状況に置かれると、並行して何種類かの進化が起こる。この実験やこれまでに述べたことからわかるのは、進化は直接環境によって決定し、ランダムではないということだ。

進化が環境的要因によって決まるのであれば、環境を認識できれば進化の方向を見極めることができる。その次に生まれる疑問は、「ダイナミック（動的）に変化する世界の環境状況をはたして予測できるのだろうか？」ということであるが、エドワード・ローレンツは一見ランダムに起こるように見える変化の要因をデータ化することができれば正確な予測ができると主張した。つまりダイナミックに変化する環境には、決定論的なカオス（混沌）が出現することもあるが、ランダムなものと対照的に、一見カオスのように見えるシステムの運命は予測できるもので、その影響は初めのうち、体内のほんのわずかな変化としか捉えられない。

繰り返しで生まれる複雑さ

カオスの変化が繊細なことに加えて、環境の変化はもう一つの基本的な特徴に左右される。それは、反復（繰り返されること）だ。例えば、衛星、飛行機、船、海岸など上空から海岸線の写真を撮り、海岸のアウトラインの形状をたどると自己相似のパターンがわかるが、これと同じことが生体のあらゆるレベルでも起こっていて、木の幹は枝の形に似ているし、またさらに小さい枝の形にそっくりな部分で枝ができる、というように、さまざまなスケールでこの自己相似パターンを繰り返している。

数学でいえば、反復とは同じ機能や公式を使い、その前にインプットされたものからはじき出してまた繰り返すステップをとる。次に、この反復方程式を見てみよう。

公式：

直線の長さ　÷　2　＝ □

例えば：

30㎝　÷　2　＝　15㎝

これを繰り返すと、

15㎝　÷　2　＝　7.5㎝

7.5㎝　÷　2　＝　3.75㎝

3.75㎝　÷　2　＝　1.875㎝

1.875㎝　÷　2　＝　0.9375㎝

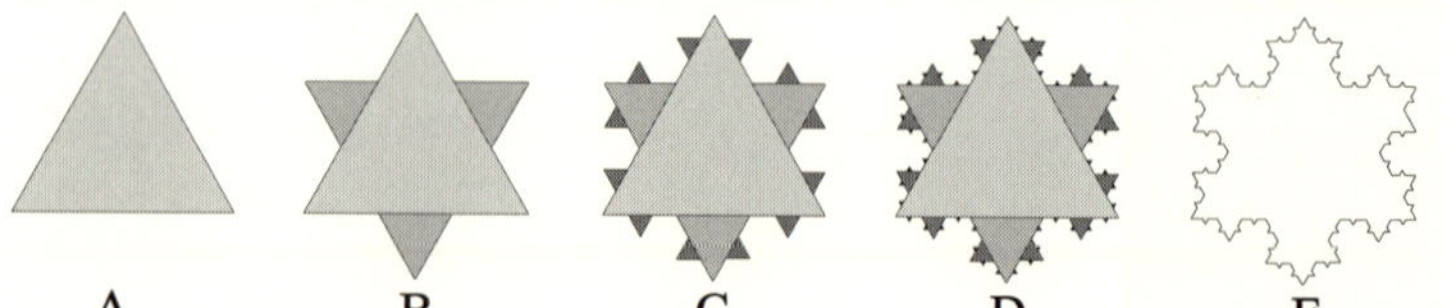

このコッホ雪片で、正三角形などシンプルな図形を何度も繰り返すと、どんどん複雑な図形になることが説明できる。

それぞれの答えが次にまた2で割られ、と繰り返されて描かれる線は、鉛筆で描けないほど細かくなり、顕微鏡でしか見えなくなる。比較的単純なこの反復方程式はパソコンで計算してもどんどん無限に小さくなっていく一次元的なものだ。これを例えば三角形のような二次元の図形に応用したら、とても複雑な結果を見せる。複雑な平面に見える、コッホ雪片はこの方程式を正三角形に応用したものだ。

まず正三角形の上に同心の三角形を重ね、できあがった三角形にさらにどんどん小さな三角形を繰り返し重ねる。

上の図でわかるように、最初の図では薄いグレーに塗られた正三角形が、三回の反復でできた三角形をさらに暗い色にして表示していき（図B、C、D）、図Eまで複雑になると、それまでできた三角形が融合して一つの図に見えるようになる。こうして同じ大きさの三角形を繰り返し描くと、驚くほど複雑な形になることがわかる。コッホ雪片は平面の繰り返しだが、今度はこの公式を三次元に当てはめると、さらに複雑な構造を持つものがつくり出されることになる。小さな虫からマッコウクジラまで、この地球上に生きる動物のすべてが自己相似を繰り返すことでできあがっていると考えてみよう。生体の複雑な構造は一見カオスにしか見えないが、そこには数学的なモデルがあり、予測ができるのだ。

予測可能なカオスという考え方は、ガリレオが「数学は神が宇宙を描写するのに使った言語だ」と書いた際に一番言いたかったことだ。

進化にはフラクタルなパターンがある

私たちは、どんな数学で宇宙がつくられているのかを探りさえすればよく、それがわかれば、私たちが一体どこから、どのように今現在にやってきたのかがわかるだろう。環境パターンを認識しようとする際には、まずは空間で物質的な構造がどのように構成されているかという自然の数学を見つけ出す必要がある。

これには幾何学が必要だ。というのは、定義上、幾何学は宇宙の構造を知るための基本であり、ガリレオが発見するずっと以前にプラトンが「幾何学は天地創造以前から存在していた」と結論づけているほどだからだ。

幾何学といえば、一般的には一九七五年まで、紀元前三〇〇年頃に古代ギリシャ文字で集約されたユークリッド幾何学しか知られていなかった。学校では立方体、球、円錐、グラフを幾何学として理解するよう教えられ、その知識で天体の動き、大建築物や庭園の構造、そして宇宙船や高度な武器をもつくり出してきた。

しかし、ユークリッド幾何学の公式では自然すべてを説明することはできない。例えば、幼稚園の時に自分が描いた木の絵が、細長い三角形の上に丸い円を乗せた形だったことを思い出してみよう。幼稚園の先生は、それが木だとわかってくれただろうが、実際には本物の木とは似ても似つかわしくなく、三角形や円を組み合わせても人間など描けない。コンパスを使えばきれいな円は描けても、完全な円で現実の木は描けないし、カブトムシ、山、雲など自然界で見られるものはすべて、この幾何学で生命の構造を十分に説明することができない。プラトンやガリレオの言う自然の法則を説明できる数学とは一体どんなものだろう?

九〇年ほど前にフランスの若き数学者ガストン・ジュリアが反復関数に関する研究を発表して、やっとその糸口をつかんだ。彼のつくり出した式は、掛け算と足し算を無限に繰り返した比較的シンプルなものだったが、数式が暗号として組み込まれた図がひと目でわかるには、この公式を何十年もかけて何百回も繰り返さねばならなかっただろうし、従ってフラクタルという言葉を数学用語として頭で知ってはいても、自分の目で見ることはできなかったと思われる。

ジュリアの数式に思っていたより意義があるとわかったのは、一九七五年に彼の公式がコンピュータ処理された時のことだ。ＩＢＭの研究所でフランス系アメリカ人の数学者としてカオス状態のパターンを分析したブノワ・マンデルブロは、ジュリアが頭に描いていたことを初めて見つけ出した人である。マンデルブロは有機体のフラクタルな数式がつくり出す無限の構図の美しさに驚いた。彼こそさまざまなスケールで自己相似を繰り返すフラクタルなものを最初に発見した人だ。繰り返して大規模に展開すればするほど、構造は互いに似てくるのだ。

フラクタルなものがカオスに思えるほど複雑なものになるには、無限に繰り返される自己相似パターンが必要だ。マトリョーシカ人形は、この自然のイメージにとても近い。どんどん小さくなっていく人形は、中に入っていた大きな人形と似ていてもまったく同じではない。マンデルブロはこれを自己相似という言葉で呼び、フラクタル幾何学という新しい数学を発見して、このパターンが昆虫、貝殻、樹木など自然のあちこちにあることを見つけ出した。

フラクタル幾何学では、全体の構造と部分とのパターンの関連性に注目する。海岸線や樹木の小さな枝、さらに大きな枝と幹など自己相似パターンは自然の中に豊富に存在していて、特に人間の体の構造の中にはたくさん見受けられる。例えば人間の肺は気管支にそって分岐しながら、さらに小さな気管支へと分岐する構造が繰り返され、どんどん小さく分岐している。循環系の動脈と静脈も、神経系の末梢神経も、自己相似しながら小さく分かれるパターンの繰り返しでできている。

フラクタル幾何学はまさに自然のデザインの原点ともいえ、生物圏のどんなレベルにも自己相似パターンが存在している。従って今まで見てわかってきたように、大きな規模でも小さな規模でも、有機体の構造はフラクタルな視点で分析できる。人間の進化にともなうフラクタルなパターンは、生物圏の組織でさまざまに展開されているはずだ。

ダーウィンと同時代の著名な胎生学者エルンスト・ヘッケルは一八六八年、進化には自己相似的なフラクタルのようなパターンがあると主張した。彼はさまざまな動物と人間の胚発生の発達過程を比較し、顕微鏡画像を載せたものを出版した。人間を含めたすべての脊椎動物の胚は、発達初期に進化のすべての段階の起源をたどるという彼の理論では、個体発生は神秘的にも系統的に祖先を再生した形で起こるのだとされる。不運にもこの論が世に広まる際に、誰かが胎児の初期段階の画像を実際より本物らしくねつ造してしまった。

人間の胚は魚の姿から両生類へ、そして爬虫類、最終的に人間の姿へと形を変える。こうして生物的な先祖の進化の段階をたどる時、人間の胚はフラクタルな自己相似の典型例といえるダイナミックな変化をするのだ。

進化はゆるやかにではなく、突然飛躍して起こる

自然界は本当にフラクタル幾何学にもとづいているのだろうか? コンピュータプログラムに簡単な公式を入れて、本物にできるだけ近づけた景色や生物の組織の像をつくってみるとわかるが、自然は完全なフラクタルでできているわけでもないので、生物圏が自己相似パターンでできているように見えるのは、実際は単なる偶然かもしれない。そこで「生物の進化がフラクタル幾何学によって引き起こされているかどうかにどんな根拠があるの

だろうか」という疑問がわいてくるはずだ。

自然にはダイナミックに変化する構造が存在していて、そこは繰り返されるプロセス、カオスの数学でできあがっているとても繊細なものだ、フラクタル幾何学がカオスに見えるシステムを支えている自然はフラクタルなものである、と結論づけたくもなるが、必ずしもその根拠とはなっていない。しかし、フラクタル幾何学と自然の間に見られる共通した現象がただの偶然とはいえない根拠がもう一つある。

ラマルクは、進化は原始的生体が「完全」な状態に向かって一本の線状に、階段を上るように進むと捉えていた。ダーウィン説では、進化はより高度なものへと進むが、一直線状というより樹木のような変化を遂げると理解されている。新たな生物がランダムに出現する時、木の枝と同じようにさまざまな方向に進み、必ずしも先祖からまっすぐ伸びる線状の表現をしないとされている。さらに最近では、進化の道筋は菊の花が広がるような進み方をするとされ、ある種は、環境に適すると思われるあらゆる方向に進化していて、生物は実際に氷河の中、海中の火山口、地下数キロメートルにある岩盤などさまざまな場所に生息している。

同時にあらゆる方向に向かう菊の花のような進化というと、「進化は一体どこに向かっているのだろう?」と問いたくもなる。進化しているかどうかは、その進歩を測る基準的な尺度が必要だ。例えば、海中に住む生物の進化は陸上や空中に生息する生物の進化とは違った意味を持つだろう。人間は、水中で呼吸する生物、卵を産む生物、空を飛ぶ生物の世界では進化しているとはみなされないはずだ。では、私たちは一体進化の「何」について語っているのだろう?

人間は自らも進化しながら、それを観察し、「花弁」のように広がる多様な進化を選択してきた。他の下等とされる生物とは異なり、進む方向を「自覚できる」という特性がある。これはまさにラマルクが神経系の進化の基準にした物差しでもある。ダーウィン説でも神経システムの発達を表す進化の道筋は同じように説明されている。

1章で述べたように「信じていることは目で見たこと」になってしまい、「生物学的に見た信念」でさらに詳しく書いたが、現在の科学の進化に対する理解は、細胞の核やその細胞の神経システムに「内在する遺伝子」への認識が間違っていることで大きくゆがめられてきた(4)。従って現代科学は、進化の発展を測るのに生体のゲノム(遺伝子)を研究するという近視眼的な手法に没頭してしまったのだ。

前述した通り、本当の意味での頭脳細胞は細胞膜にあり、細胞膜に埋め込まれたレセプター(受容体)たんぱく質とエフェクターたんぱく質こそがスイッチとして感知、作動していて、生体がどのくらい認識し感じ取れるかは、レセプターたんぱく質がどのくらいあるかという数による。

この後の章で細胞の物質的な限界について述べるが、レセプターたんぱく質は細胞膜のたった一枚の層でしかない。この物理的な限界から、レセプターたんぱく質の数が増えるということは、すなわち生体の細胞膜表面が結びつくことになる。つまり、生体の知覚、自覚を強化するには細胞膜の力を強くしなくてはならない。従って、数学者が生体の細胞膜の表面を調べれば進化の程度が測れるということになる（5）。「人間の生命の数学（Mathematics of Human Life）」というアメリカのニュース・アンド・ワールド・レポートの中の記事によると、ウィリアム・オーマンはフラクタルを数学的に研究し、「細分を繰り返すフラクタルな構造が三次元空間に存在するものを最もうまく説明できるだろう」と述べている（6）。進化のモデルにはフラクタル幾何学の概念が不可欠だ。というのは、進化はそれなしには起こり得なかっただろうから。従って、自然界にある自己相似に見えるパターンは単なる偶然ではなく、進化のメカニズムを映し出したものだ。

自然界の生態圏はフラクタルなものだという事実はもはや揺るぎようがない。問うべき問題は、「生体がフラクタルなものを取り込むのは、偶然か意図的か」ということだ。先に述べたケアンズらによるバクテリアの研究で、生命システムが環境の大幅な変化があっても生き残れるように自ら進化する能力を本来持っているというメカニズムの発見は、適応、意志、あるいは良性変異などさまざまな呼ばれ方をしているが、いずれもその意味は同じだ。つまり進化は意図的に起こるのであって、ランダムなものではないということだ（7）。

自然環境でフラクタルに出現するものには、青写真的な本来の「型」がある。環境の大変動、あるいは進化の均衡が崩れた状態が周期的に起こり、ある生命が大量に絶滅すると一つの時代が終わる（8）。環境の変化があってもある生体は生き残り、進化し、繁栄するが、これは環境に適応するための突然変異のメカニズムがなせる業だ。意図的に遺伝子を突然変異させることができれば、遺伝子を変化、補てんしながら新しい環境のパターンに調和させることができる。

現在まで大量の生物が死滅したとされる五つの時代の区切りでは、地球上の生命が根本的に入れ替わった。大災害によって今まで存在していた生命が突然消えてしまうと、今度は驚くほどさまざまな生命が出現する。この考え方は、ある種の進化は無限ともいえる時間をかけて徐々に変化するものというダーウィン主義に異議を唱えるものだ。

すでに述べたように、古生物学者スティーヴン・ジェイ・グールドとナイルズ・エルドリッチは、新種の出現は長期の安定した環境状態が大惨事によって中断されることで起こると証明した。彼らの進化理論は「断続均衡」と呼ばれ、大惨事の後には、ダーウィン説のメカニズムでのゆるやかな進化よりももっと急速に新種が増えているとする。つまり進化は、ゆるやかな変化によってではなく突然飛躍して起こるというのだ。

細胞から人類へ

私たち人間は飛躍した進化を成し遂げられるのだろうか？　もしバクテリアが目的を持って進化できるのなら、どうして人間にできないことがあろうか？　できないはずがない。

フラクタルな進化が何をもたらすかという前に、まずは時をさかのぼって断続均衡の視点から進化の歴史を詳しく見てみよう。均衡状態がしばらく続いては突然に進化が起こるという繰り返しは、進化がその方向を大きく変えた時期があることを示している。フラクタルなパターンを見れば、現在抱えている危機を回避する手掛かりになるだろう。

原核生物の時期：地球が炎に囲まれていた五億年の間に最初の進化の飛躍が起こった。これは原核細胞の集まりが進化して、地球の大洋に住み着き始めた時期である。原核生物と呼ばれる原始的なバクテリア細胞は、細胞膜で囲まれた細胞質で満たされて成り立っていて、最も小さく単純な構造をしている。その多くが糖分ベースのカプセルの中にやわらかい細胞質を包み込むようにして外界から守られている。カプセルの外側は、原核生物の細胞表面が拡大するのを制限し、結果、生物の大きさが決まる。

原核生物は一見、細胞膜の表面を広げられないようになっているので、レセプターたんぱく質がある程度できると、ある進化の段階が終わったことになる。しかし自然界の進化の計画はもっと大きいものだ。細胞の数が爆発的に増えて、環境からくるプレッシャーが大きくなると、生物学的な命令としての生き残ろうとする本能がさらに原核生物を進化させようと働き始める。

やがて自発的な進化があるレベルまで達すると、それぞれの原核生物は進化のメカニズムをアップデートさせる。一つひとつの細胞のサイズを大きくして知性を高めるというよ

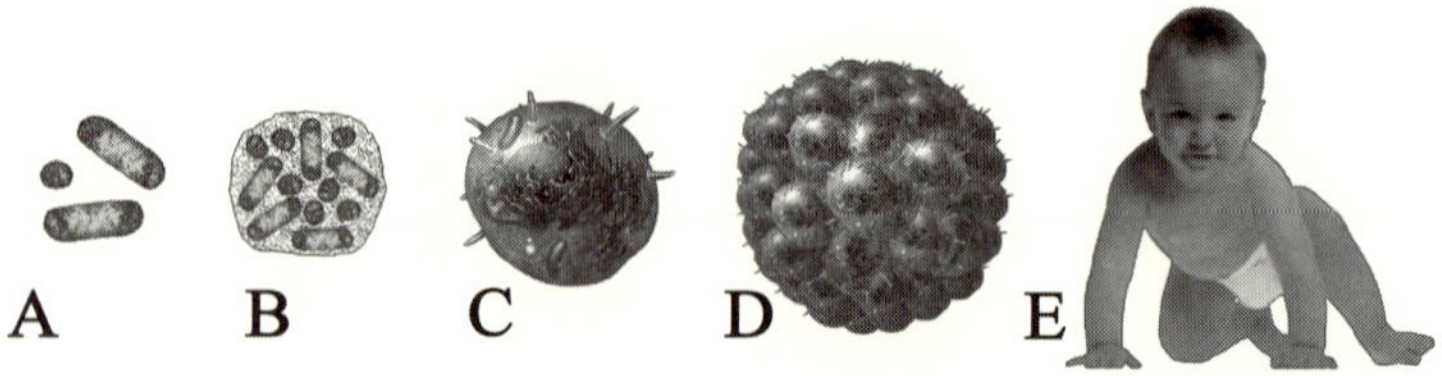

この図は、人間になるまでの主な進化の飛躍をたどったものだ。A：単細胞、有機体に寄生していない原核生物　B：生物膜内の原核生物の集合体　C：ある原核生物が生命を持った生物膜になる　D：原始的な群体生物。原核生物が一つの集合体になったもの　E：さまざまな原核生物細胞の集合体が分化

りも、ひとところに集まって表面の面積を拡大し、知性を共有し、同じ環境に生息する一つの共同体として効率的な集合体になるのだ。

一般的にバクテリアは有機体に寄生しないとされてきたが、現在では単細胞原核生物は機能的に統合されながらも別々の共同体を持ったまま、寄生していない状態で化学物質の中に含まれる情報を離れた場所まで運んでいるということがわかってきた。長い間、それぞれのバクテリアは物理的に統合して一つの保護膜の中に包み込んだコントロール可能な環境をつくって生命を維持してきた。この原核生物によって支えられている細胞の細胞膜は、細胞内へのゲート（入り口）のようなものだ。

細胞膜によって囲まれた共同体は、機能的にも複雑で互いに協力しながら異なるバクテリア種として生息するようになる。それぞれの原核生物は、自らの機能を特化してDNA上に刻み、自らが生き残れるように働く。

細胞膜で囲まれたカプセルは、バイオフィルム（生物膜）と呼ばれ、それによりバクテリア内部は外界の抗生

物質やその他の毒素から守られており、たとえ細胞内にあっても将来的によい影響を与えないと思われるものを殺してしまう(9)。この生物膜の抵抗性と保護力のおかげで、細胞の集まったものが海を離れ、陸地に生きられるようになった。

真核生物の時期：次の段階は、原核生物が真核生物へと進化した時期である。生物は、糸粒体と原子核という細胞オルガネラへと変化し、大きな真核生物細胞は細胞膜を持つようになる。生物膜の集まりから真核生物へ変化したことが進化の歴史上最も重要なことと捉える生物学者もいるぐらい、自然が進化の戦略を変えたということだ。それまで進化は一つの細胞が知覚する情報量に影響されて調整されていたが、新たな戦略では、一つの有機体は共同体で集められた知覚にもとづくことになる。

アメリカの生物学者リン・マーギュリスは著書『細胞の共生進化　始生代と原生代における微生物群集の世界』（永井進訳　学会出版センター）でこの概念をさらに拡大して、進歩した真核生物は、主に微生物集合体から生まれると述べ(10)、お互いが利益になるような相互関係を持つ集合体、相利共生が進化の大きな原動力として働いているとした。彼女はこの説で、ダーウィンの進化の概念ではそれぞれの種がつねに争いながら適者生存するといわれているが、それは的外れで、生命体の協力、相互作用、相互依存こそ、地球上に生命体が拡大した要因だと主張する。「生命は争うことではなく、ネットワークによって地球上に広がった」というのだ(11)。

真核生物は、進化の過程で主に二つの分岐を果たした。一つは動くことのできる動物原虫、例えばアメーバとかゾウリムシといったもので、もう一つは、一つの細胞でできている藻のような植物である。

動物はさらに肉体を支えて動けるように、柔軟な細胞骨格を体の内部につくり出すように進化した。カプセルの大きさに制限されていた原核細胞とは異なり、真核細胞は内部に風船を膨らませるのと同じ原理で細胞膜を成長させたり広げたりできる機能を兼ね備えている。細胞骨格のおかげで、大きな真核生物の細胞には何千倍もの細胞膜の表面積があることになり、原核細胞よりもはるかにたくさんの知覚をもたらすことができる。

けれども真核細胞でさえ、結果的には囲んでいる細胞膜が弱いためにその大きさが制限されてしまう。真核細胞のサイズが大きくなりすぎると、細胞内部の細胞質が軟弱な細胞膜を破ってしまい、細胞が死に至るという危険性も生まれた。究極的には、真核生物は原核生物と同じようにその大きさの限界を迎え、危険を知覚する細胞膜をそれ以上拡大できなくなった。細胞膜の表面積の拡大が限界に達すると、ある進化の段階が終わるという状況になったのだ。

多細胞の時期：約三億五〇〇〇年の間、地球上に生息していた唯一の生体は、寄生をしない原核細胞と、それから少し進化した真核細胞だけだった。三つ目の進化の飛躍は、約七億年前、原核細胞が集まって真核細胞になったように、真核細胞が集まって互いに情報を共有し始めた時に起こった。

　最初の多細胞は、有機体の単純な群れにすぎず、それぞれの細胞がまるで「賃貸料を節約する」かのように集まったものだった。けれどもそれぞれの細胞が共同体の中での数を増やし情報が一元化されるようになると、手に入れられる知覚がさらに増えることになる。やがて集まった真核細胞の数が増えて密度が増すと、全細胞が同じ役割を果たすというのが効率的でなくなった。やがて役割が細分化され、例えば筋肉、骨、脳といった特化した機能を持つようになる。長い時間をかけてそれぞれの真核細胞が知覚した情報を集め、高度な構造を持ち、他の細胞の役に立つ多細胞へと進化し、何兆もの細胞からなる共同体をつくって生き残ろうとし始める。

　このように細胞が群れになってさまざまな特徴と機能を持つようになると、細胞組織は異なる構造をつくり出し、多細胞生物が独特の構造を持つことになる。生物学者はこの多細胞を分類して、ある種独特の特徴を見つけ出す。樹木、クラゲ、犬、猫など、それぞれがまったく異なる種であったとしても実際はすべて複雑な多細胞生物だ。

社会性を持つ時期：現在の進化の段階は、共同体がさらに高度な命令系統で集まっている状況だ。魚、犬、野牛、ガチョウは群れをつくり、人は種族、国家、州を形成して社会的な進化をし、生体は全体として独自の種の共同体を持つことになる。
　ある新しい種が出現すると、それが進化の飛躍と見なされてきたが、実際のところは細

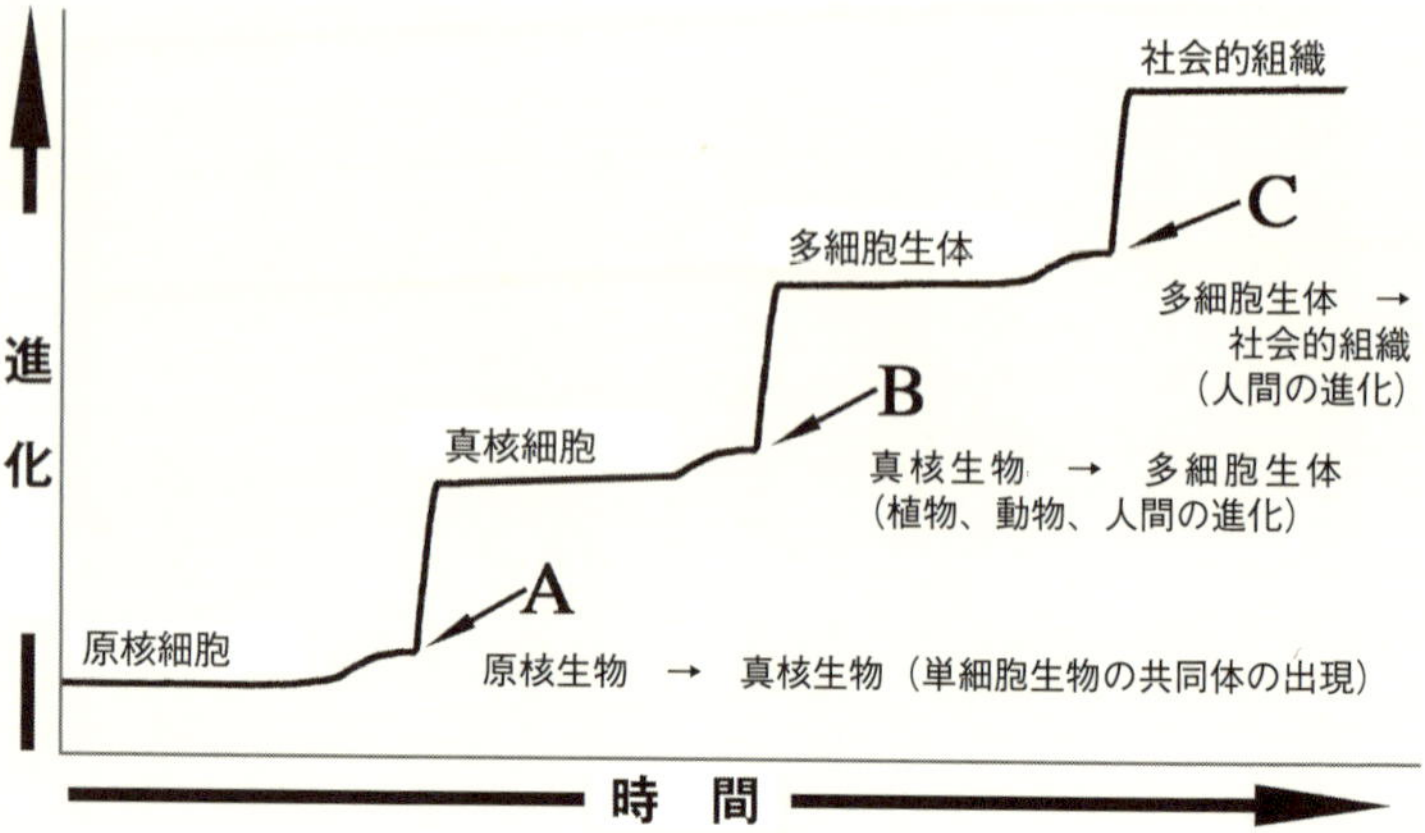

進化はゆるやかで安定して進むのではなく、均衡状態やゆるやかな進歩の中で量的な飛躍が起こることなのである。

胞や生物が複雑に絡み合う相互関係のレベルが高まると進化したようにも見える。このパターンからすると、人間の進化の次の局面は体内で起こっている変化とさして変わらず、どうやってさらに共同体をつくり上げるかということになるだろう。

　人間はすでに何百年もの間進化してきた。目の前にあるのは次のさらに高いレベルへの進化であり、それは人類としての意識を持つ人間の共同体だ。進化の道筋は明らかに傾斜のゆるやかな連続的なものではなく、むしろ、長期にわたってゆるやかに進歩してきた人間の歴史が、やがて予想もつかなかった特性や特質を生み出すような相互関係が飛躍的に増加する時期を迎えることである。

　この活動は、原核細胞の細胞膜が結合して個体となった真核細胞でも観察できる。植物や動物のような多細胞生物がこの真核生物の共同体からできあがり、やがてより高度な秩序のある社会的組織になる。

この新しい見方を図式化すると、それぞれの段階との間には、他のものと結合した細胞の量に圧倒的な差がある。

現在、多くの人が文明は危機的状態にあると思っているが、ここで示したように真の意味で人類となるための次の進化への臨界点を迎えていることになる。

生体と社会の進化の相似性

自然にフラクタルな性質があるのなら、組織の中の構造パターンは、より高いレベルでも低いレベルの段階でも自己相似を示していることになる。

従って、段階1：原核細胞、段階2：真核細胞、段階3：人間、段階4：社会、のそれぞれの構造、機能、細胞の振る舞いはすべて自己相似パターンを持っている。細胞を研究してわかった自然の持つフラクタルな自己相似性は、人間の生体だけでなく社会にも応用できる。さらに重要なのは、フラクタルな進化は、人体を構成する細胞がつくり得る組織やその動きが互いに調和しているように、人間が社会に貢献していける要素を見つけ出すことだ。

何百年もの進化の中で細胞という人間でいうところの「市民」は、多細胞組織の中で穏やかに働き、そのおかげで生き残ることができた。健康な人間の体の皮膚に何兆もの細胞が見事に調和を保っていることを考えてみよう。細胞は、協力関係を妨げるどんな問題もきちんと解決し、人間社会でいえば国家の州に相当する、細胞の集まりである筋肉も器官も争ったりすることなくむしろ協力している。例えば、ランゲルハンス島を侵略している肝臓があるなどという記述は医学文献に一つもない。

人間の進化の道筋にも、動物の進化でいう二つの重要な局面があった。それは、無脊椎動物の出現に続いて、さらに進化した脊椎動物が現れたことだ。無脊椎動物と脊椎動物の異なる点は、自らの体を支えるメカニズムにある。だから、原始の人間と現代の人間の違いもまた、体を支える進化と同様に社会を支えることができるように進化したことだといえる。

無脊椎動物：貝や昆虫といった無脊椎生物の構造は、体内に骨格がなく、無機質の貝殻、甲羅などの外骨格しかないという点で原始生物と似ている。社会が何で支えられているかという特質から考えると、初期の人間の文明は母なる自然という外界に頼らなくてはならなかったという点で無脊椎動物と同じで、自然が施してくれれば生き残ることができた。

脊椎動物：真核生物細胞でできた脊椎組織によって肉体的に支えられている。

脊椎動物への進化は、人間の文明において知能で機能的に自らを支えることができるようになったテクノロジーの始まりと同じ意味を持つ。文明の始まりとは脊椎動物のように自らを支えられる進化の段階で、人間はもはや自然の施しに頼る必要がない、あるいはもはや頼る必要がなくなったように思えた。同じように脊椎動物も、魚類から両生類へ、それから爬虫類、そして鳥類、人間の祖先でもある哺乳類へと進化した。従ってフラクタルでできている人間の共同体もまた、魚類、両生類、爬虫類、鳥類、哺乳類の特質を示しながら段階的に発展する。

魚類：魚類の基本的特質は、水という環境に頼っている点だ。人間の共同体も同じく自立するには身近に水がなくてはならないという制限があった。水に大きく依存していた社会では、食料を海や湖や湿地帯から確保して栄えた。また、移動の主要経路は水路であり、船をこぎ、航海をして文明を広めたのだ。

両生類：魚類と同じく水中で生まれるが、水分を体内に保つ機能を備えて陸地に上がる。人間の文明の両生類の段階とは、内陸に進出、つまり人間が湖や水路から水を運んだり、地下水を手に入れる方法を発展させた段階だ。その水で農業が始まると、土地を基本に自活し、生き残れるようになった。

爬虫類：陸地では動きが緩慢で攻撃を受けやすい両生類から進化した爬虫類は、皮膚を陸地での生活に適したものへと変化させた。環境に適応した爬虫類は、固い皮膚を持ち、強さとスピードのある体を手に入れ、地球の環境で器用に生き延びられるようになった。素早く動くトカゲの目や舌、歩き方など、まるで機械のような特徴を持つ。

人間文明の進化でいえば、産業革命が起こり、両生類に例えられる農業の時代からさらに洗練され、機械化され、本質的には爬虫類と同じ特徴を持つ時代へと変遷した。

恐竜：一三センチほどのトカゲが大きくなり、一五メートルを超える大きさの恐竜が出現して爬虫類の一種が繁栄の時を迎えた。

恐竜の体は巨大化したが、脳は大きくならなかった。一三センチのトカゲがある方向に動くのに必要な筋肉を一〇とすると、同じ動きをするのに（トカゲよりかなり大きい）恐竜には一万の筋肉と、それら筋肉を動かす神経伝達が必要なはずだ。ところが、トカゲと同じ反射的な動作しかしない恐竜にはその神経伝達は必要がなかった。

恐竜の体は巨大化したが、脳は小さなままであったことと、トカゲが今日も生き残り、恐竜は死滅したことを考えると、恐竜の小さすぎる脳では、反射的な動作はできても環境の大変動期に巨大な体を維持して生き残るようには適応できなかったのだろう。

文明でも、産業革命時代に成功した家族経営の小さな店が巨大企業へと発展した。恐竜と同じように企業は管理すべき母体が大きくなり、支配、意思決定するのは爬虫類でいう小さな脳のような、わずかな経営者側の人たちでしかない。

人間が現在抱えている問題は、恐竜の絶滅原因となった欠陥と同じことなのだ。恐竜の例でわかるように、反射的行動や組織が成長するには、環境が安定していれば従来の頭脳であっても大丈夫だが、環境の大変動を生き残るには、小さな頭脳では巨大な企業母体をコントロールする力や適応力を欠く。その一例がアメリカの自動車業界である。世界的な石油危機に瀕しているとわかっていても、会社の上層部はガソリン燃料のスポーツカーを売り続けた。そして結果的に、高額だったゼネラルモータースの株価は暴落して紙くずとなった。

現代の恐竜ともいえる企業が絶滅の危機に瀕しているのに気がつかなければ、文明も消滅してしまう。けれども幸いなことに、生物はフラクタルな進化が同時進行していて、そこに希望を見出せる。恐竜が爬虫類の子孫として世界を支配していた間にも、他の進化のパターン、つまり鳥類と哺乳類が生まれていた。

鳥類：鳥類は恐竜から派生して進化した。人間の進化も、「トカゲが鳥類」に進化する段階の産業を発明家や企業家が起こし、人類でいうところの鳥類へのような道筋をつくり出してきた。最初の進化の鍵となった出来事は、一九〇三年のライト兄弟による飛行だ。

哺乳類：鳥類が爬虫類から派生したのと同じ頃、小型のトカゲから新しい種が生まれた。奇妙なフサフサした毛を持つ哺乳類と呼ばる種は、精巧な神経系組織を持っていた。子を育てる際に、成長、発達、繁栄を促すという特徴を持つ。

六五〇〇万年前まで、小型の爬虫類とおとなしい哺乳類は恐竜になされるがままだった。地球の大変動で恐竜が絶滅すると、しばらくは鳥類が世界を支配した後、やがてより精巧な機能を持つ哺乳類に進化し、生物圏を支配するチャンスが訪れた。

地球の抱える問題が次の進化をもたらす

鳥類がこの世に誕生した時のように、航空力学は人類の文明を大きく変えた。以前は、巨大な陸地と海に阻まれて互いに分離されていた地球は、ライト兄弟が初めて空を飛んでから一〇年あまりの一九一八年、第一次世界大戦が終わる頃には、飛行機で山、砂漠、海を渡ることができるほどになった。技術的発展はその後も続き、今日ではもはやジェット機に乗れば、距離は大きな問題ではなくなってしまった。人類のいわゆる「鳥類の時期」は一九六〇年代にピークを迎え、母なる地球を鳥の視点である空から捉えられるようになった。

一九六八年一〇月、初めて乗組員を乗せて飛び立った宇宙船からの一枚の写真が『TIME』一九六九年一月号の表紙を飾った。一九六九年一二月には「地球が昇る——アポロ8号」という題名の月面から昇る地球を撮ったドラマティックな写真が掲載された。さらに、同一九六九年には宇宙船アポロ11号が月面に降り立った。この出来事は、世界中の人人が、美しい地球がぽつんと宇宙に孤立していることを初めて実感した時でもあった。

　こうした出来事は、これまでの地上から見た地球に、より大きな視点を与えた。宇宙飛行士が帰還して言った、「地球は真っ暗な宇宙空間に浮かぶ青い宝石のようだった」という言葉によって全人類が、新しい地球への見方ができるようになった。真っ暗な空間に浮かぶ地球の映像は、人間が食料を確保し、体を健全に保ち、愛と調和の中で子どもを育て、家庭を持ち、共同体をつくり上げながら環境を支える責任と、生き残らなくてはならないという意識を高めた。

　現在の文明の状態は、動物が何百年前に経験した恐竜、鳥類、毛におおわれた原始の哺乳類が共存していた頃の進化の飛躍と似ている。原因がはっきりとはわかっていない何らかの出来事で地球を支配していた恐竜が絶滅に追いやられたことで、哺乳類など弱いものが地球を受け継ぐチャンスが訪れたのだが、同じように現代社会では大企業が崩壊し、生態、経済、そして人類そのものが存続の危機に瀕し、そして人間性をはぐくむ緑豊かな環境への意識が生まれた。

　自然に存在するフラクタルなパターンをこれからの未来にかざしてみると、現在の地球の抱える問題が文明を生み出し支配してきた哺乳類の出現と同じように次の進化をもたらすだろうと思われる。


脊椎動物の進化の中のフラクタルな自己相似パターンから、次の人類の運命が見えるはずだ。ただしこのパターンには、どのコースをたどるべきかについては十分な情報がない。

情報を得るには、異なる角度から自己相似パターンを調べる必要がある。つまり大きな視点に隠された小さな部分を分析するというより、自己相似そのものの本来持つ構造的なパターンに注目すべきだろう。

私たちの皮膚の下には、地球の全人口の七〇〇倍以上もの細胞の共同体が存在している。もし人類が、細胞の健全な共同体で繰り広げられる方法として手本にできれば、人間社会も地球も差し迫る六度目の絶滅の時を迎えなくてすむだろう。

次はフラクタル幾何学の視点から、私たちの皮膚の下にある「宇宙」を探求していくことにする。目の覚めるような旅をすれば、人類と細胞の社会の驚くような共存方法が明らかになるだろう。

9章　細胞から人間を学ぶ

フラクタル幾何学を通してみれば、非常に複雑な構造に見えるものでも、実はシンプルな自己相似パターンを繰り返してできあがっていることがわかってくる。人間の体は細胞も、ともに生存に必要な機能を兼ね備えており、さらに体内の細胞の生命も、人間の文明における生命も、現実的にはどちらも自己相似を基本にしていることになる。

細胞と人間は自らが生物的に同じような環境にいることを知っているはずだ。そこで「五〇兆個もの細胞が調和を保って生きているのに、どうしてわずか七〇億の人間が壊滅しそうになっているのだろう?」という疑問が起こる。細胞でうまく働いているのなら、人類にもうまくいく方法があるはずだ。

他社製品の構造や構成を詳しく調べるリバース・エンジニアリング（逆行分析）という手法がある。これを用いて五〇兆個の細胞が見事に人間の体をつくり上げている力学と原理を観察すれば、人類の文明維持にすぐに応用できることがわかるだろう。

人間の体を構成する何兆もの細胞一つひとつが命の単位でもあり、体はそれが集まってできている。よって、人間が生存するには細胞も生き残っていく必要がある。

論理的に体と細胞には同じものが必要だ。それは酸素、水、栄養の極端な変化から自らを守れるようコントロールされた体内環境、ウイルスなどに対する抵抗力などである。生き残るにはエネルギーが必要なので人間も細胞も働かなくてはならない。人は家族を養うために仕事に出かけ、細胞は健康な体を維持するために協力して働くのだ。

原始的なバクテリアから人間まで、すべての命あるものの生命をつなぐ原動力とは一体何なのだろう？　その不思議な力は、生体の大きさに関係なく、生物学的に逆らえない生来のメカニズムであり、意識しなくてもそうなるようになっている。

ある種が生存するために元来持つ能力は、主に次の要素からなると考えられる。

エネルギー、成長、抵抗力、資源、効率、認識

この要素で、ある生体の生存能力を測る公式をつくると次のページのようになる。

全エネルギー量：生体の生命活動に必要なエネルギーの総量をさす。このエネルギーで振る舞いや動きを生み出す。エネルギーのない体は死骸と呼ばれる。

$$\text{生存能力}=\left(\text{全エネルギー量}-\begin{array}{c}\text{成長と抵抗力に}\\\text{必要なエネルギー}\end{array}\right)\times\left(\begin{array}{c}\text{入手可能な}\\\text{資源量}\end{array}\right)\times\left(\text{効率}\right)\times\left(\text{認識}\right)$$

成長のメカニズム：成長に必要なエネルギーとは、生理学上の健康を維持する成長を助けるエネルギーを示す。成長のメカニズムとは、生体が食料を見つけ、食べて消化し、栄養を吸収して老廃物を排泄し続けながら、栄養を複雑な分子に変換し、古くなった細胞を新しい細胞に取り替えるためにエネルギーを消費して成長することだ。

抵抗力：生き残るために抵抗力は欠かせない。外敵と闘うシステムや内部にいる病原菌に対する免疫力は、外からの脅威に対して闘うか逃げるかという反応をするアドレナリンの分泌や体内の病原菌に対する免疫力を含むシステムである。

環境からの脅威に反応することで組織が体内に蓄えているエネルギーはかなり消費されるが、組織が恐怖やストレスを感じれば感じるほど生命を守るためのエネルギーが再分配される。

成長と抵抗力は組織に蓄えられたエネルギーでまかなわれるので、抵抗力にエネルギーが使われれば成長が抑制されることになる。簡単にいえば、生体が生き残れるかどうかは抵抗力にどのくらいのエネルギーを使うかによって決まる。

資源：生体は周りの環境からエネルギーを得る。実際、生き残れるかどうかは、内部に取り込まれた資源を手に入れるのに使われたエネルギー量と外界から取り入れたエネルギー量が同じか、それ以上かにかかっている。

外界の資源を手に入れるプロセスを「仕事」と呼ぶ。生体の組織がまず取り込むのが、空気と水と栄養となる化学的エネルギーと無機質なエネルギーである。

かつては、環境の資源はつねに補充されており、地球上の多くの種は生き残るために必要な資源を新たに生体に取り入れながら生き延びてきた。

一つの生体や組織が死に至ると、残された物質をリサイクルし、他の個体のエネルギーとして役立つようになっている。けれども、人類がテクノロジーによって文明を進化させた結果、循環できないものを排出してしまい、地球のバランスと調和を崩してしまった。その一例が現在の石油危機である。原因は外界の資源を消費し続けることで全体のバランスを崩してしまったからで、人類の未来も危ういものになってしまった。

効率：完成した「仕事」にかかったエネルギー量で測る生存には欠かせない要素の一つだ。生体は構造と機能の進化にともない、長い時間をかけて作業効率を向上させてきた。結果、節約したエネルギーを次の進化のために投資できたのだ。

認識：生体が環境からの情報を感知し、解釈して反応できる力を指す。自己認識には単に反射的なものから意識的な反応までさまざまあるが、より進歩した知性ではより的確な自己認識が可能になる。基本的に細胞一つひとつの認識は、感覚スイッチの役割をする細胞膜のレセプターたんぱく質とエフェクターたんぱく質によってなされる。レセプターたんぱく質は一層の細胞膜にしかないので、生体の認識力が上がるとは細胞膜の表面積が広がったことを意味する。

特に集合体の生体の認識は、環境を感じ取るための細胞膜の表面の広さとの相互関係がある。

現在の地球の危機を考えると、人間の生存力が疑問視されるのは当然だろう。命を維持するためにエネルギーが必要であり、生命エネルギーの減少は弱体、罹患、あるいは死を意味する。人類と比較すると他の生物がいかにエネルギーを貯蓄し、効率的に使っているかがわかるだろう。生命エネルギーをきちんと蓄えられない場合には絶滅してしまうからだ。

人間はある環境で他の生物よりも莫大なエネルギーを消費するうえに自ら生態圏を破壊してきたので、環境と調和して何百万年もの間効率的に生存してきた生物が大量に絶滅する原因にもなってきた。

人間は効率も理由もなく、たくさんのエネルギーを正しいとはいえないような成長と抵抗力のために浪費してきた。生存のために必要な要因を考えると、支出を抑え、再生可能な資源に切り替えてもっと効率的になるように目覚めなくてはならない。

そろそろ、アインシュタインが示唆したように「答えは私たちの中にある」という昔の賢人の言葉から学びつつ、新たな考え方で問題を解決する時期がきている。アインシュタインは「もっとよく自然を観察しなさい。そうすればもっとよく理解できるだろう」と書き残している(1)。

そこで、生存のための要因にあげられている体内の生理学の作用に焦点を当て、細かく観察してみる必要があるのだ。人間の体内でうまく働いている真核細胞や多細胞にある社会的・経済的なパターンに気がつけば、私たち自身にとってもっと健全な生き方が見つかるかもしれない。

細胞から学べる共同体のあり方

協力関係のある細胞の生命体は、効率と知覚を引き上げることで生存率が高まるが、例えば一つの細胞に知覚できる能力がXあったとすれば、三〇個の細胞体では少なくとも30Xになるはずだ。集められた情報は共同体内の全細胞に行きわたり、独立した単細胞より何倍も知覚できることになる。

単細胞の原核細胞が集まり、知覚を増大させて共同体をつくり、社会的に集まったものがやがてアメーバや藻類といったバイオフィルム(訳注:細胞膜で囲まれた微生物の集合体)

になった。共同体は細胞膜で内側を密封状態にし、さまざまな真核細胞へと進化した。

およそ七億年前、自然は原始的な手法で知覚能力を高めていった。単細胞が集まって原核細胞となり、真核細胞ができ、またそれが集まった多細胞の共同体ができ、お互いの利益につながるよう知覚と労力を分担したが、密接に結びついたコロニー内のそれぞれの細胞は協力しながらも同じ役割をし再生を繰り返した。

コロニーがある一定数を超えると、もはや同じことをしていては効率的ではなくなる。共同体内の細胞は仕事を分担し始める。いわゆる「分化」が始まったのだ。

これとまったく同じような発達のパターンが人間の文明にもあった。原始時代に先祖を同じくする人々が家族として一緒に住んだり移動したりしていた。互いに似通った小集団では、生活を守るための重要な作業、まずは食料を確保することに全員が携わった。さらに大きな部族になると、全員が同じ作業をこなすのはもはや効率的ではなく、それぞれが共同体内の異なる責任を負うようになる。狩りに行く者、収穫する者、子どもや年長者を世話する者というように。そして部族がさらに大きくなると、分担はさらに細分化され、専門的に仕事をする階層が生まれた。

細胞の細分化は、職人が協同組合をつくったように、ある細胞が筋肉をつくり上げるなど、共同体の生存に必要な役割をする器官になる、というように進んでいった。人間は消化器系から栄養を、呼吸器系から酸素を、免疫システムから抵抗力を、神経系から周りの世界の情報を受け取り、排泄システムからは排泄を行う。

細胞の初期段階からわかることは、細胞内のシステムがいかに作動しているかである。役割の分化を始めた三〇個に満たないものから数百の真核細胞、さらに何兆もの数になる巨大なコロニーの多細胞臓器までが他の器官や組織との間に争うことなく、むしろ他の器官と協力していかに自らの役割を見事に果たしている。まるで人格を持った細胞が共同体として互いに経験を共有しているともいえ、細胞一つひとつがまさに人間のミニチュアといえるだろう。

体をつくる細胞群は、細胞は個々であっても、その上でお互いを助け合うように行動する。団結しているからといって均等だという意味ではない。肝臓細胞は構造的にも機能的にも筋肉細胞とは似ていないし、神経細胞とも異なる。細胞は全体としての機能を果たしながらも、ある一つの認識器官の共同体として細分化されている。それぞれの共同体が、それぞれの作業を行い、才能を発揮し、役割を果たして人間の体の生存を支えている。

地球上の国々や文化は、体内で調和を保つ筋肉や器官のようなものだ。それぞれの器官システムと同じように、国々が人類全体の経済に貢献しながらも、ある器官を構成している細胞は区切られ、すぐそばにある細胞とは別のまったく違ったルールで生きているように思われる。けれども異なる役割を持つ細胞の行う仕事は、違いより似ている点のほうがずっと多い。

たんぱく質でできた領域にそれぞれ色をつけてみると、細胞膜がまるで国家を表す世界地図のように見える。

今日の地球では、国々がお互いをライバルだと思い込み、他国も含めて自国まで全部消滅してしまうような破壊的なことに気を取られている。同じことが体内で起こったとすれば、器官や筋肉を互いに消滅させようとシステムが働くことになる。必要不可欠な器官の、どれを消してしまえというのだろうか？

細胞が本来持つものを詳細なレベルで観察していくと、共同体がうまく働くとはどういうことかがもっとわかってくるだろう。細胞がこなしている素晴らしい役割は、私たち人間の日常生活にも応用できるかもしれない。

細胞の持つシステムとは、次の通りだ。

- 重要度に従って仕事をし、余った利益は共同体の銀行に貯蓄する通貨システム
- スチールケーブル、合板、鉄筋コンクリート、電子回路、高速のコンピュータネットワークのような生化学的な科学技術や製品をつくり出す研究と発達のためのシステム
- 想像できないほど進んだ技術で空気と水を浄化、供給する環境維持システム
- インターネットで圧縮したメッセージを瞬時に各細胞に送る複雑なコミュニケーションシステム
- 細胞内の環境を整えるための拘留、拘束、リハビリ、自滅さえ助ける刑法システム
- すべての細胞を健康に保つために必要なものが供給される健康保険システム

細胞の持つテクノロジー

世界に技術革新の時代が訪れたように、体内のシステムにも生物学的に新しいメカニズムが取り入れられてきた。物理学者が初めて電気を扱う方法を理解して動力とした時には、生物学的にいえば神経システムに電気が流れたのと同じだ。最近では、神経科学者は人間の脳をスーパーコンピュータと比較して細胞内の情報伝達を分析し、神経細胞をコンピュータチップに培養する技術融合も行えるようになった。素晴らしいのは、家や企業の建物を建築するようなことが細胞にもできることだ。ここにいくつか例をあげよう。

人間の体のおよそ半分はコラーゲンとして知られる細胞の外側にある間質と呼ばれるものでできている。コラーゲンは細胞の外に向かって糸状にたんぱく質を分泌し、まるでクモが糸を出し、つむいで巣をつくるように、細胞の周りの構造をつくり出す。あらゆる器官、血管、神経、筋肉、骨はこの繊維状のたんぱく質であるコラーゲンでできた細胞間質で支えられている。もしすべての細胞が人間の体内から取り去られても、柔軟性のある繊維状の細胞間質で体格を維持することができる。

コラーゲンたんぱく質には、赤ちゃんのお尻のようなやわらかい糸状になった有機体が織り込まれることもあれば、同じ糸の織り方を変え、ケブラー（訳注：高強度の合成樹脂、繊維）のように弾を防げるほどの織物にもなる。体の皮膚がどのくらい技術的に高度かは、ロープのような繊維状の腱や靭帯となったコラーゲンが鋼よりもずっと強いのに柔軟性があり、しかも軽いことからもわかる。骨芽細胞と呼ばれる体を支える骨をつくり上げているコラーゲンは、まるで超高層ビルの建築で使われるスチール製の梁のようだ。コラーゲンの梁はたんぱく質と体内の大理石ともいえるカルシウムを結晶化し、骨芽細胞ができあがる。こうして軽量で強靭、かつ柔軟な骨をつくり上げるのだ。

この骨芽細胞をつくり出す能力がどの程度かを比較すると、一つの細胞にとって身長一八〇センチの人間とは、一万階の大理石でできた建物を建てるのに等しいといえばわかりやすいだろう。

また、コラーゲンは鼻や耳たぶのような先端部分の軟骨細胞をつくるが、軟骨は壊れやすい。だから鼻に衝撃を受けると粉々になる。この壊れやすさは、クッションの役割をする脊椎骨の間にある円盤状の軟骨にとっては問題で、普通の体重を支え続けていれば、いつ折れても不思議ではない。椎間板が体重を支えている部分がずれて初めてそのありがたみがわかる。

皮膚で覆われた体内細胞がつくり出す環境は水中生物と似ていて、リンパ液や循環系血管システム、それらのろ過のメカニズムでは、生命に必要な水分をつねに浄化しながらリサイクルしている。肝臓、腎臓、肺、リンパ節、そして脾臓の細胞のテクノロジーは地球上で最も先進的で効率的なろ過システムだ。これらの器官では老廃物を取り除いて解毒し、生命維持に必要なものを補い、侵略してくる生体から体を守っている。これはどんな人工的なものにも勝る。

この人間の体がつくり出した洗練されたテクノロジーに対し、人間は現在やっと内臓移植手術ができるまでになった。この他にも細胞内の機械操作弁、浸透圧ポンプ、向流交換システム、自在継手や接続部分の機械式テコ装置、自動調節式フィードバック、フィードバック制御の欠点を補うために用いられるフィードフォワード制御などの役割を果たすテクノロジーは実際に機械工学の分野で応用されている。

細胞レベルで起こっていることを応用した身近な技術革新の一つがカラーテレビだ。人間の目が基本色の赤緑青を捉えるシステムを持っていることから、フルカラーのテレビが生まれた。比較的最近のコンピュータ科学でも、トランジスター、コンデンサー、高速バッテリー、並列処理情報ネットワーク、3D立体、コンピュータによる画像など驚くべき技術が次々と発達してきたが、こうしたシステムを真核細胞は何百万年も前に持ち始めたことを忘れてはならないだろう。

多分、人間の体の中で最も驚くべき細胞群は脳で、今までつくられた中でも最強のシステムだろう。コンピュータエンジニアによって人間の生理機能を環境に応用する努力が必死でなされているが、人間の脳に匹敵する情報伝達システムをつくることが究極の目標だ。

事実、バイオミミクリ分野（訳注：自然のモデルを学び、そのデザインやプロセスを真似たりインスピレーションを得たりして人間界の問題を解決する新しい科学）では、地球上の生命ようとしている。

を維持するための新しい技術をつくり出そうと、生態の進歩をさかのぼって詳細に分析し

体内のエネルギー交換はお金のしくみのようなもの

体を機能させるためのたんぱく質分子が働くには原動力となるエネルギーが必要だ。そして、エネルギーが消費されると熱が発生し、適切な温度でそのシステムが働くようになっている。

体内のエネルギーは、アデノシン分子に球形の科学物質が三つ結びついたアデノシン三リン酸（ＡＴＰ）分子を交換することでコントロールされている。ＡＴＰは携帯電話の充電式電池のような分子であり、各細胞はＡＴＰ分子からエネルギーを受け取って機能している。

三つの球体を持つＡＴＰ分子の一つが切り取られるとエネルギーを発する。ＡＴＰ分子がエネルギーを放出すると、アデノシン二リン酸（ＡＤＰ）になるが、再びリン塩基と結びついてＡＴＰ分子になる、といったようにエネルギーを受け渡している。

ＡＴＰ分子は体内の細胞で通貨のように交換されるので、このＡＴＰを生物の教科書では「コインの領域」と呼ぶ。つまり、体内のエネルギー交換は人間社会のお金のようなものだということで、ドルや円がたくさんあればあるほど生命を維持するエネルギーが多く

存在するということになる。

細胞はATPという賃金でシステムを維持し、生産性を保っている。さらには細胞質にATPエネルギーを蓄えることができる。ATP賃金は細胞が体にどのくらい貢献したかによるが、その働きは共同体にとって最も重要であるので、細胞は、分化したそれぞれの機能を果たせるように、細胞をとりまく部分からもエネルギーが供給される。それぞれの細胞が細胞内に基本的な生命に関わる食料、保護、健康と防御となるシステムを兼ね備えている。

エネルギーが過剰になると、社会でいえば銀行にお金を預けるように、体内に脂肪あるいは脂肪細胞として蓄えられる。まさに預金のようなものだが、それは個人の預金ではなく、共同体全体がすべての貯蓄エネルギーを使えるようになっている。後の章で述べるが、体内の「政府」ともいうべきものが指令を出し、体の基本構造をつくったり、アップグレードしたり、修理したりするのに必要な部分のシステムにいつでも貯蓄エネルギーが送り込まれるようになっているのだ。この公平なシステムのおかげで細胞はつねに共同体に貢献しつつ、次のATP賃金がどこから支払われるかを心配する必要はない。

また、ATPとADPのエネルギー交換は体がエネルギーを他から借りてくるようなメカニズムやプロセスはなく、体内のみでまかなわれている。そのため緊急に基金が必要となっても共同体内にすでにあるエネルギーしか使えない。つまり細胞は、後払いのクレジットカードを使えないのだ。だからこそ体内の財政問題担当は、エネルギー予算のバランスがとれているかどうかをつねに把握しておく必要があるのだ。

すべての細胞に知性がある

適切な環境下で人間の体を構成しているすべての細胞には独立した知性・知能があるので、自給自足して生存することができる。同時に多細胞生物は、同じ皮膚の下に集まった自己利益を追求する真核細胞の単なる集まりではなく、共同体を機能させている。共同体とは本来、共通の利益、姿勢や目的を持つ個々からなる組織を意味する。キーワードは「共通の」である。共同体の一員として細胞は、個々の利益を先延ばしにしても全体を支えようとする。そのかわりに、協力関係にある共同体から知覚がもたらされ、エネルギー効率が上がるので生存率が高くなる。

だから、生き残れるかどうかは、周りの環境をいかに正確に判断し、それに反応できるかにかかっている。原核生物では、情報は周りの環境にそのまま放出され、他の細胞がそれを受け取って反応していた。

次の進化の段階である密封状態の真核細胞は、細胞膜が互いにつながり、情報交換が増進される。この細胞のつながり方は、コンピュータでいえば個人のパソコンを結ぶネットワークケーブルに似ている。やがて多細胞生物がどんどん増加し、体内にいる細胞が外界からの信号を直接読み取る必要がなくなると、逆に内部の細胞は外部にいる細胞からのメッセージを受け取る必要が生まれた。それが皮膚にできあがった新しい種の真核細胞、神経細胞であり、環境の状態を認知して内部に情報として伝えることができる。その後、この神経細胞はさらに発達して、共同体内部の情報ネットワークを通じて皮膚から体内へ、体内部から皮膚へと双方向の通信を体中どこでもできるようになり、体の「政府」にある神経システムの機能を規則化できるようになった。

細胞にある知能は、心臓細胞で心臓を動かし、消化器で食べ物を消化するが、いくつかの器官システムの情報分配は神経節と呼ばれる神経が集まる場所で行われる。神経節は脳と異なり、ある器官にのみ関係する情報を扱う「州政府機関」としての役割を持つ。

例えば、食道に食べ物を通すには、「局所的な神経節」が働いて、全体的な神経システムから何も情報が来なくても食物を消化し、排泄物を外に出すよう器官内の機能を調整しつつ、神経節は脳と情報を交換し、他の器官からの情報を統合して再び調整する。中央の情報システムである脳は、それぞれの器官のある作業が適切に行われていないという信号を受け取るまで規定通りの操作を続ける。

神経システムは、外界の刺激を受け取って反応するだけではなく、過去に経験した情報から学習し記憶をする。脳にある一兆の細胞ネットワーク情報処理量のおかげで人は二本の枝をどうやって擦り合わせて火をおこせるかを学び、やがては月にロケットを飛ばせるようにまでなった。

神経システムは、単にトップダウンではなく、むしろ相互通信システムが使われていることが非常に大事な点だ。国家政府が民衆のために規則と法令をつくるように、脳も体の機能を制御できるようになっていて、また、ニュースのネットワークと同じように脳も体内の五〇兆にのぼる細胞に向かって情報を流す。

脳は、細胞の共同体にリーダーシップをとってフィードバックをし、その恩恵に他のすべての細胞もあずかる。けれども、もし脳が情報を知らされずに適切な対応ができなければ、細胞はストレスを感じ、壊れたり、病気になったり、死に至ったりする。市民社会でも無政府状態になり、崩壊して戦闘が起こるのと同じだ。

科学は時に行き止まりの道を進み始める

この一五〇年あまり、物質的科学こそが命の神秘の真実と知恵だとされてきた。知識を山に例えることがあるが、知識の山を登る、つまり多くの知識を手にすれば頂上に立てる、宇宙の主になれる、と駆り立てられてきた。

科学者とは知識の山を登る道を開拓しながら探究する人々である。人類は科学的発見があるたびに、山を把握するための足場を得ることになる。科学的な発見があると道がつくられ、舗装されながら延びていくが、道すがら時に分岐点に遭遇するのだ。右に行くべきか左に行くべきかのジレンマに直面し、どちらに進むかはその時点で事実を解釈している科学者たちの同意で決める。

時に科学者はその先が明らかに行き止まりになっている道を進み始める。そして行き止まりに達すると、また二つの選択に迫られる。障壁となるものがあっても最終的にはその先に道を見つけられると信じて少しずつ前に進むか、それとも分岐点の場所に戻ってもう一本の道を進むかどうかである。不運にも科学があるたった一つの道にかければかけるほど自分たちがどう選択してきたかが忘れ去られ、自らの選択を信じるのが難しくなる。

イギリスの歴史家アーノルド・J・トインビーは、文明の興隆と衰退を分析した一二巻に及ぶ歴史研究の中で、文明は明らかに環境的に困難な状態になっても固定観念と厳格なパターンにこだわったまま進む傾向があると提起した。彼によると、脅威となる問題は既存の考え方ではなく「独創的な少数の人々」によって解決を見ることが多く、独創的な人々は時に古く時代遅れとされてしまった哲学的真実をよみがえらせることがある（2）。

インターネットで検索すればわかるが、現在でも独創的な考えを持つ何十万人という人々が地球上で働き、人類を変革しようとそれぞれの地域で積極的に働きかけている。こうした人々は、まるで「自発的に進化するための」情報を運んできているようだ。

人類や他の生命が生き残れるかどうかを彼らが判断する際、あの「サバイバル・インデックス（生存のための要素）」の公式を考慮に入れなくてはならない。現在の文明の生存力を測る公式の基本的要素を見れば、多くのことがわかってくる。

文明は現在、再生不可能な物質が生活を脅かしているという厳しい現実と直面している。それでも人類が地球を破壊して脅威をつくり出していると気づいた多くの人は、次々と生き残るための本やビデオを出したり、ウェブサイトなどを通じて積極的に行動し、緑あふれた生命維持可能な選択肢を提供している。

西洋文明は明らかに地球上のどの生物より効率が悪い。西洋化された文明は、自分たちが生存し続けるための地球規模の代償に関して、恐ろしいほど大きな足跡で生物圏を踏みつけている。

防御的な要素は、サバイバル・インデックス公式中の資源と効率のカテゴリーに直に影響する。一五兆ドルに相当するエネルギーと資源を軍事関連企業が互いに競って消費している事実は、生態系の中で最も許せない非効率さだ。もし、自己破壊に向かってこのまま人材、お金、資源を浪費したら、おそらく人間は生き残れないだろう。

知覚的要素は、生き残るのに必要なだけでなく、進化を引き起こす背景ともなる。人類史上、文明は力を合わせて自己修正しながら進歩してきた。新しい科学によって根本的に宇宙やその原理を見直さなくてはならないと気がついたのは、大きな方向転換ができる能力が人間にあらかじめ備わっていたことを示している。

インターネットは文明の中で最も重要な技術的進歩であり、人類の進化に重要な役割を果たすはずだ。アクセスさえすれば、人間の「どの細胞」も、命をはぐくむ新しい視点を瞬時に受け取り、広めるチャンスを与えてくれる。この点では、インターネットは地球上のすべての人が知覚したことをつないで統合する「末梢神経」的な働きをする。

最終的に、エネルギー要素が私たちの生存に大きな影響を与えていることは言うまでもない。サバイバル・インデックスの公式で強調されているように、エネルギーは生命そのものだ。従って、エネルギーをどのように賢明に使うかは、有機体の運命が決定される際に重要な視点である。

恐怖や脅威が健康のためのエネルギーを消費する

成長と防衛は、生物の生存に直接必要なエネルギー消費量を表しているが、人類の歴史では防衛に費やされるエネルギー量よりも成長に必要なエネルギー量のほうが少しずつ多くなってきている。生理学者の理解では体内にも同じ傾向があり、病気や死に至る原因に対する防衛より成長に費やされるエネルギーが増える変化が見られるという。このバランスの変化は、文明にとっても影響を与えるようだ。

生体が生命を維持する機能は便宜上、繁殖を含む成長と防衛のために分けられている。シャーレで培養された細胞一つひとつを観察すると、成長と防衛の間には生理的対立があるのがわかる。

細胞に栄養が与えられると、細胞はその栄養に向かって動き、それを自らに同化する準備をするが、有毒なものが与えられると、細胞は吸収する部分を閉じて脅威となる刺激から逃げようとする。成長しようとする振る舞いは、ある部分を開いたままさらに先に進む動きへとつながる一方、防衛しようとする際にはまったく逆で、その部分を閉じなくてはならない。だから細胞は吸収する部分の開閉、先進か後退かを選ぶことになり、成長と防御を同時にはできないのだ（3）。

地球上に最初の生物が現れた時、天敵がおらず自由に行動できる状態だったため、進化のプロセスは成長を助長するものだった。その後、互いに独立した種が現れると、防御する必要が生まれ、主に緊急事態に対応するための防御力が進化したのである。

費やしても何の見返りもない防護に使われるエネルギーより、成長に使われるエネルギーのほうが利益になるので、攻撃には生物が脅威となる天敵につかまらない程度で、できるだけエネルギーが使われないようになっている。確かに体の防御システムも、できるだけエネルギーを使用しないように、かついつでも使えるようになっている。もし生体がバランスを崩して防御に費やすエネルギーが必要となるほどの恐怖や脅威に慢性的に悩まされれば、健康を保つために蓄えたエネルギーを防御に費やさなくてはならない。

体の細胞は機能上、大きく二つに分けられている。内臓に関わる細胞と体細胞システムに関わる細胞だ。内臓細胞は基本的に消化器、呼吸器、神経、生殖システムの成長とメンテナンスに関わる。一方、腕、足、外壁となっている皮膚など、体を防御し、支え、動かすものが体細胞システムである。

体が成長している時、エネルギーは主に内臓器官システムの細胞に送られ、体細胞は補助的なシステムとなる。逆に外敵から脅威を感じると、攻撃か逃避かに反応する体細胞により多くのエネルギーである血液を送り込む一方、今度は体細胞の器官が二次的システムとなる。

生体が周囲の環境を脅威と捉えると、視床下部—脳下垂体—副腎系（ＨＰＡ）という特殊なシステムを作動させる。ＨＰＡ系から発せられる信号には、ストレスホルモンをつかさどるアドレナリンやコルチゾルといったものが含まれ、外部の脅威から身を守るために、エネルギーを筋肉や骨に運ぶ。ＨＰＡ系が発動すると、体細胞の血流は効率を上げるために抑制され、成長のためのエネルギーも減ることになる（４）。

非常事態になると、生態はため込んだエネルギーをできるだけ使って天敵の餌食にならないよう攻撃か逃避行動をする。幸い天敵から逃げきれば、防御システムＨＰＡ機能が閉じられ、残ったエネルギーは再び体細胞の血管に流れ込んで今度は体の成長メカニズムに栄養が行きわたり、消費されたエネルギーが補充されるしくみになっている。

この体内で起こるシステムと同じことが、ある攻撃を受けたと国家政府から知らされた人間にも起こる。危険が差し迫ると、国としては成長のために蓄えたエネルギーを防衛に変換する。アメリカでこのことが起こったのが、二〇〇一年九月一一日以後のことで、さらなる攻撃があるかもしれないという恐怖が国の成長を抑制し、とうとう経済が停滞してしまった。アメリカの国防総省では国家機能も攻撃か逃避かに備えて、体の防御的アドレナリンやコルチゾルを分泌するように国家として軍事費に貯蓄したエネルギーを優先的に使用した。

もちろん、健康保険庁や環境保護団体といった成長を主眼とする体の免疫システムのような機関への基金を再検討し、予算削減したりしてインフラの拡大や維持を妥協しなくてはならないことになる。そして、生物と同じように、長期にわたる防衛の維持のためにエネルギーを消耗した国は、分裂、崩壊の危機を迎えた。

男性はたんぱく質、女性は脂肪でできている

生命や文化活動をさらに詳しく追究していくと、男性が権力を持った文明は防衛に、女性が主権を持った文明は成長と繁殖に重きが置かれていることがわかる。

この何千年もの間、人は両極端なものに分けて世界を理解しようとしてきた。善悪、正誤、白黒、男女、心と機械といったものはこうした二元性の例だが、化学的に見ても二元性はある。周期表に表された元素には、物理学上まったく異なる分子レベル、極性と無極性を持つ二種類の分子があり、水と油のようだとしか知られていない。水分子は極性を持つ分子でその中にプラスとマイナス極がある磁石に似ている。互いに反対の極のものを引き寄せしっかりと組織化するので、極を持った分子は物質的にどんどん大きく、構造的にも強く複雑になる。

油分子の原子は、高いエネルギーレベルを保って結合しているものの、その液体状の分子には極性がなく、実際は分子中に両極が分散しているだけだ。従って全体としてのプラ

ス・マイナスはない無極分子となる。同じ重さの極性のあるたんぱく質や炭素分子に比べると、無極性の液体分子はその六〜一〇倍のエネルギーで結びついている。自然界では生物学的エネルギーは極性のない液体分子により多くため込まれるが、人間はそれを脂肪で行う。引き寄せる力や反発力など相反する極性のない分子は液体となって共同体をつくることができるが、その無極性の科学物質の性質そのものがより強固な構造をつくり出すには邪魔になる。

ビーカーに無極性の分子を入れると、原子サイズのピンポン玉がぎゅっと詰まったような感じになる。ただお互い結びついていないので、それぞれ自由に動き回ったまま、液状の群体をつくり上げる。逆に、極性のある分子はナノサイズのマグネットをビーカーに入れたようにお互いがしっかり結びつき、分子が列になって両極でつながれている。

ピンポン玉とマグネットを一つのビーカーに入れると、それまでしっかり結びついて極性のあったマグネットは凝縮するが、ピンポン玉はもっとゆるやかに結びつく。このエネルギー分子の様子は、なぜ水の極性分子が油の分子から分離するか、そしてなぜ平らになった油滴の薄い膜の上に水滴が溜まるのかの説明でもある。

面白いことに、男性的・女性的な特徴の主な違いも、この極性、無極性分子の違いで明白になる。無極性分子は女性と似た性質を持ち、集って調和のある液体のような共同体をつくる。それに対して男性は極性分子と似ていて、あるグループの中に入ると権力争いをしながら分子が集まり始め、最も強いものから弱いものという階層をつくり、両極ができあがる。極性と無極性のものとが混ざり合うとどうなるかというと、主に四つのタイプの高分子が誕生するのだ。

まず、たんぱく質は極を持つ分子でできていて、脂肪は無極の液状分子、そして面白いことに生殖に関連する核酸ＤＮＡ、ＲＮＡは極性のあるアミン基の集まったもので、糖質は無極性の液状だ。

生命の起源はこの極性と無極性の化学物質が協力できるかどうかにかかっている。というのは、この二つがともに働いて生物の基本である細胞小器官といわれる細胞膜をつくり上げているからだ。細胞膜を結びつけるのに必要なのがリン脂質なのだが、これは極性を持つリン酸塩化学物質と無極性の液体が集まった分子である。つまり、リン脂質は、極性と無極性両方の特徴を持ちつつ、物質的にその両方の領域をつないでいる。

細胞膜の女性の性質を持った脂質は、水の入り込めない領域にコントロール可能な環境、まずは子宮のような領域をつくり出す。そこは生命の誕生と発達の場所だ。けれども同時に、男性の性質のたんぱく質が加わって初めて生命と生理機能を生み出す。

できあがった細胞小器官は、内臓細胞、身体細胞機能のどちらを機能的にサポートしているかで二つのカテゴリに分けられる。内臓細胞をサポートしている細胞小器官は成長と維持管理に関係があり、身体細胞機能に関連しているものの第一の機能は体を支え運動するための極性のあるたんぱく質繊維基質をつくることだ。内臓細胞小器官は女性の特質、つまり成長と繁殖の役割を持ち、身体細胞の繊維基質は男性の特質、つまり身体的な支え、

V＝内臓細胞領域：細胞小器官は成長と繁殖をつかさどる
S＝体細胞領域：たんぱく質繊維は、体を支え防御し運動をつかさどる

防御、そして活動と関係がある。

内臓細胞と身体細胞機能は相補的に働くが、成長期には女性的細胞小器官が主に働き、男性的基質機能は補助的な役割をする。けれども細胞が危機的状況になると、主導権が逆転する。

人間の男性の体は、筋肉など極性のある高分子たんぱく質が特徴だ。筋肉は第一に体を支え防御するという役割があるが、無極性の液体が特徴となる女性の体内はエネルギーを蓄積できる脂肪がたくさんある。

高度な生物へと進化した人間は、男性と女性の特徴を併せ持つ。西洋文明では物質的、技術的な領域に焦点をあててきたが、これには構造、防御、極性に重きを置いた男性的な部分が反映されている。一方、東洋の文明は精神的でエネルギーに満ち、成長や調和に関連のある女性的な特徴で成り立っている。男性と女性がともに協力するとは、古くからのことわざにある「東の文明が西の文明に出会う時」ということになる。

『聖杯と剣』（リーアン・アイスラー著　野島秀勝訳　法政大学出版局）でリーアン・アイスラーが印象的な研究結果を示しているが、ヨーロッパ初期の文明には女性的な特徴があり、女神を信仰し農業にいそしみ、平等主義が存在したという。彼によると、この文明は約五〇〇〇年前、中央ロシアのステップ帯の遊牧民族であるクーガンに侵略された。テクノロジーが発達していたクーガンと呼ばれる移動民族の文明の凶暴な戦士が、平等主義で平和に農耕を営んでいた文明を踏みつけて破壊した。クーガンによる侵略の後、西洋文明では闘いのイメージを持つ男性の神が崇められるようになり、支配、防御、テクノロジーに心を奪われた階級社会ができあがった（5）。

このテストステロン（訳注：男性ホルモンの一種）に駆り立てられた家長制度の権威主義は、およそ五世紀にわたって文明の存続を脅かしてきた。男性に権力が偏った状態はやがて、女性の命を育み成長を促すエネルギーを浪費してまで、男性の特徴である防御を優先するバランスの崩れた世界を生み出した。

生命と生命力の溢れる世界を取り戻すには、補佐的に扱われてきた女性の神聖な力を再び集結させる必要がある。東西や南北半球の統一に見られるように、ネイティブアメリカンの伝説に出てくる男女のバランスの象徴であるコンドルや鷹を草原に取り戻すことが地球に健康的で愛と調和に満ちた世界を取り戻すための第一歩といえるだろう。

体がどうやってうまく機能しているかを見ればわかることだが、進化が起こる際の重要な鍵は、真逆に思えるものを融合することだろう。この二元性をうまく統合することだけが希望ある未来をつくっていく方法なのだ。

次の章では、この統合をどう起こすかについて述べてみよう。

10章　心の持つパワー

これまで細胞レベルの機能を深くミクロの世界に入り込んで見てきた。さて、今度は世界を広げてマクロの世界に焦点をあて自分の周りを囲むものに目を向けてみよう。エピジェネティック科学では、体の終わりを生命の終わりと捉えてはおらず、むしろ出発点にすぎないとする。そして生きている生物の運命は、周りを取り囲むものから伝わってくる情報に直接影響を受ける。

生物の行動や遺伝子も、環境から受け取った情報から生物学的影響をつねに受け、刺激を脳細胞で知覚、伝導、コントロールし、心で解釈を加えている。そこからその解釈が体内の生理機能をつかさどる部分に信号として伝わり、体全体をつくり上げている細胞の健康と方向性を決定する（1）。

アインシュタインは、「フィールドだけが粒子をつかさどることができる」と強調した。人間のフィールドとは心のことで、粒子とは体のことだ。脳は物質的なメカニズムで働いているが、心はそれ自体物質ではなく情報を含むフィールドだ。脳内の物質的なものの持つ特性はニュートン力学や古典的な物理学の法則に従っているが、心のエネルギーのフィールドは基本的に量子物理学のメカニズムで動いている。心は私たち生命の特質をつくり出している第一要素だ。そして私たちが現実と呼んでいるものは実際のところ、想像力がつくり出しているものといったほうが正確かもしれない。

心の情報が現実をつくり出す

心が受け取ったことがどのくらい結果に影響するかは、量子物理学のメカニズムでわかった最大の洞察だ。この新たな物理学によって、私たちは出来事に対して受動的に観察して生きているのではなく、むしろ積極的に関わっていることがわかってきた。誰もが自分の目に見える物質的な世界が現実だと思い込んでいるが、そうではないと量子物理学によって証明されたのだ。一九二五年に物理学に量子物理学が取り入れられると、天体物理学者ジェームズ・ジーンズ卿とアーサー・エディントン卿はすぐこのことに気がついた。

ジーンズ卿は、「知識の流れは機械的ではない。宇宙は機械というよりもっと思考に満ちている」とコメントした。心は物質世界をかき乱すものではないし、むしろ物質領域をつくり出し支配しているものと呼んだほうがよさそうだ。

面白いことにアインシュタインも同じような結論に達している。しかし、彼個人としてはそれを真実とは捉えられず、残りの人生で量子のメカニズムを否定しようとしたが、うまくいかなかった。

量子物理学は、心理的な情報の流れがこの世界をつくり出していることを証明したものだ。人間がなぜ存在しているかも含めて、この意味深い発見がどうして日常的で当たり前のことにならないのだろう？　エディントン卿は「物理学者には、すべての根本は精神的なものであるという考え方を受け入れるのは難しい（2）」と説明している。物理学者は単に、感覚として捉えていることとあまりに違いすぎているからというだけでこの真実に蓋をしてしまった。

これまでの物理学では波動粒子をつかさどる量子のメカニズムは原子レベルでしか当てはまらないとされてきた。量子物理学を原子レベルの世界にだけ制限し、日常生活や世界の出来事には当てはめなかったのだ。だから今日の物理学は、宇宙本来の精神的な特質を完全に公にしそこねている。

幸いにもジョンズ・ホプキンス大学の物理学者リチャード・コーン・ヘンリーなど、この分野の指導者が物質的世界を優先して考えるのは間違いだと指摘し、彼は宇宙の本質について、「宇宙は物質ではなく精神だ。楽しんで生きよ（3）」と見事な主張をしている。

私たちの精神は、自分たちのいる世界をも積極的につくり出している。従って信念を変えれば、世界を変えるチャンスがやってくる。けれども、これが完全に科学的論理にもとづいているとしても疑問が残る。

「実際、量子物理学のメカニズムが人間や社会に当てはまると実証した研究や観察はないのだろうか？　人間の精神のエネルギーフィールドが本当に世界の物質に影響を与えられるのだろうか？」

理論物理学者アミット・ゴスワミ博士は、これらの疑問に対する答えを探ろうとし、人間の行動が量子メカニズムの活動に影響を受けるかどうかの実験をし、光子や電子など局在性のない亜原子粒子による量子原理の研究に取り組んだ。この原理で定義されているように粒子の物質的特質は、いったん互いに作用し始めると親密に結合し、絡み合う。例えば、時計回りから反時計回りに回るなど、接触した部分の特質が一つでも変化すると、どんなに離れたところにある粒子もその旋回の変化を補おうと反応する。アインシュタインはこの局在性のない動きを「遠く離れた場所で起こる奇妙な動き」と呼んだ。

ゴスワミ博士の実験は、人の精神的な動きが極性のない量子の状態を正確に示すかどうかを調べるようになっていた。特に、ある人の精神的な活動の変化が関係ある他の部分の変化を誘発するように、脳内の量子状態を変化させるかどうか疑問に思っていたのだ。そこで被験者でペアをつくり、直接話はできないが互いにその人がいるとはわかる状況を用意した。そして彼らに瞑想して対話をするよう伝え、被験者を観察した。

被験者を互いに約一五メートル離し、防電磁波の壁で仕切ったファラデーと呼ばれる部屋で行われた実験では、被験者の脳波をモニターしながらペアの一方の人の目の前で感覚的な刺激となる光を点滅させた。瞑想をした人々の意識がつながっているのなら、刺激を与えられなかった被験者にもすぐに誘発電位が引き起こされるはずだ。

この実験でわかるのは、ある一人の人間の脳の活動が、距離が離れたところにいる意識のつながりを持った人の脳の活動に影響を与えるかどうかということだ。ある脳から脳へと非極性の力が伝わる可能性があるとわかれば、脳はミクロレベルの量子で動いていることになる（4）。

微弱でさほどパワーのないとされている人間の意識が、フィールドに測定できるほど影響を与えることで世界をつくり出しているということを示す実験はたくさん行われてきた。この章では、人の実際の行動や出来事が目に見えないフィールドを動かして存在していること、そして、そのフィールドをつくり上げるのに思考、感情、行動が重要であることをさらに詳しく検証していく。心で生まれる感情によってパワーを得、私たちの思考がどのように世界に平和と調和をもたらすかについて情報を与えよう。

測定されたフィールドの存在

歴史上、一九〇三年にライト兄弟が空気より重い飛行機を飛ばしたが、それから七年も経って、セオドア・ルーズベルト大統領が飛行機に乗っている写真を見てようやく本当に空を飛べるのだと誰もが思うようになった。その写真を街で見かけても「人はいつ空を飛べるようになるのだろう?」とつぶやくような人にならなら、「ブタが飛ぶ時さ」とでも答えたくなる。同様に生活に影響を与えている目に見えないフィールドの存在が、新しい科学によって議論の余地がないほどすでに実証されていることを普通の人は今だ知らない。

　現代科学がこの世に生まれてからずっと、研究者たちは観察、測定できる宇宙の分域を理解する役割を担ってきたが、目に見えない、測ることもできないものは科学の扱う領域ではなかった。神秘的・宗教的な考え方ではつねにフィールドと呼ばれる物理学的概念が信じられていたが、やっと科学がフィールドの存在とその影響を測定できる器具を発達させたのは二〇世紀になってからだ。

　生物医学の科学者たちが従来のニュートン力学の理論の域を探求する勇気を持ち始めて今やっと、物質的側面の宇宙で発見された法則に反する、これまで膨大で図式化できなかったフィールドを見つけ出した。このフィールドはまた祈りが影響を与えるフィールドでもあり、経験と知恵によって科学と精神が一つに融合する進化の力を持つ領域へと私たちを導いてくれる。

　鉄片が磁石の周りに正しく並ぶのを見れば、目に見えないフィールドがあるとわかるように、ＣＡＴスキャン（訳注：コンピュータ断層撮影）、ＭＲＩスキャン（訳注：核磁気共鳴を利用した画像化法）、ＰＥＴスキャン（訳注：ポジトロン断層法：陽電子検出を利用したコンピュータ断層撮影技術）、そしてソノグラム（訳注：高エネルギー音波〈超音波〉が体内部の組織または器官にぶつかり跳ね返ることでつくられるコンピュータ画像）などの進歩した医学スキャンの技術は、生命に影響を与える目に見えないエネルギーのフィールドを捉えることができるようにもなった例だ。

スキャンした画像でガンやその他の病気の症状を把握することができるが、その画像は実際の物質的な筋肉や内臓を映し出しているわけではない。そのまま映し出せるのは体の表面の皮膚の画像だけだ。むしろ画像は、目に見えない放射エネルギーフィールドを映像化したものにすぎず、映し出されたエネルギーが詰まっているのは現実的な肉体である。

ほとんどのスキャン技術はこの体内に詰まったエネルギーフィールドを読み取っているが、今度は体から周囲に向かって放射されているエネルギーフィールドを読み取る技術も開発されつつある。脈打つ心臓の強力な電気信号と電磁派は体から数メートル離れたところでも装置で測定できる。さらに心臓から発せられた電磁信号に影響を与えるフィールドは、そのフィールド内にいる他の人の心臓とも何らかの関連があることがわかってきた。

新しいスキャンシステム、脳磁図（ＭＥＧ）では、頭皮上で測定した脳神経の活動によって発生する微弱な磁場を体からある程度離れたところで測定する。この技術で、人間の脳神経の活動は音叉がフィールドに与える影響と同じだとわかってきた。

崩された時間の概念

一世紀前に人間は空を飛べないと思っていたのと同じように、今日、私たちは時間が一方向にしか進まないと思い込まされている。しかし時間は本当に一方向にしか流れないかもしれないし、そうでないかもしれない。驚くかもしれないが、『量子の宇宙でからみあう心たち』（竹内薫監修　石川幹人訳　徳間書店）などの著者ディーン・ラディン博士は、人に肉体的な刺激がなくても時に未来を読み取ることができる証拠をあげている。被験者は感情的な反応を測るバイオメトリックという装置につながれ、穏やかで平和な画像の中に性や暴力を映し出した過激な写真をランダムに三％入れ込んだスライドを見せられた。すると、実際に暴力的な写真が映し出される数秒前に感情的な反応を示すことがわかった。現在の時間の捉え方からすると、どうしてこのようなことが起こるのだろう？（5）

さらにラディン博士は、ランダムな数字をはじき出すコンピュータで不規則に数列をつくり出してみた。それを図式化すると、コンピュータはまれな例外を除いては、ランダムな数列をつくり出すが、例外的に、数列がランダムではなく、予期せぬパターンや一貫性を示すことがあるのだ。

そして、そのランダムでなくなるのは、地球規模でたくさんの人の注目を引くような出来事が起こった時だとされる。人々がその出来事に注目したということだけで、どう思ったか何を感じたかとは関係がない。こうしたことはスーパーボウルが開催されるたびに起こり、他にも世界の注目を浴びたシンプソン裁判、ダイアナ妃の葬儀、そして九・一一という三つの大事件でも起こった（6）。

そう、これこそアインシュタインが言った「離れたところで起こる不気味な出来事」だろう。世界的な規模で起こる地球意識プロジェクト（グローバル・コヒーレンス）と呼ばれる人間の脳波の干渉している物事を示す数値が急激に上昇するパターンは、典型的な鐘形のカーブを描いたグラフとなって現れる。こうしたグラフ自体は何も異常なことではないが、ある出来事が実際に起こる前からある時点までどんどん上昇する。九月一一日にワールドトレードセンターが飛行機で襲撃される二時間前にはすでに、そのショッキングな場面に反応して数字が上昇していたとされる（7）。

ドイツで生まれた物理学者でＰＳＩと呼ばれる超心理を研究しているヘルムート・シュミットは、観察している人と観察される場で起こることの関連性に興味を持っていた。観察している人がある意図を持っていると観察される側に何らかの影響を与えるのではないかという彼の興味深い仮説の出発点は、ある予測をしてまるでそれが起こったかのように思って観察すると、結果に影響があるのではないか？　だった（8）。

彼は実験装置として、ランダムな数字がヘッドフォンの左右どちらかから聞こえたほうをクリックするオーディオ装置をつくり、それからランダムな数字が録音されるのを自分自身を含めて誰も観察していない状況でテープをつくった。一日後、あるボランティアにテープを渡し、左右一方のほうがもう一方より余計に数字が聞こえるよう念じてくれと頼んでから実験した結果とそうでない実験の結果とを比較すると、驚くことに二日前に録音したテープにボランティアの念の影響を与えることができたと発見した。

面白いことにこの時の流れを確かめる実験では、ボランティアがテープに影響を与えたと思われるのは、数字が録音されるのを誰も観察していなかった場合にだけ起こったということだ。数字が録音されるのを観察していた者がいた場合には、念じても録音された数字に影響を与えることはなかったという。

この驚くべき実験結果は、パラダイムの崩壊を意味する。ラディン博士とシュミットの実験を知ってしまうと、時間が一直線に進んでいるという一般的な概念をもう一度考え直さなくてはならないという気になる。時間を超えて存在するものとは一体何だろう？　それがフィールドなのだ。

フィールドは距離を超える

これらの研究は、時間だけでなく距離と空間の概念にも疑問を投げかけることになる。面白いことに、最も風変わりで非現実的に思える実験が最も現実的なこと、例えば国家防衛にも役立ってきた。物理学者ラッセル・ターグは著書『Miracles of Mind（心の奇跡）』の中で、ＣＩＡが出資したスタンフォード研究所で行われた実験についてこう述べている。

「遠隔視とは、地球中の敵を監視するために軍によって開発された専門的な透視技術である。まず、遠隔視能力者に経緯度を伝える。遠隔視能力を持つ『アデプト』と呼ばれる人たちは深い瞑想状態に入る。その状態に入ると、彼らはその場所の風景や構造が実際にそこに行ったことがなくても描けるのだ」

ターグによると、特にすぐれた透視能力を持ったのがパット・プラクティスというカリフォルニア州の警察所長であった。ＣＩＡが出資して行われた実験で、プラクティスは経緯度だけでシベリアの実験室にソビエトの核兵器があるとわかった。その座標だけを聞いて素晴らしく緻密にその工場をスケッチすることができたのだ。その後、衛星写真によって彼のスケッチがいかに正確だったかが確認された（９）。

このような遠隔視の実験でわかるのは、時間と同じくフィールドは距離も超えられるということだ。このことは、遠くの場所をスパイするだけでなく、癒すこともできるなどさまざまな意義がある。

ラッセル・タークの生命の不思議に科学を応用しようとする試みは、彼の娘であるエリザベス・タークに受け継がれた。彼女は、ある人の精神がどのように免疫システムの活動に影響するかを研究する精神神経免疫学の科学導入に興味を持つ医師や科学者、精神医学者に厳しい訓練を受けた。一九九五年、エリザベスは知的科学研究所での遠隔での祈りの実験に参加した。科学が宗教のような家庭で育った彼女自身は、どんな祈りにも懐疑的であった。それでも父の仕事から、精神がフィールドに影響を与えるかもしれないということを知ってはいた。

彼女は、ポジティブ思考やネガティブ思考がある出来事にどう影響するかという疑問に答えるために、研究者フレッド・ジッハーとともに、祈りがＡＩＤＳの進行に影響を与えるかどうかを観察することにした。彼らは同程度進行しているＡＩＤＳ患者を選び出して実験の被験者とした。

四〇人のスピリチュアルヒーラーが選ばれ、それは福音主義のキリスト教信者からネイティブアメリカンのシャーマンも含めてさまざまだったが、共通していたのはただ一つ、医療機関で望みがないとされた人を回復させた経験がある人たちだったことだ。患者は自分たちが祈られていると知らされないまま実験が行われた。二〇人の患者が二つのグループに分けられ、医学的な治療を受けてもらいながら、片方のグループにだけ遠隔治療の祈りが届くようにした。ヒーラーは患者に直接会うことはなく、ただ名前と顔と写真、そしてT細胞の数だけが知らされた。四〇人のヒーラーは、一週間に六日、一日一時間、患者が「健康になるように」と念じるように告げられた。こうして患者一人当たりに四人のヒーラーが一〇週間祈りを捧げた。

実験の結果は、ターグたち自身が信じられないほどだった。半年後、被験者のうち祈られなかった一〇人のうち四人が亡くなっていた。ところがヒーラーから祈られていた一〇人は全員生きていただけでなく以前よりよくなっていると感じていて、この患者の主観的な感覚は医学的分析でも客観的に実証された。

ターグとジッハーは、結果に影響を与えていると思われる五〇項目について繰り返し実験を行った。そしてヒーラーから祈られていた患者が明らかに測定可能なほど回復していることがわかったのだ(10)。

この実験は、他のいくつもの似たような祈りの治癒効果についての調査でさらに確証を得た。どの研究でも、ヒーラーの宗教的背景や手法に関係なく、祈れば祈りが届いているとわかった。最も効果を出したヒーラーは、癒しが起こったのは自分の力ではなく、もっと高いレベルの力が働いたからだ、と謙虚に言った。

祈りの科学

さてここで一つだけはっきりさせておかなくてはならないことがある。私たちはフィールドがどのように働いているのかをまだ正確に知らないが、フィールドが「ある」ことだけは知っている。そして時計のようにそれがどうやって動いているか分解することはできないが、現実的に利用はできる。ニュートンが重力の法則を発見してから数百年経つが、いまだきちんと理論的に説明できないまでも、テーブルの上から物が飛び出さないように毎日「使って」いるのだ。

エリザベス・タークが公表したものも含めて、祈りの効果を示した報告は現在までにたくさんなされている。『祈る心は、治る力』（大塚晃志郎訳　日本教文社）の著者ラリー・ドッシー博士（訳注：アメリカの医師。祈りがもたらす治療効果を提唱）は、測定できるほどの癒しの効果のあった証拠を六〇以上も集めて調べ直した。そこでわかったのは、どんな宗教的な形をとろうとも愛情や同情がないと効果がなかったということだ。癒しの効果に何より必要なのは、「心を善にせよ」という仏教の教訓に表されていると結論づけている。彼によると、このことは秘密や隠し事なく、心を開いて相手のことを心から心配することだという(11)。

また祈りとは「する」ものではなく「ある」ものだと彼は言う。作家のグレッグ・ブレイデンも同じような結論に達している。ヒマラヤに行った際、彼は仏教僧に一日一四〜一六時間も何を思って読経しているのかと尋ねた。「あなたが祈るのを見ていましたが、その時、何をしていたのですか?」とブレイデンが聞くと仏教僧は「祈りは目に見えませんから、あなたも祈りを見たことはないはずです。あなたが目にされたのは、体に祈りの感情を生み出すために私たちが行う動作でしょう。感じることこそ祈りなのです」と答えた(12)。

また彼は、今度はネイティブアメリカンの雨乞い師に、雨が降るように祈っている時何をしていたのかを尋ねた。「私は雨が降るようにとは祈っていません。雨に対して祈りを捧げたのです」と雨乞い師はブレイデンの言葉を訂正して答えたという。シャーマンは雨が降る時を現実化したのだ。雨が降って湿った泥の中に裸足でいたら体はどう感じるだろうと、雨の匂いをかぎ、雨で育ったトウモロコシ畑を歩く姿を想像した、というのだ。ブレイデンは自然に向かって祈りを捧げる人たちの研究を重ね、彼らはそれがまるで起こってしまったことのように祈りながら、感情という言語でフィールドとコミュニケーションがとれるのだと結論を出した(13)。

祈禱師がその現実が起こる前に望んだ結果をすでに精神的、感情的に体験することは、量子メカニズムの世界では理にかなったことだ。物理学者も心こそが現実をつくり出すのにまず影響を与えるものだと知っている。そう、誰かが祈る時の心の状態を思い出してみてほしい。自分の心のフィールドに足りないものや必要なものがはっきり意識できているはずだ。フィールドは物理的現実をつくり出すのに影響を与えるから、あるものが足りないフィールドはそれを補って現実をつくり出そうとするだろう。ある人の心がすでにその望みが実現したように感情を体験すれば、その精神のフィールドは体験とつじつまが合うように物理的現実の世界を変化させるだろう。

ドッシー博士とブレイデンが特に大事だと言うのは、祈る内容に執着しないことだということ。突破口への鍵を握るのがこの矛盾とも思える心の持ち方で、起こることを大変気にかけ、それでいて執着しないことだ。

『祈りの法則』（穴口恵子監修　志賀顕子訳　ランダムハウス講談社）の中でブレイデンは、旧約聖書の「与えよ、さらば与えられん」という祈りの本質と、アラム語（訳注：イエス時代のユダヤ人言語）で記された原文「包み隠さず求めなさい。そうすれば答えに囲まれるようにわかり、心が喜びで満たされるでしょう」という一文を比較している(14)。

旧約聖書で祈る方法は、「まず、心の中に隠さず求めなさい」とされている。これはドッシー博士の言う仏教での「何の計画もなしに……」という言葉と同じ意味だ。簡単にいえば、何が起こるかに執着しないで望みを明らかに述べなさい、ということだ。興味深いことに、祈りを具現化させる祈禱師は、矛盾に満ちた言葉を私たちに投げかけている。「何かを手に入れたければ、そう素直に思い、そして執着を捨てなさい」と(15)。

ブレイデンは執着を捨てる必要性について、ほとんどの人が祈る時、自らの祈りが実現されれば他の人々やさらに多くの人が幸せになるかどうかという結果を意識しないまま自分本位の祈りになっていないか確かめることだという。

聖書に書かれた祈りについての二つ目の教えは、「答えに囲まれる」である(16)。つまり、生理学的にも感情的にもその望みがすでに叶ったかのように体験するという意味だ。これもまた、仏教僧やネイティブアメリカンのシャーマンが心の中ですでに望みが叶ってそこに「ある」かのような状態をつくり出すと言っていたのと同じだ。現代の物理学者もフィールドがどう影響するかという表現を使ってはいるが、祈りとそれを実現することに対して同じ見解を持っている。

祈りを実現させる時には、感情としてある実体験をすることが生理学的にも重要な役割を果たしている。感情は意識と物理的な肉体の領域を結びつける。というのは、思考と感情を持つことで分泌される科学物質で互いにつながっているからだ。さて、私たちはまさに核心に迫ってきた。私たちの心こそ、まわりに向けて感情という情報を拡散し、発散する発電所のようなものなのだ。

心臓には意志がある

科学的に見る物質世界では、心臓は単に筋肉だとされる。確かにとても重要な筋肉ではあるが、科学ではそれ以上でも以下でもない。しかし漢方医学では心臓は知恵の源であり、古代アーユルヴェーダでは天国と地球を調和させるものとされている。

古代アーユルヴェーダでは体には六つのチャクラがあるとされ、生命力が行き交う中心点となっている。頭頂、眉間、のどといった上半身にある三つのチャクラは意識とコミュニケーションの中心だ。そしてみぞおち、仙椎、背骨の基部という下半身にあるチャクラは主に体が感じている感情を表している。上半身と下半身の間の通路の位置にある心臓はまさにその上半身・下半身をつなぐ通路の役割を担っている。

現在では古代の知恵を持つ心臓の影響力が科学の世界でも見直され始めている。一九九二年、ストレス研究のドック・チルダーがハートマス財団を設立し、心臓には偉大な知恵がつまっているとして、種として人間の自発的な進化の鍵を握っている可能性を科学的に研究することになった。チルダーと財団幹部の研究者は、あらゆる新技術のスキャンデータを集め、心臓が生命に与える影響について古代の人々が正しい見解を持っていたことを証明しようとしている。著書『The HeartMath Solution（ハートマス・ソルーション）』の中で、チルダーと共著者ハワード・マーティンは「心臓の知恵は、ある経験をすると心臓と体の感情がバランスを持って調和を保つように意識的に流れる」と結論を出した(17)。

コニー・フランシスの昔の歌で歌われているように、「心臓には心臓の意志がある」のだ。一九七〇年代、生理学者ジョンとベアトリス・レーシが、心臓には独自の神経システムがあることを発見し「心臓頭脳」と呼んだ。心臓には少なくとも四万の神経があり、意識的な脳、大脳皮質に関連する部分と、扁桃腺、視床と互いのコミュニケーションをとっている。当初科学者は、心臓神経は単に脳からだけ司令を受け取ると推測していた(18)。

けれども彼の研究でわかったのは、まったく異なるもので、心臓は脳からの司令に自動的に従うのではなく、神経から伝わってくる信号を一つひとつ解釈し、それぞれの感情に反応しているということだった。そして心臓にはそれ独自の理論があり、心拍数は単に機械的に生命活動を示すリズムを刻んでいるのではなく、知能のある「言語」のようなものだと彼らは締めくくった(19)。心臓が知覚や行動に想像をはるかに超えて関わっていることは、心電図（訳注：EKGあるいはECGと呼ばれる）を見ればわかる。

ハートマス財団の研究者は、どんな宗教も詩も直感も人間がものごころついた時からずっと私たちに語り続けているということを確認した。心臓は意識と感情を引き起こす生理学的反応との間のインターフェースの役割をしている。さらには愛情そのものも生理学的に測定できるとわかったのだ。

チルダーとマーティンの研究は、心臓知能は感情と深い関係があると分析する特殊な技術へとつながっていった。ある被験者が心臓を意識して、例えば愛情、感謝、思いやりなど心の奥底にある感情を呼び起こすと、それらの感情がすぐに心拍数のリズムに伝わる。心拍数が高まると、今度は段階的に心臓神経と生理学的反応の活動が引き起こされて、ほとんどすべての臓器に影響を与える。

この心臓の影響力はさらに賢明で、闘うかそれとも逃げるかを判断する交感神経システムの活動を抑えたり、それと同時に副交感神経系の活動を促したりする。リラックスした状態では、ストレスホルモンコルチゾルの分泌が抑えられ、老化を抑えるホルモンDHEA（デヒドロエピアンドロステロン）の生成を促す化学物質へと変わる。愛情や同情、思いやり、感謝といった感情を培うと、より健康で幸せに、そして長生きができるような生理状態になるのだ（20）。

実際に科学では愛情が癒しと関連があることも発見されている。心臓に自分の意識を向けると、心臓と脳の間の同調が早まり、神経システムが静まり、ストレス反応の活動は鈍くなる。心臓がこうした干渉性をもって調和を促すと、体はエネルギーを成長と維持のために使えるのだ。

心臓がフィールドに与える影響力は脳内電磁波の五〇〇〇倍の強さで電磁波として伝わる。現在の技術では、この心臓のエネルギーが体から約三メートル離れたところにまで及ぶことが測定できるようになった。愛情などの感情も測定でき、量子化する心臓の持つフィールドには干渉性があり、ネガティブな感情はこの干渉性を妨げて心臓にあるフィールドの調和を乱す。

心臓からは自分の周りの世界に向かって感情が発せられていて、だから他人の感情にも影響されることがあるのだ。ある人が他人を実際に触ったり、あるいは思いやったりすると、二人の心臓と頭脳に電気的な活動が起こり、互いに絡み合いながら同調する。この研究は、心臓と脳は同調し、癒しのフィールドを世界規模でつくることができることを意味しており、人々の愛が同調してつくり出す癒しは、あっという間に広がることになる。

この観察から、より多くの人が感情的に関わったり妨げたりすると、フィールドにより大きな影響を与えることがわかる。ハートマス研究所ではこの仮定を世界規模でたくさんの人を募って実験している。グローバル・コヒーレンス・イニシアティブと呼ばれる実験では何百人もの人が同調するとどんな影響が出るかを科学的に測定している。この実験では「互いに協力し合い、持続する平和な地球を目指している」人々が意識的に祈っている(21)。

地球のフィールドが私たちの気持ちや意思で本当に変えられるだろうか？　それを結論づけるために、もう少し話を続けよう。

一斉瞑想による効果

たくさんの人が心をある方向に集中することで、物質的な世界に影響を与えられるかどうかを測ろうとしたのは、ハートマス研究所のグローバル・コヒーレンス・イニシアティブが最初ではない。マハリシ・マヘーシュ・ヨーギーによってアメリカにもたらされたTM瞑想では、一九七〇年代初頭にアメリカの三〇ヶ所あまりの都市で一斉瞑想が犯罪率の減少に効果があるかどうかの実験が行われている(22)。結果、マハリシの言う影響は確かにあるとわかった。面白いことに、研究では犯罪が少なくなっただけでなく、救急室の受診数を含めた他の数字も好転したのだ。

一九三三年に論文とデータでの裏づけを得たTM瞑想は六月、七月の暑いワシントンD.C.でも大いに注目された。それまで統計的に暑い夏になると増加していた犯罪率に影響を与え、実験中の犯罪率はさらに減少し続けた。やがて実験が終了し、瞑想をしていた人たちが帰宅すると、不思議なことに犯罪率がすぐに上がり始めたのだ！　研究対象となった地域では、FBIの統計でも同じように犯罪が減少したが、原因が他にないか分析しても説明できるものは何もなかった。ただし統計上での減少数は、一〇億分の二に満たないものではあるが(23)。

この結果は本当にTM瞑想のせいだろうか？　フィールドに影響を与えるような要素が他にあったのだろうか？　リン・マクタガート（訳注：ニューエイジ系の啓蒙家）による「意志のサイエンス(24)」や「コモンパッション（一斉瞑想による祈り）(25)」という二つのプロジェクトが行われた。

「コモンパッション」の実験の指揮をとったジョーヴェェ氏は次のように書いている。

「社会調和のために、さまざまな宗教や土地の人が瞑想し、地球規模で協力できたらどうだろう？　ある地方に地球規模の人々が集まり、今まで社会で発見されたことをどう生かせばいいかを考えながら、力を合わせて調和のとれた社会をつくるオープンソースのテクノロジーを発展させることができるだろう(26)」

アルジュナ・アルダーは著書『アウェイクン・イントゥ・ワンネス』で、「ワンネス・ブレッシング」と呼ばれる「ディクシャ」という現象をリポートしている。彼によると祝福は人から人へ伝わる干渉性のあるものだとされる。「ワンネス・ユニバーシティ」の創始者でありワンネス・ディクシャを開発した先覚者、シュリ・バガヴァンとその妻シュリ・アンマは、マハリシ効果（訳注：TM一斉瞑想による影響）とよく似た活動を大学を中心に始めた。

そして、シュリ・バガヴァンがインドの小さな村の近くに初めて活動の中心を移した時、そこはよくある貧しい場所にすぎなかった。貧困に加えて、ほとんどの家族が一部屋しかない土でできた小屋に住み、水道も排水も電気もなく、あるのはアルコール依存症や家庭内暴力などの社会的な問題だけだった。彼はまずは「ワンネス・ブレッシング（訳注：人類を苦しみから救い、悟りに導くエネルギー伝授）」というテクニックをその住民が幸せになれるように授けた。

まずは周辺の村から三〇～四〇人が招待されてこのテクニックを学んだが、テクニックはあっという間に広がるもの、伝染するものだ。やがてさらに多くの人がテクニックを学ぼうと参加し、五年で六〇〇〇人もの住民が参加した。村を実際に訪れて参加者にインタビューすると、五年前に比べてアルコール消費量が減少し、酔っ払って通りで喧嘩する人は珍しくなったという。地域には多くの雇用が生まれ、仕事をしたい人には職が見つかるようになった(27)。

愛、祈り、そして統一の癒しのパワーについて、アルダーは科学的というより個人的な観察をベースにした逸話を集めている。癒しのパワーを初めて体験した人は、科学的に正しいかなど不要に思うようになるが、それでも科学が、例えば「愛」といった目に見えないものと、実際に目に見えるものとの間の不明瞭な部分を探究していく中で、何らかの重要な変化が人の心に起こる。

愛は物質に影響を与える

ここに、今ではまだ科学的に実証されていない感情が、物質にどのように、それも離れた場所にどのように影響を与えるかの証拠になる注目すべき実験が二つある。

まずはカナダ人生物学者バーナード・グラッドが行った超自然界のヒーリングでの実験だ。彼は、人間ではなくまず植物に注目した。サイキック・ヒーラーがビーカーに入った水にエネルギーを入れ、その水で植物の種を育てると普通よりも速く大きくなることがわかった(28)。もう一つの実験では、重症の鬱患者に水を持たせてその水で種を発芽させると、特に鬱症状がひどい人の持った水とヒーラーの持った水との発芽の速さに違いがはっきり現れたという。

さらに、赤外線を吸収させて分光法で分析すると、ヒーラーによって水の構造が物質的に変化したこともわかった(29)。ヒーラーの手に触れた水の分子が干渉されて融合し、鬱患者の手に触れた水はその融合が減少した、という構造の変化が実証された。彼はさらにこの研究を進め、ヒーラーが実験用のネズミのガンの成長を抑制することも見出した。

さらには、思考や感情が実際に分子を変換することが、医師でヒーラーのレナード・ラスコウの研究でも発見された。社会に新しいパラダイムが訪れていることに気がついた人々のように、彼も従来の医学の道から心の研究を始めた一人だったが、従来の医学から方向転換を余儀なくされたのは、運命のいたずらともいうべきか、ヒーリングを受けた時の経験があまりにも不可解で、まったく思わぬ方向に進むことになったのである。

一九七一年、彼は北カリフォルニアで開業し成功した産婦人科医であったが、ある時、肩に痛みを感じてレントゲンを撮ると骨のガンであるとわかった。医師として、切断するしか治療法はないことはわかっていた。かつて片方の腕だけで活躍した大リーガーはいたが、手術を片方の腕だけですするのはかなり難しい。精密検査の結果を待つ間、彼は健康カウンセラーとしてなら片方の腕を失くしても働けるだろうなどと考えていた。

数週間後、そのガンの腫瘍は良性であるとわかった。けれども、彼は自分に降りかかった運命に思いをめぐらし、何かを変えるべきだと思ったのだ。そこで、医療現場を離れ、精神を治療することに専念した。

しばらくして瞑想中に次のようなメッセージが伝わってきた。「あなたのやるべきことは、愛情をもって治療することだ」と。彼はこのメッセージに心を打たれた。ヒーラーになりたいと思い、さらに自分がそれまでの従来の医療を何も考えずに受け入れてしまっていたことに気がついたのだ。瞑想をして新たな治療のビジョンを得た彼は、「私たちはみんな進化のある時点で、愛情をもって癒せるようにならなくてはならない」と気づいたのだ(30)。

数年後、若いルームメイトが転移性のガンで苦しむのを見て、何も進歩していない自分に気づく。夜中に痛みで目を覚まし、喘ぎながら助けを求める友人にどうすればいいのかわからなかったのだ。「直感に従って」と彼は表現したが、「私は彼の胸の横に手を置いて、自分の頭の中でイメージした光の玉を頭から心臓へ、そして腕を通して手の平から彼に向かって出した」(31)。

そのルームメイトは静かになって、ラスコウに「痛みがなくなった」と言って眠った。二年後に偶然、この彼がステージ上で歌っているのを目撃した。彼が言うには、ラスコによる治療から六週間経って驚くほど奇跡的な回復が自然に起こったという。ラスコウの治療のおかげで早く治ったのだろうか？　それとも、ラスコウの治療から六週間後に起こった反応なのだろうか？　いずれにしても彼が愛をもって治療を施すきっかけとなったことは事実だ。

ラスコウは患者を治療するエピソードの中で、ガン細胞のシャーレでの実験についても述べている。この実験では、ガン細胞の入った三つのシャーレに意識を集中するヒーリングを行って培養した細胞がモニターされた。またガン細胞が入った三つのシャーレをヒーラーではない人が手に持ったものも本人以外の人の意図が入り込まないように別室でつくって比較した。

ラスコウには自分の手で持ったシャーレのガン細胞にいくつかの異なる感情を試したが、自然の力を込めたどの感情も検体に影響を与えることができた。最も影響力があったのは、三九パーセントもガン細胞を減少させることができた感情で、「自然の筋道に調和を取り戻すように」と祈ったものだった。さらにその祈りを視覚化して与えると効果は二倍になった(32)。

さて、この実験が愛とどんな関係があるのだろう？　彼は、『Healing with love（愛による癒し）』の中で、祈りがガン細胞を破壊したのではなく、祈りも宇宙をつくり上げている要素の一つにすぎないと述べている。愛は「孤独ではなく、一つになる」という意味だと彼は言う(33)。愛はいろいろな形をとるが、重要なのは互いの関係であり、愛の反対側にあるものは「憎しみ」ではなく「分離、分割」であると説明する。ヒーリングにはさまざまなエネルギーが使われるが、彼の手法では分離ではなく、つながることが大事だというのだ。

病気になったり、望ましくない状況に陥った時、私たちはまずその状況を排除したいという衝動にかられる。病気は自分をともにつくり出すというものではなく、外からの侵入者のように考えがちだ。けれども実際にある状況に関わっているものをよく考えてみると、意識的であろうとなかろうと、どんな運命に向かって進むかを決めてきた自分の責任がある。心こそが生態をつくり出していると気がつけば、そして自分自身の心の状態を変化させることができるとすれば、もっと健康な状態も自ら つくり出せるはずだ。

細胞が知能を持ち、どんな機能を果たしているのかを知った今、内なる「市民（細胞）」に謙虚に謝って感謝するべきだろう。自分の細胞に愛が持てれば、細胞がともに私たちをつくり出していると意識でき、自分が犠牲になっているわけではないとわかる。

病気や調子が悪いという状態は、何かが形成されそこなっているか、不調和な時に起こる。従って癒しは、この機能障害を起こしているものを変化させることで起こる。ラスコウによる癒しの四ステップをあげてみよう（34）。

ステップ1：すでに物質的に形となっているものを意識しよう。
古い真実を語ることが、責任ある行動の第一歩だ。

ステップ2：その状況を自分から切り離すというより、愛をもって確かめよう。
それらが組織に与えている影響を許してみよう。

ステップ3：その状況を解き放とう。
ラスコウは次のように言っている。「物質を粒子状の波動に変え、その波動から物質をつくり出しているのは観察者の意志だ」

ステップ4：解き放ったエネルギーを自分の目的や望みに合わせて変換しよう。
執着を捨てて、自分の望みを周囲に放とう。

病気を解き放つことができれば、そこには分離ではなくある関係が存在することになる。

ラスコウは「自分の中の拒否感や変えたいと思う部分を認めて愛することができれば、それらが持つ力をポジティブな形につくり直すチャンスになる」と言う（35）。

量子の宇宙ではすべてがつながっていて、愛とはそれを一つにつなぐ接着剤のようなものだ。ラスコウも「愛はエネルギーに共鳴を起こす普遍的なもの」と表現している（36）。この意味では、二つ以上の音叉が共鳴するのはお互いを「愛している」と表現しているようなもので、まるで二人以上の人がともに喜び、時に恍惚となるほど共鳴するのと同じだ。愛こそ普遍的な調和をもたらすものだと彼は言う。

ここである疑問がわく。もし「死に至るガン細胞を愛せた」として、いや少なくともそれに対して敵対しない程度に関係を持てるとしても、テロリストなど社会の病原ともいえるような人を愛したり敵対したりしないでいられるだろうか？

勝つのは餌をやったほうだ

科学的視点から見れば、人間の進化が起こるのは個体の中で相互依存しているすべての細胞を意識できた時だとされている。そうした宗教的思想に触れ、黄金の本質を理解し、自覚の「山」の頂点を極めれば、きっとブッダ（悟りを得た者）が知恵の言葉とともにずっと待っていて、一つの示唆を与えてくれる。その示唆とは「黄金のルール」をどう実践していくかということだ。

次に引用するのは、この「黄金のルール」が世界中の宗教の中にどう取り入れられているかという例である（37）。

仏教：自分がしてほしくないことを他人に施してはならない。（ブッダ感興の言葉5章18）

キリスト教：何事でも人々からしてほしいと望むことは、人々にもその通りにせよ。これが律法であり預言者である。（マタイによる福音書7章1節）

儒教：和を知りて和するも、礼を以《もっ》てこれを節せざれば、また行うべからざるなり。（現代語訳：自分の欲望に打ち勝ち、何事も礼を踏まえて行う――これが仁だ。一日でもそれが実践できれば、天下の人々はおのずとなびいてくるだろう）（論語12章2節）

ヒンズー教：これは義務である。人が他人からしてもらいたくないと思ういかなることも他人にしてはいけない。（マハーバーラタ5：1517）

イスラム教：汝が自分のためにと思って愛蔵しているものを汝の兄弟のためにと思って愛蔵するまでは汝はアラーの神を信じているとは言えない。（「自分自身を愛するように他人を愛せなければ、信仰があるとは言えない」スンナ）

ユダヤ教：自分が嫌なことを他人にしてはならない。これこそすべての法であり、あとは付け足しである。（タルムード　シャビット　3id）

道教：自分の利益のように他人の利益を考え、他人の損失を自分の損失と考えよ。（太上感応篇）

こうした言葉は一体何を伝えようとしているのだろうか？　おそらく、神の存在の子どもと大人にとっての最大の違いは、子どもにとっての神は法を授かる対象であり、大人にとっての神は、その法を生き抜かなくてはならない点だろう。

さて、黄金のルールには、たった一つの示唆が示されており、それはすべてが自らの経験にもとづいていることだ。コロンビア大学で仏教研究に携わるロバート・サーマン教授は「仏教は宗教ではなく、実践するものだ」と強調している(38)。そして、その実践を現実的なものとするには、いかにうまく実践できているか次第だ。仏教では人間の運命は神によって決められているのではなく、カルマと呼ばれるものが原因で決められているという合理主義の捉え方をする。彼によると、カルマのしくみは「ある一つの行動が、あることを促して全体としてうまくいく」のだという(39)。

すべてのものがつながっているとわかり始めると、行動がある結果につながっているのも理解できる。

社会を動かすある一つの示唆が何年もの間、偉大な宗教的な師たちによって現在まで受け継がれてきたが、人間は恐怖に直面したり、人に利用されたり、洗脳されて自らの力をそがれたりしながら、実際に自分がその示唆を実践することをできるだけ避けてきた。さて、種として危機を迎えた今、宗教対科学の論争にまみれて、自分には現実をつくり出している責任がないと逃げ回る理由にはもはやならないと繰り返しておこう。

支配者による非人間的な部分があたかも人間の本質であるかのように信じ込ませようとするウィルスに感染していても、人間の行動を広い視野で観察すると、人間は自らの人間性を示す行動を選ぶことができるとわかってくる。

ネイティブアメリカンの祖父と孫との有名な話がある。

「私の中で二匹の狼が闘っているんだ。一匹は愛と平和の狼で、もう一匹は怒りと戦争の狼だ」と祖父が言う。

「どっちが勝つの？」と孫が聞くと、祖父が答えた。

「餌をやったほうさ」

これまで自然発生的な進化について述べてきたが、人間の複雑な哲学とその歴史はこのたった一つの選択に要約されるのかもしれない。私たちは魔法の杖を持つ救世主を待ち続けることもできるし、このカオスのような悪のはびこる世界に籠《こも》ることだってできる。あるいは、仏教の菩薩の姿からヒントを得ることもできる。菩薩とは、涅槃に昇ることができるのに苦しむ人々を助けるためにこの世にとどまっている人たちをさす。ロバート・サーマンが「現場で働く救世主」と呼ぶこうした人たちは、すべての生命の自由、幸福、福祉のために仕事をするという。仏教徒はトンレンと呼ばれる瞑想をするが、チベット語で「与え、受け取ること」を意味する。有毒なものを消化して、すべての人間の中にいる平和と愛の「狼」に餌をやる方法だ。その修行には、他人の苦しみを引き受け、それを平和、愛、幸福に満ちた世界に解き放つイメージをつくり上げることも含まれている。

何も仏教に帰依するように勧誘しようとしているのではない。ダライ・ラマも仏教は宗教ではなくて修行だと言っている。精神の修養は、個々がそれぞれ自己を肯定するために行うものであり、なおかつすべての事象と関わるべきものだ。

もしくは、自分に遺伝的に受け継いでいるものは悪習ばかりなら、自分で自分を救世主にするための一つの手法として「隣人を愛する」修行だと考えてほしい。必要なのは、自分が運命の犠牲者となっている不快感を捨て、自分もともに未来を創造していくものだとして不安を徐々に建設的な考えにしていくのに挑戦することだ。

最後に、私たちの未来を少しのぞいてみよう。私たちがこれまでの古くなってしまったストーリーを乗り越えて新しい筋書きをたどれば、私たちやその子孫、そして世界がどうなっているのかが見えてくる。

11章

真実を知り、新たな世界へ

さて、話を振り出しに戻そう。私たちは、無意識の中に入り込んで自分が体験したものにフィルターをかけてしまう権力に大きく影響を受ける。権力が主張する、もはや神話でしかない説を原因として社会は機能不全を起こし、神聖な伝統までもが崩れてしまった。最先端科学と昔から伝わる知恵をもとに、今、私たちは一つの挑戦を前にしている。どうやったら今までのストーリーを新しいものへと書き換えられるのだろうか？　どうやって、もはや時代遅れとなってしまったものから新たな、より真実を基準にした生活へとシフトできるのだろうか？　どうやったら、この超組織といえる人間を意識的に進化させることができるだろうか？

人間とは「人間性」という特徴を持つ生命体だ。深い思いやりを持ち、慈善活動に身を投じ、親切で寛容、情け深く、慈愛に満ちた、人道的な価値観で生き抜いた人間は歴史を通じてずっと存在した。けれどもしだいに間違った神話のプログラムが広がってそれに影響を受け、結果的に人々は物事や人に対して無関心になり、寛容でなくなり、残酷で、時には人道的とはほど遠い野蛮ともいえるような生き方をするようになった。

もはや私たちは非人道的になってしまったといったほうがいいのかもしれない。適者生存の進化論の観点から今日の文明を見れば、もはや最もすぐれたものが生き残る地点には誰も到達できないかもしれない。絶滅危惧種のリストにあげられた文明に生きる人間が生き残るためには、無意識の領域までも進化させなければ「人間」でいられなくなる状況に陥っているのかもしれない。

ところが現在のパラダイムに根ざす信念の基本は、その誤りを新たな科学によって立証されてもなお、新たな挑戦を引き受けられずにいる。だからこそ最初の一歩は、人間本来の潜在能力を制限するような信念を取り除くことだ。

自分の信念を変えてしまったら何が起こるのだろう?　これまで見てきたように私たち人間は、自分が信じたように世界をつくり、物をつくり出して生活している。物質主義、すべては遺伝子に操作されている、そして進化のサイコロが振られてランダムに進化した結果、人間がここに存在する、といった話でできあがった現実を変えていくのだ。それには時代遅れのストーリーを実現可能なものにすり替えるだけではなく、過去の影響から受けた傷も癒していかなくてはならない。自らの意識をプログラムし直して癒す作業は、個人個人、そして社会全体でも同時に行われなくてはならないが、フラクタルな進化を有機体にもたらすには、まずは最初に細胞レベルで進化しなくてはならない。

最終章は、新たな科学の考え方を基本として、人間の進化にもたらされる可能性の概要を述べることにする。

科学を見直して行動につなげる

かつて友人がロサンゼルスからサンフランシスコまで行く途中で私を訪ねてくれたことがあった。私たちはいつものように抱き合って挨拶をした。その中の一人に眉間に深いシワのある女性がいた。彼女がとても緊張していると感じた私は思わず「リラックスしてくださいね」と口にしてしまった。すると彼女はイライラした調子で「私はリラックスしています」と返した。

私がやんわり、緊張すると精神的にもよくないからと伝えると、彼女はストレス、緊張、そして健康についての持論をスラスラと展開した。もしここが知識コースの口頭試験だったら彼女はA＋の成績をもらっただろう。でも結局、彼女は怒ってしまったわけで、となると実習には合格できなかったことになる。

例えば、持続可能な世界とその環境についての大会議が終わると、空になったペットボトルがゴミ箱いっぱいになっている。つまり、生命力を高めるような情報を頭で学びながらも、知識が首から下に降りて簡単に行動につながることはないのだ。このことは、私たちの行動の九五パーセントが無意識のプログラムからできあがっていることからすれば当たり前だ。もし、本書がアカデミックな授業で使われたら、「はい、テキストを閉じて、鉛筆を持って。これから小テストをします」となり、あなたが本の中の科学的データを思い出せればAの成績をもらえるだろうが、本書の真の目的は、基本的な質問、つまり「自分の行動プログラムを自覚できれば、人生はどう変わるだろうか」ということをそれぞれが考え、実践することだ。そうして初めて意味を持つものでもある。

現在の空前の科学ブームは私たちの生活に大きなインパクトを与え、新たな洞察がただの仮説ではなく事実となっていることの表れなのだから、最新科学でわかったことを通じてそれぞれの行動を変えていくのは、単なる示唆ではなく要求でもある。

変化が必要となる科学の原理を実践するには、かなりの訓練が必要だ。新しい科学の全体主義（ホリズム）では、部分的なことから全体を見渡せるようになるには自然への理解と経験が不可欠だと強調される。

それなのに既存の生物、物理、数学知識の分野の間違った概念が、進化を妨げている。実は、自然界の構造と人々の行動とは互いに密接な関係にある。ある分野で集められた知識は、高い建物のようにそれぞれの科学的な基礎の上に立ち、その下の階にあるものに支えられている。

次の図を見ればわかるように、ある階層には、その基本となる科学的ルールが必要だ。最下層は数学、その上に物理学、その物理学を基礎にして化学ができあがる。化学は生物学のプラットホームとなり、それが心理学の基礎となり、今のところ心理学が最上階だ。

それぞれの主義における科学の分野別構造比較

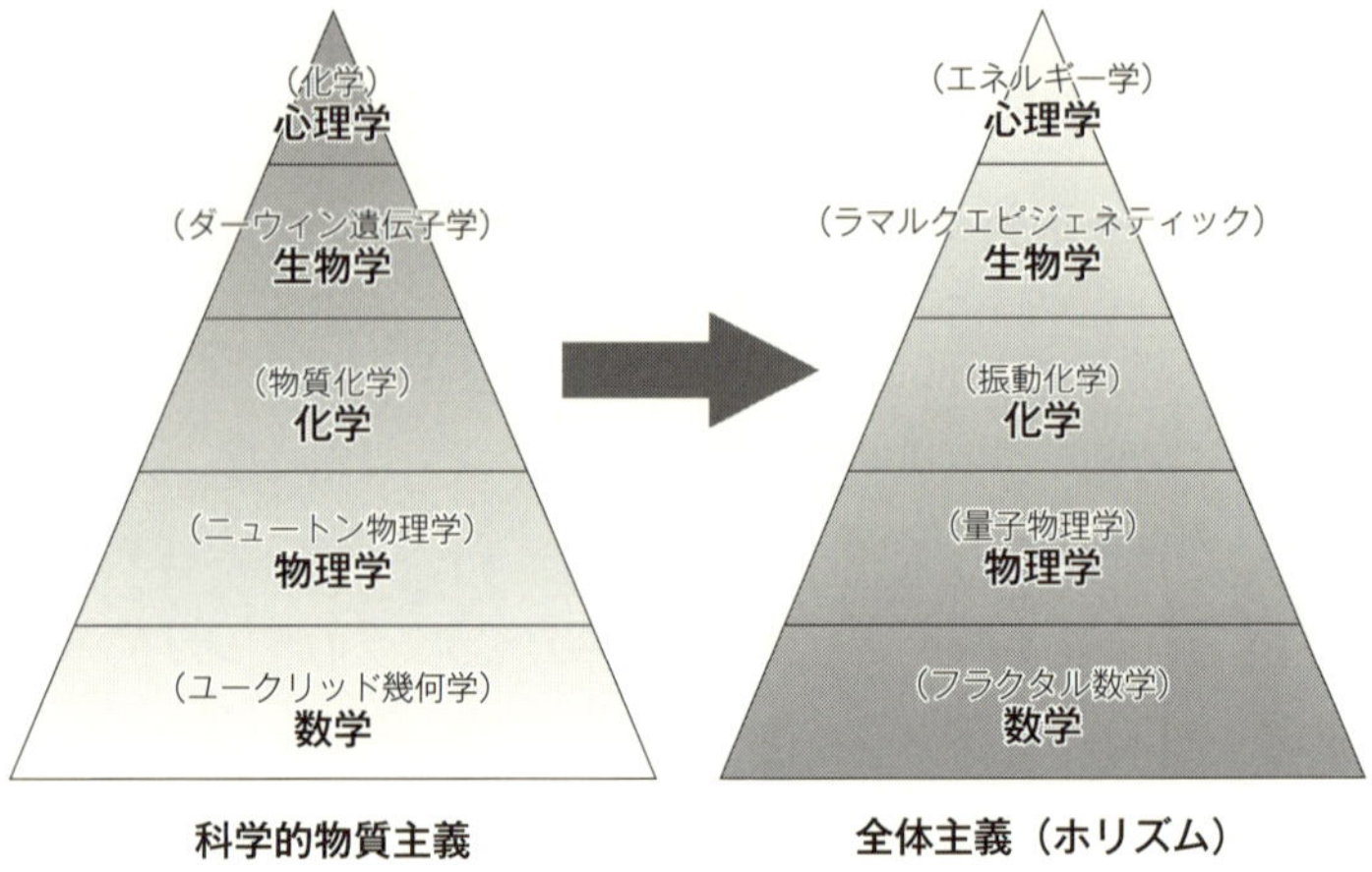

この階層構造は、下位のものほど基礎的内容に近いことを示している。例えば、ニュートンは微分積分という数学分野を進化させ、それがもとになって物理学が生み出された。だからもし、より基礎に近い科学が変化すれば、それより上位の科学の信頼性もそれにともなって変わるということになる。ただし、上位の科学の信頼が変化しても普通は下位の科学には影響がない。

文明は今、物質主義にもとづいた仮定によって形づくられてきたが、そこで真実とされている仮定が十分でないことで人類の存続が脅かされている。弱体化する文明の中で、科学を見直した全体主義的な構造は、進化し、もっと強固な基礎が築かれている。

子どもの教育の中で物事は「そういうものだ」と知識として教え込まれるのだが、大人になるにつれ、もっと根源的な質問をするようになる。

「この情報は何を意味しているのだろうか？　これが真実なら、自分の人生にどう生かせるのだろう？」

そして今、文明に突きつけられているのは、「科学を見直すと、人間にとってどんな意味があるのだろう」ということだ。

ここで「そういうもの」という知識を、「どうすればよいか」という行動につなげるために重要な点をあげておくことにしよう。

数学…「そういうもの（知識）」：フラクタル幾何学は自然の構造を説明している。「どうすればよいか（行動）」：フラクタル幾何学は科学的基礎であり、自己相似パターンを繰り返す構造はどんなレベルの世界にも存在する。物事を自然にうまく働かせるには、意識してこの自然のパターンに従えばいい。

物理学…「そういうもの（知識）」：物質、エネルギー、精神は分離できない。

量子物理学の世界では、物質であろうなかろうと、すべてのもの（例えばエネルギー波や思考）は互いに絡み合い、フィールドと呼ばれる目に見えないエネルギー母体に存在している。フィールドの力は物質的世界をつくり出す際に影響を及ぼすが、それは磁石が鉄くずを並べるのと似ている。水の一滴から人間まで、すべてフィールドから切り離せはしない。つまりフィールドとはすべての源であり、ある人にとってはこれが「神」となる。

量子物理学者は、観察している人が現実をつくり出すことができると認めている。

「どうすればよいか（行動）」：私たちは自分たちの信念、認識、思考、感情で現実をともにつくり出していける。


生物学…「そういうもの（知識）」：発生遺伝子が遺伝子をコントロールしている。

「どうすればよいか（行動）」：発生遺伝子学の分子のメカニズムはパスウェイ（経路）を通して働くが、この事実を意識をすれば人間が健康で豊かになれるようなコントロールは可能になる。個人でも社会でも、信念や認識のフィールドが生態系の状態や現実を決めている。

「そういうもの（知識）」：進化は、地球にとってバランスのとれた生態系のコミュニティをもたらすために起こる。

「どうすればよいか（行動）」：人間の進化は偶然に起こるものではない。

私たちは環境も含めた地球という「庭」の世話をするためにここに存在している。

心理学…「そういうもの（知識）」：信念が影響を及ぼすフィールドには、プログラムされた（洗脳された）人間の行動や遺伝子でコントロールされている潜在意識が全体の九五％も働いている。

「どうすればよいか（行動）」：私たちが自分の潜在意識にある信念や感情に働きかけることで、個人生活も社会生活もコントロールすることができる。

こうしてまとめてみると、意識のもたらす影響は文明だけでなく地球そのものに深く衝撃を与えるほどであることがわかる。たとえ自分が小さくつまらない存在だとしても、私たちの信念が現実と呼んでいる物質の分子を並べているのだ。

目に見えないフィールドの影響を磁石が砂鉄に与えるものに例えてみたが、逆に砂鉄も磁界を変化させているのだ。一粒の砂鉄が及ぼす影響など取るに足らないように思われるかもしれないが、それが一つに固まると鉄の棒のようになってフィールドをゆがめてしまうほど強力になる。

地球エネルギーのフィールドは、原始的な生物を形づくって進化してきたが、一人ひとりの人間は砂鉄のように小さく、そして取るに足らない程度の影響をそれぞれの周囲に与えてきた。

砂鉄は自分の意思で集まっても鉄の棒にはなれないが、周りのフィールドにどう反応するかどうかを決める人間の自意識が生まれた進化は、神経系メカニズムの進化であり、人間性あふれる意識によって、みんなで一つになって、フィールドに対してダイナミックかつ創造的に影響を与えることができる。人間が共通意識を持てば、文明はこの危機を脱して新たな持続可能な現実をつくり出し、まさに地球を再び成長させて天国のようにすることが可能なのだ。

どうすればそのような調和をもたらす「人間性」がつくり出せるのだろうか？　どうすれば傍観者としてではなく進化の過程に加われるのだろうか？　最初のステップは、文明の基本的なストーリー（筋書き）を書き換えることだ。それには上から下にトップダウンで押しつけたものではなく、ボトムアップで新たな筋書きをつくり出すべきだ。その筋書きは私たちが進化そのものの運命を理解し、将来への方向がわかった時に見え始めるだろう。

自分にプログラムされている信念を見直す

自己相似を繰り返すフラクタルな組織は宇宙全体に広がっている。人間の文化もまた自然の一部なのだからその例外ではない。暴力による支配、搾取、そして戦争などの人間の歴史も同じパターンを繰り返し、ほとんどすべての民族が、被害者になったり加害者になったりしながら長い間悲劇を繰り返してきたのだ。

こうした歴史は意識的につくられることもあるが、無意識に記憶として刻まれ、苦しみだけが残る。この現実を人間発達研究家ジョセフ・チルトン・ピアスは、文化とは「ある信念とそれをもとに現実を生き残ること」と定義した。また信念と現実は「不安定な関係」でもあるという（1）。

何千年にもわたって支配してきたプログラム（社会的思想）と歴史のせいで、私たちはほとんど本能的に教えられた歴史が真実だと信じてしまう。無意識に残った傷から起こる威圧的な政治に対する反応はさらに強くなり、最後は恐怖に怯えてしまうようになる。抵抗しようのないプログラムを一体どうしたらいいのだろう？

その方法の一つは、自分が「無意識」にやっていることを「意識」することだ。恐怖がプログラムされていると自分で認識できれば、大きな紛争で利益を得る人たちから利用されるようなことも少なくなるだろう。ナチスのリーダーだったヘルマン・ゲーリングもニュルンベルクも、人々にプログラムされている恐怖心を利用していたと裁判で証言した。「当たり前だが、戦争したいと思っていた人たちばかりがいたわけではなかった。けれども政策を決定するのは国のトップであり、人々を巻き込むのは簡単なことだ。『我々は攻撃されている』と告げ、平和主義の人々には『我々は愛国心が欠けている』と非難し、国が危険な状態にあると思わせればよいだけだ。どんな国でもこの方法はうまくいく」(2)

進化とは学習と同じで、パターンを認識することだ。ところが、存在するパターンが発見され、理解されるまでは問題や疑問が残る。そこであきらめずに学習して問題や疑問を意識にとどめてさらに情報を得れば、以前に起こった出来事やそれに似た問題や疑問を再び繰り返すことはない。そうして学んでこそ、過去から解放されるのだ。

歴史が繰り返されてしまう理由の一つは、人間が教訓を学ぼうとしないことにある。代わりに人を責め、復讐しようとするのだ。だから過去を新しく学んだことに差し替えるだけでは十分ではない。歴史の中の犠牲者と悪人は、歴史というドラマの中でそれぞれの役割をプログラム通りに演じているのだ。犯人は必ずしも人間ではなく、繰り返される行動そのものなのだ。

過去のドラマに加わった人々から伝わったものは、怒りしか生まない。歴史を頭で理解すると同時に、その当時の感情も体中に書き込まれる。ピアスは、筋書きのある感情が解き放たれるには感情も含めていったんすべて吐き出さねばならず、それにはまず過去を自分で認め、精神的、心理的、感情的な傷を癒す必要があると強調する。

誰かを許すというのはそんなに簡単ではない。「間違いを犯すのは人間で、許すのは神」という一八世紀の詩人アレキサンダー・ポープの詩の言葉通り、過去の傷は人の意識に深く入り込み、私たちは自ら許すことも忘れ、それを聖職者の手にまかせてしまっている。

けれども、私たちがすべてのものと密接につながっていることが科学的に証明された今、神の産物である許しは、実は私たち人間の領域にもあることがわかるだろう。聖書の「許しなさい、自分のやっていることを知らないのですから」という言葉を科学的に言うと、「私たちの行動の九五%は無意識なのだ」という表現になるだろう。とすれば、もし自分と敵のどちらかがきちんと意識して行動していたら、闘いは避けられたかもしれないのだ。論理的には、自分の行いは目に見えないばかりか信念によってゆがめられていると意識できれば、相手も同じく自分の行いが意識できていないだけだと許せるだろう。さらに、許しは論理的だが癒しには愛が必要だ。

愛する人を救うために車やヘリコプターまで持ち上げた話や、レナード・ラスコウによる愛がガン腫瘍を小さくした実験を取り上げたが、互いへの悪の行動で積み重ねた政治の毒を新陳代謝するには「愛の力」で重いものを持ち上げなくてはならない。

南アフリカで、何世紀もの植民地支配で負った傷を癒す目的で、愛と真実と許しを得るための実験がなされた。当時アフリカ議会のリーダーだったネルソン・マンデラは革命的運動によって二七年間収監され、一九八九年に釈放された。人生の三分の一以上もの年月を獄中で過ごせば、辛く恨みに思うものだが、彼が自らの経験を精神的な知恵と思いやりに変えた試みはこの二〇年間で最も展望のあるものとなった。

釈放されたマンデラは、アパルトヘイトを排除し、平和で互いを尊重する多人種のための規範をつくると誓い、一九九四年、南アフリカ大統領として真実和解委員会（ＴＲＣ）を設立した。「真実だけが過去を葬れる」という彼自身の言葉に従って、政府や革命的軍隊による罪を明らかにして加害者にその罪を自白させ、真実を証言するのと引き替えに恩赦した。

アフリカの精神的指導者だった英国国教会の大主教デズモンド・ツツは、「ウブントゥ」といわれる伝統的民族哲学の提案者でＴＲＣの会長でもあった。「ウブントゥ」とはバンツー語（アフリカの広い地域で使われている言語の一つ）で「一人ひとりの人間性と世界との関係」を表している。アフリカの歴史家でジャーナリストのスタンレー・サムカンゲは、このウブントゥの特徴として次の三点をあげている（3）。

❶他人の人格を認めることで自分の人格を確認する。
❷人命か富かの選択を迫られた場合には人命を優先する。
❸国王の地位は治める民衆の意識によるものである。

伝統的ウブントゥの原理は、アフリカの共同体修復運動のきっかけとなった。南アフリカではアパルトヘイトばかりが注目されるが、TRCの最終報告書では、争った双方の残虐行為を明らかにして非難しているものの、マンデラとツツの意図を汲んで南アフリカの平和への道を開拓してきた。委員会が取り上げた愛と許しは、互いに許すことができてよかったよかったという感傷的なものではなく、むしろ本当の意味での勇気と不屈の精神が試されるようなものだった。

実はマンデラが大統領に選出される前年の一九九三年に、アフリカ民族会議（ANC）全国執行委員会幹部クリス・ハニの暗殺という和解の意思を試さるような事件が起こった。国が力で人を罰するかどうかの瀬戸際に立った時、マンデラは国民に向かってこう言ったのだ。

「今夜、私は南アフリカの黒人白人すべての人に心から言いたいことがある。偏見と憎悪に満ちた白人男性が、まさに国全体を大惨事にするほどの事件を起こした。すると、アフリカ出身の白人女性が、自らの命をかけて正義のために暗殺者を知らせてくれた。さて今こそ、クリス・ハニが命をかけて打破したかったこと、つまり自由を手にすることに異議あるものに南アフリカ全員が立ち上がる時がきた（4）」

このような言葉をもしアメリカ大統領が二〇〇一年九月一一日のワールドトレードセンターへの攻撃に際して言えたなら、どんなに世界は違っていただろう。アメリカは世界中に愛を響き渡らせたかもしれないだろうに。

マンデラは精神的なリーダーとなって、真実と和解のプロセスで全国民が「許す」ことに参加できるようにした。またＴＲＣは地球規模で愛がもたらされるようなプロジェクトにつながった。

二〇〇〇年、スタンフォード大学対立交渉センター上級研究員フレッド・ラスキンが、北アイルランドの戦いで愛するものを失ったプロテスタント教徒とカトリック教徒をカリフォルニアに集め、ＨＯＰＥ（Healing Our Past Experience：過去の経験を癒す）と呼ばれるプロジェクトを始めた。

なかには愛する人を失ったのはもう二〇年も前のことだという人もいたが、それでも彼らの悲しみは癒えていなかった。最初の突破口は、カトリック教徒とプロテスタント教徒が相手の立場に立って両方が同じように悲しみを抱えていることを理解することから始まった。そして心の底に傷と怒りと憂鬱を抱いていたという参加者は、一週間に及ぶプロジェクトが終わる頃には感情的・心理的変化があったと評価し、さらに不規則な睡眠パターン、異常な食欲、エネルギー低下、肉体的な痛みといった症状が三五パーセントも軽減した（5）。この結果は希望が持てるものだが、それでも疑問は残る。

「愛は本当に感情を癒せるのだろうか？　憎しみという腫瘍を本当に癒せるのだろうか？」

キャスリン・ワターソンは著書『Not by the Sword（剣によらずに）』の中でマイケル・ワイザーというユダヤ人聖歌隊先唱者とその妻ジュリーの話を取り上げている（6）。ワイザー夫妻は一九九一年にネブラスカ州リンカーンに引っ越したが、次のような出来事に夫妻の平和は壊されてしまった。

引っ越してしばらくすると、夫妻のもとに人種差別のビラの入った郵便物が届いたのだ。ビラには「お前をKKK（訳注：Ku Klux Klan〈クー・クラックス・クラン〉の略称でアメリカの白人至上主義団体）が見張っているぞ」と書かれていた。警察は、犯人はラリー・トラップという自称ナチの一員でKKKの地元幹部の仕業だとした。彼は地域のアフリカ系アメリカ人の家やベトナム難民センターの爆撃事件の関係者で、白人至上主義者のリーダーでもあった。彼は糖尿病を患って車椅子に乗っていたが、当時、マイケルが先唱者をしていたシナゴーク（ユダヤ教会）の爆破計画を練っていた。

妻ジュリーはその郵便物を怖がり、怒りながらも、アパートの一室に住むラリーへの同情も芽生えていた。そこでジュリーはラリーに毎日手紙を書くことにした。それでもラリーは地方ケーブルテレビに出演しては自らの増悪をぶちまけ続けた。夫マイケルは電話をかけて「ラリー、君はなぜ僕たちを嫌うんだい？　君は僕を知らないいんだろう？」というメッセージを送り続けた。

ある時ラリーは、マイケルからかかってきた電話に出ることにした。マイケルは「買い物を手伝おうか?」とさえ申し出た。ラリーはそれを断りはしたものの、自分の中にわだかまるものを感じ始めた。やがてラリーは自分の中に二人の人間がいることに気がつく。一人はテレビで罵り続ける自分、そしてもう一人は電話で「自分はこうするしか知らないんだ。こうやってずっと生きてきたんだ」とマイケルにすがる自分だった。

ある夜、マイケルは参加したある集会で人々に「偏狭と憎悪する病にかかった人」への祈りを捧げてほしいと頼んだ。すると、ラリーは両腕につけていたかぎ十字の腕輪がむずむずしてきたと外してしまったという。次の日にはワイザー夫妻に電話をかけて、「自分のしていることをやめたいんだが、どうしていいのかわからないんだ」と訴えた。マイケルは妻と一緒にラリーのアパートまで出かけて一緒に食事をしようと誘った。しばし迷ったラリーだが、最後には申し出を受け入れた。

アパートでは、ラリーが涙を流して夫妻に外したかぎ十字の腕輪を渡したという。一九九一年一一月、ラリーはKKKをやめ、自分が不当な扱いをした人々に謝罪の手紙を書いた。大晦日には自分の余命があと一年もないことを知ったが、ワイザー夫妻の自分たちと一緒に住もうという申し出を受け入れ、彼らの居間を自分の寝室とした。のちにラリーは「私の親のように接してくれている」と語ったという。

寝たきりになったラリーは、マハトマ・ガンジー、マーティン・ルーサー・キングなどの本を読んでユダヤ教について学んだ。そして一九九二年六月五日、まさに自分が爆破しようとしていた教会でユダヤ教徒に改宗した。ジュリーはラリーを看取るために仕事を辞め、九月六日に彼が亡くなった時には夫婦二人で彼の手を握っていた。

他者への愛から車を持ち上げたのもカルマを解消できたのも、確かにまれなケースではある。それでも人間がつくり上げてきた歴史でたまってしまった「毒素」を吐き出す癒しの儀式をもってすれば、世界中の人間一人ひとりがそれぞれ自分にプログラムされてしまった（誤った）信念を見直して進化できるだろう。

限界から自由になる

さて、今度は潜在意識に植えつけられた人間性の進化への限界から自由になるステップへと進もう。

「人の心は閉じ込められている」という古代の言葉は、新たな科学でも「心にプログラムされているものにはチェーンのように私たちを縛るような行動が含まれている」と表現される。普通、人間は「～できない」いうネガティブな信念の規範に縛られているのだ。

多くの人が自由を求めて自己啓発書を次々と買い漁っている。ところが、それらがいくら理論上素晴らしい本であっても実践するのは難しく、余計に絶望するはめになるのがオチだ。それはいくら内容を読んで理解しても、潜在意識にある古いプログラムを修正できないからだ。では一体、どうしたらいいのだろう？

心を解き放つ最初のステップは、自分の目に見えない行動をきちんと意識することだ。自分の行動が、いかに無意識のうちに他人の価値観によってコントロールされているかを理解すれば、人を非難したり、恥ずかしいと思う心の束縛から解放される。

もう一つのステップは、自分の人生に自ら責任を持つということだ。自分を犠牲者だと思い込んで責任を否定すればするほど八方ふさがりに感じてしまうが、自らの責任を意識すると、次に同じようなストレスがかかった時に今までとは違った反応ができるようになってくる。人生で成功するには反射的な無意識のプログラムではなく、意識して自分の行動をコントロールすることが第一なのだ。

人生を意識的にコントロールする方法を探し続けていれば、古くからの知恵がその努力を後押ししてくれるだろう。この自分の内部を意識的にコントロールするプロセスには基本的に三つの方法がある。それは、意識、選択、実行の三段階だ。

意識：意識するというのは、目的とこれから進む方向を明らかにすることから始まる。この先どこに行こうとしているのかを知らなければ、「そこ」にはたどり着かないものだ。個人が進化しようとする場合、目標をはっきりさせれば、自分の才能、愛、そして役割が次々と訪れるだろう。古代でも現代でも、スピリチュアルな指導者は自らの意図を定めることが磁石に引きつけられる砂鉄のように新しい経験につながると知っている。自らが地球の「細胞」として働く魂を持ち、みんなで一つの人間性をつくり上げる超組織の一員だという意識を持てば、自分が選択したものが世界にどんな影響を引き起こすのかをつねに自分に問いかけなくてはならなくなる。必要が発明の母であるなら、意識はその「父」とも表現できるだろう。

選択：何となく目的を決めるというのはどこに向かうのかを無意識が決めるようなものだが、本当の意味で変化しようと思えば、その目的地は意識的な選択を映し出したものでなくてはならない。ある人にとってはそれが職業を変えることだったり庭を育てることだったりと、人それぞれだろう。この時期は自分を表現するチャンスに恵まれる時期でもある。

実行：天国は目的地ではない。天国とは、一人ひとりが成熟した人間の存在する場所だ。私たちがそれぞれ成熟、成長して大人になるには、表面に現れている自分と内面にある自分を融合する訓練が必要だ。どうすれば外界と豊かな内面とを調和させることができるかを選択しながら進めば、進化できるのだ。

目の前にある今に集中し、意識して最良の選択をするには、過去や未来に影響された無意識にプログラムされているものを、呼吸法などによって自分で意図したとおりの行動に変えていく必要がある。

この精神の訓練では、一緒に体を動かすことが必要な場合もある。瞑想、ヨガ、呼吸法、リラックス法、太極拳、気功などは内面の調和をもたらしてくれるだろう。

また以前からあった認知行動療法の不十分な点を修正したトークセラピーでは、まず無意識のプログラムが与えている自分の限界を観察し、理解して限界を取り去る方法もある。

二〇〇七年五月二〇日、大勢の人の祈りが一つになると何が起こるかが世界規模で試されることになった。六五ヶ国で一〇〇万人以上の人が同じ時刻に平和のために瞑想して祈ったのだ(7)。その結果、RNG（乱数発生器）がダイアナ妃の葬儀やワールドトレードセンターが攻撃された時と同じような値を示した。地球意識プロジェクトのロジャー・ネルソンは、この実験の間、世界中でRNGに計測できるほどの偏りが生じたと報告をしている。そうなのだ！　意識を同じくすると地球のフィールドにさえ影響を与えるのだ。

このような発見の意味は大きい。鉄くずが圧縮されて鉄棒になると磁界に影響を与えるように、瞑想や祈りの力で人々に目覚めをもたらすほどのフィールドがつくり上げられるのだろうか？　人々がみんなで意識して愛、健康、調和、幸福に焦点を合わせれば、地球を天国のような場所にしてしまうほどのフィールドが本当につくれるのではないだろうか？

こうして人々がつながり一つになるには、他のどこでもなく日常の中のすべての行動に思いやりの気持がなくてはならず、たった一つの行動がさざ波のように広がっていく。

けれども、瞑想や精神的な訓練など興味がない、セラピーなどせいぜい凝った筋肉に役立つ程度だし、わざわざ自分の無意識を変化させるために、その領域に入り込む必要などないと思っている人はどうなるだろう？　だとしても、考え方の筋道をちょっと変えるだけでプラスの効果があるということがわかっている。

自分の考える道筋をちょっと変えただけでも、直接自分の生活の質と健康に反映される。マイアミ大学の心理学と精神医学博士ゲイル・アイロンソン医師が発見したのは、ＨＩＶ患者の中で愛の力を信じていた人は、病を罰だと思い込んでいた人よりも健康な状態が長く続いたということだった(8)。

人は表面上悪いことが起こった時には急に、世間が優しいとは感じられなくなってしまう。幸せになれそうにない時に、どうすれば前向きな気持ちになれるのだろう？

マーシー・シャイモフが著書『「脳にいいこと」だけをやりなさい！』（茂木健一郎訳 三笠書房）の中で提案しているのは、「あなたが何の理由もなく幸せな時は、自分の経験から幸せを見出しているのではなく、経験していることに自分で幸せを持ち込んでいる」のだという(9)。

また、顔の表情は幸せか不幸せかを感じる科学物質を体に分泌するスイッチとして働いている。私たちは自分が行動して経験したことが感情となって表に出ると思っているが、最新科学では顔の表情が感情をつくり出すという驚くべき発見がされている。フランス人生理学者イスリール・ウェインバーム博士が明らかにしたのは、しかめ面をすると、コルチゾル、アドレナリンとノルアドレナリンが分泌され、これら神経系化学物質は体内の免疫システムを阻害し、血圧を上げ、不安や落ち込みの感覚を高める一方、微笑むとストレスホルモンの分泌が抑えられ、エンドロフィンが減少する。この微笑んだ時に起こる体の状態は、心地よいと感じている時のものであり、同時にT細胞を増加させる免疫システムの機能を上げる(10)。

経験して学んだことを記憶する際、脳は感情と行動とをリンクさせて記憶し、このリンクは双方向に流れるので、感情がある経験や行動に走らせることもあれば経験や行動が感情を呼び起こすこともある。記憶を取り込む際に起こるこの事実はとても重要だ。

科学者は最近、脳内にミラーニューロンと呼ばれるある視覚運動の分野を発見した。サルを使った実験では、サルが自分で何かをした時だけでなく、他のサルを見ているだけでもこの神経細胞が活性化することがわかった。これは人間の場合も同じだ。

ミラーニューロンの発見は、人間にとってはさらに意味があることもわかった。映画を観ていて、俳優に大きなクモが這っているのを観ているだけなのに自分ももがいたことがあるだろうか？　誰かが「やった！」と涙を流したり笑ったりした時に、自分も同じように叫んだことはないだろうか？　もし、あるのなら、あなたはミラーニューロンが働いて反応したことになり、同じような経験をした人を見ただけで自分が行動したかのように感じたり感情的になったりする(11)。

さらに、ただ誰かが何かをやっているのを見ただけで、その人の気持ちに影響がある。神経科学者は、ミラーニューロンは人間が共感する原点であり、他人の思考や意図を読み取る力と関係があるとする。

つまり、ミラーニューロンは人類が進化して一つになるための大きな役割を果たしている。愛、喜び、幸せ、感謝を持つ人が周囲の人に何を与えてきたかを考えてみよう。観察している人の脳のミラーニューロンが刺激されて連鎖反応を示し、やがては人類すべてが健康で前向きな気持ちになれるのだ。これこそがカリスマ性を持つリーダー、ネルソン・マンデラ、ジョン・F・ケネディ、マーティン・ルーサー・キングといった人たちが大衆の気持ちや行動に多大な影響を与えてきた理由でもある。

自ら行動した時の周りの環境をどう捉えるかは、自分自身の経験の結果を左右する。ペンシルベニア大学のポジティブ心理学センター、マーティン・セリグマン博士は、訓練すれば誰でも前向きになれるとしている。自らを生まれつき悲観論者であったと語る博士は、現代社会では犠牲者的感覚が押しつけられて自分は無力だと学ばされるのだと主張する。そして、この無力感は自ら挑戦してより健全なものの考え方をしていくことでプログラムし直せるのだから、妨げとなっているものの枠組を見直し、自分の努力と力で乗り越えられる状況に一人で立ってみればいいという(12)。

前述のマーシー・シャイモフは、ネガティブ思考に囚われてしまった時には、ネガティブになった分だけポジティブな考え方を学ぶべきだとアドバイスしている。冷静になるには、禅師の言葉「すべてに感謝します。私には何の不満もない」という言葉を繰り返しなさいという(13)。

環境の変化に適応するために急速に突然変異するバクテリアのように、人間性という新たな組織をつくり上げている人間の細胞にも進化するには突然変異が必要だ。ただしその進化には時間もかかる。これまで限界をつくり上げていた信念から解き放たれるには何度も何度も修正を繰り返さなくてはならず、まるでウィキペディアのようなものだ。人々が最新情報を手に入れ、試したり実験したりして、つねに情報に修正をかけながら変化していくのだ。

世界は二元性ではなく融合して生まれたもの

潜在意識を進化させるには、個人と社会をプログラムし直す他にもう一つ重要な飛躍が不可欠だ。私たちには世界には永遠に相容れない二元性があるという間違った信念がプログラムされているからだ。進歩的か保守的か、競争か協力か、科学か宗教か、創造説か進化論か、成長か防衛か、精神か物質か、波か粒子か、ワシかコンドルかといったように、たくさんの対立する概念がインプットされてきた。

生命を二極化して捉える考え方は人々をも二極化してしまったが、逆説的にこの二元化したたくさんのリストは、実は世界がまったく対局にあるものが融合して生まれたことを示している。今や進化のダイナミックなプロセスには、これまで相対していた二つの考え方を融合しなくてはいけない。「男性と女性は相対するもの」という概念が引き起こした社会の機能不全を解決するために、今こそ「賢くなる」時だ。五〇〇〇年もの間はびこっ

白黒２つの異なる部分からなる陰陽のシンボルは、互いに相対する円の部分を含んでいる。

たこのプログラムは、男女の争いを生み、結果男性が優位な社会をつくり上げている。

古い生物学ではいまだに自然はダーウィンの論じた競争の中に永遠に包まれていると思っている。遺伝子学では、オスとメスの優性遺伝子の闘いと表現する。けれどもどちらが優性かなど生物学的にはまったく意味をなさない。精子が卵子と結合して新しい命を生み出す時、一方がもう一方を打ち負かすだろうか？　グリンダー・リー・ホフマンは著書『The Secret Dowry of Eve：Woman's Role in the Development of consciousness（イブの持参金の秘密：目覚めへの女性の役割）』の中で、「胚とその外皮には何の上下もない」と書いている。ともに協力するか、そうでなければ消滅してしまうのだ！(14)

物理学と生物学の科学的洞察では、二元性で物事の特徴を捉えると別々で真逆なものと思われやすいが、実際には一つに融合されるものと証明されている。面白いことに、この事実を東洋の哲学者は四〇〇〇年も前に「陰陽」の概念で把握していた。陰陽のシンボルは互いに組み合わされた白黒で表される。黒には白の、白には黒の部分があり、お互いが同じ要素からできていることが示されている。男女は肉体的・外見的には異なるが、その内部には男性ホルモンと女性ホルモンの両方を持っているのだ。

この陰陽の表す本来の性質を理解すれば、すべての二元性、男女、粒子と波が融合する捉え方こそバランスがとれた新たな人間性に目覚める鍵なのだとわかるだろう。

進化という新しい始まりへ

人間の意識はまだ進化のレベルに達していないという人もいる。例えば精神決定論者は、私たち人間は神のみが救える罪人なのだというし、知的エリートは、大衆は無知であり種として明らかに欠点があるという。

それでもなお人間が現状から目覚める力を過小評価してはならない。『In Our Own Words 2000（自らの言葉で　二〇〇〇年）』という地球規模で人間の意識改革を行っている機関から出版された本の中で、八五％のアメリカ人は「人間は根底に流れるものでつながっている」と信じていると報告されている（15）。そして、なんと九三％が、自分が地球や人々や命あるものすべてとつながっていると子どもに教える必要があると感じている。

この進化のステップが地球規模では無理だと思えるのなら、もっと視野を拡大しなくてはならないだろう。人間性が進化し始めるのは、終わりではなく始まりを表すのだ。こうした人間性の発展こそ、地球の進化を成し遂げる唯一の方法だ。人間性が進化すれば、地球が単なる物質的な星ではなく生きる細胞のようなものだとわかるようになるだろう。細胞がその進化を遂げたら何が起こるだろう？　きっとさらに意識を広げるために他の進化した細胞と結合し始めるだろう。

進化を遂げた途端に、地球は他の似たような星と結びついて、意識を広げながら、私たちが何者なのか、どんな存在なのか、私たちが住む宇宙本来の姿がどういうものなのかという洞察を深めながらそのプロセスを続けるのだ。

それまでの間、「ここ」にいる私たちこそが待ち続けた指導者だ。ここで語っている進化の分岐点では誰がトップに立つかということは問題ではない。大事なのは、フィールドをつくり出すすべての細胞の「魂」には素晴らしい力があると気づくことだ。そして今度はそれに触発された私たち人間が健全な「人間性」をつくり上げていく声にきちんと耳を傾けられるかどうかにかかっている。

従って本当の意味での挑戦は、それぞれの人が進化をし、昔から伝わる教訓に学んで間違いを繰り返さないようにして、一人ひとりがすべてを変えられる進化に関わっているのを認識することだろう。私たちは明るい未来に向かって地上に天国を実現し、すべての人間性が歩むべき橋を構築しながら生きている。

これが私たちの「愛の物語」なのだ。それは普遍的であり、宇宙の物語でもある。あなたにとっても私にとっても、そして生きとし生けるものすべての物語なのだ。そしてさあ、第五幕を演じる時がきた！

参考文献

序章

（1）Lord Martin Rees, "Martin Rees comment on doomsday clock" T*he Royal Society Science News*（2007年1月17日）: press release.
（2）Margaret Mead, International Earth Day speech delivered ad the United Nations（1977年3月20日）, reprinted in Earth Trustees Program Newsletter,（1978年1月）

第Ⅰ部

（1）Robert Watson, A.H. Zakri,（eds）, Ecosystems and Human Well-Being: Current State and Trends, Findings of the Condition and Trends Working Group, Millennium Ecosystem Assessment, 1st edition（Washington DC: Island Press, 2005年）

1章

（1）Matthew17 : 2, Bible : New International マタイによる福音書17章20節 聖書New Internationalバージョン
（2）W.A.Brown,"The placebo effect : should doctors be prescribing sugar pills?" *Scientific American*, no. 278（1998年）: 90-95 : Discovery Channel Production, "Placebo: Mind Over Medicine?" Medical Mysteries Series, *Discovery Health Channel*, 2003年, Silver Spring, MD : Maj-Britt Niemi, "Placebo Effect: A Cure in the Mind," *Scientific American Mind*（2009年2 - 3月）: 42-49.
（3）Alfred Lord Tennyson, *In Memoriam,*（London, UK: E. Moxon, 1850年　）canto56
（4）Kevin Crush, "Hotfoot It: Walking on red-hot coals is all about the energy", *Grande Prairie Daily Herald Tribune,* 2005年6月17日, 4. この記事は次のオンラインページで読むことができる。http://www.firewalks.ca/Press_Release.html
（5）Cecil Adams, "Super Mom: Could a mother actually lift a car to save her child?" Interview and news story about Angela Cavallo, The Straight Dope, 2006年1月20日, http://www.straightdope.com/columns/ read/2636/supermom
（6）V. J. DiRita, "Genomics Happens," *Science,* no. 289（2000年）: 1488-1489.
（7）B. E. Schwarz "Ordeal by serpents, fire and strychnine," *Psychiatric Quarterly,* no.34（1960年）: 405-429.
（8）Lewis Mehl-Madrona, *Coyote Wisdom: The Power of Story in Healing*（Rochester, VT: Inner Traditions/Bear & Company, 2005年）, 37.
（9）Michael Talbot, *The Holographic Universe,*（New York, NY: Harper Perennial, 1992年）, 72-78.（マイケル・タルボット『投影された宇宙』川瀬勝訳　春秋社）
（10）Suzanne C. Segerstrom, Gregory E. Miller, "Psychological stress and

the human immune system: A meta-analytic Study of 30 years of inquiry," *Psychological Bulletin* 130, no. 4（2004 年）: 601-30.
（11）E. Pennisi, "Gene Counters Struggle to Get the Right Answer," *Science,* no. 301（2003 年）: 1040-1041; M. Blaxter, "Two worms are better than one," *Nature,* no. 426（2003 年）: 395-396.
（12）B. H. Lipton, *The Biology of Belief Unleashing the Power of Consciousness, Matter and Miracles,*（Santa Rosa, CA: Elite Books, 2005 年）, 161.（ブルース・リプトン『思考のすごい力』西尾香苗訳　PHP 研究所）
（13）E. B. Harvey, "A comparison of the development of nucleate and non-nucleate eggs of Arbacia punctulata," *Biology Bulletin,* no. 79（1940 年）166-187
M.K. Kojima, "Effects of D_2O on Parthenogenetic Activation and Cleavage in the Sea Urchin Egg," *Development, Growth and Differentiation* 1, no. 26（1984 年）: 61-71 ; B.H Lipton, K.G. Bensch and M.A. Karasek, "Microvessel Endothelial Cell Transdifferentiation: Phenotypic Characterization," *Differentiation,* no. 46（1991 年）: 117-133.
（14）. Lipton, *The Biology of Belief Unleashing the Power of Consciousness, Matter and Miracles,* 87.（ブルース・リプトン『思考のすごい力』）
（15）W. C. Willett, "Balancing Life-Style and Genomics Research for Disease Prevention," *Science,* no. 296（2002 年）: 695-698.
（16）Y. Ikemi, S. Nakagawa, "A psychosomatic study of contagious dermatitis," *Kyoshu Journal of Medical Science* 13,（1962 年）: 335-350.
（17）Daniel Goleman, Gregg Braden and others, *Measuring the Immeasurable: The Scientific Case for Spirituality,*（Boulder, CO: Sounds True, 2008 年）196.
（18）P. D. Gluckman, M. A. Hanson, "Living with the Past: Evolution, Development, and Patterns of Disease," *Science,* no. 305（2004 年）: 1733-1736 ; Lipton, *The Biology of Belief Unleashing the Power of Consciousness, Matter and Miracles,* 177.（ブルース・リプトン『思考のすごい力』）

2章

（1）E. Watters, "DNA is Not Destiny," *Discover*（2006 年 11 月）: 32.
（2）D. Schmucker, J. C. Clemens, et al, "Drosophila DSCAM Is an Axon Guidance Receptor Exhibiting Extraordinary Molecular Diversity," *Cell,* no. 101（2000 年）: 671-684.
（3）R. A. Waterland, R. L. Jirtle, "Transposable Elements: Targets for Early Nutritional Effects on Epigenetic Gene Regulation," *Molecular and Cell Biology* 15, no. 23（2003 年）: 5293-5300.
（4）Mario F. Fraga, et al, "Epigenetic differences arise during the lifetime of monozygotic twins," *Proceedings of the National Academy of Sciences* 102, no. 30（2005 年 7 月 26 日）: 1064-1069.
（5）Lipton, *The Biology of Belief Unleashing the Power of Consciousness, Matter and*

Miracles, 178（ブルース・リプトン『思考のすごい力』）
(6) Gordon G. Gallup Jr., "Chimpanzees: Self-Recognition," *Science* 167, no. 3914 (1970年1月2日）: 86-87.
(7) T. Norretranders, *The User Illusion: Cutting Consciousness Down to Size,* (New York: Penguin Books, 1998年), 126, 161.(『ユーザーイリュージョン』トール・ノーレットランダーシュ著 柴田裕之訳　紀伊國屋書店)
(8) Marianne Szegedy-Maszak, "Mysteries of the Mind: Your unconscious is making your everyday decisions," *U.S. News & World Report,* (2005年2月28日) http://health.usnews.com
(9) Sue Gerhardt, *Why Love Matters: How Affection Shapes a Baby's Brain,* (London, UK: Brunner-Routledge, 2004年), 32-55.
(10) R. Laibow, "Clinical Applications: Medical applications of neurofeedback," In J. R. Evans, A. Abarbanel, *Introduction to Quantitative EEG and Neurofeedback,* (Burlington, MA: Academic Press Elsevier, 1999年)
(11) Dr. Fred Luskin, *Forgive For Good: A Proven Prescription for Health and Happiness* (New York: Harper San Francisco, 2002年), p viii.（フレッド・ラスキン『「あの人のせいで…」をやめると、人生はすべてうまくいく！』坂本貢一訳　ダイヤモンド社）
(12) Colin C. Tipping, *Radical Forgiveness: Making Room for the Miracle,* (Marietta, GA: Global Thirteen, 2002年), 123-27.（コリン・C・ティッピング『人生を癒すゆるしのワーク』菅野禮子訳　太陽出版）

３章
(1) "Radio Listeners in Panic, Taking War Drama as Fact," *The New York Times,* 1938年10月31日, 1-2.
(2) Joseph Campbell, *Thou Art That: Transforming Religious Metaphor,* (Novato, CA: New World Library, 2001年), 49-54 ; Laura Westra, T.M. Robinson, *The Greeks And The Environment,* (Lanham, MD: Rowman & Littlefield, 1997年), 11.
(3) Susan Jane Gilman, "Five Star Mystic," *Washington City Paper* (1996年8月2-8日), http://www.washingtoncitypaper.com/display.php?id=10843
(4) P. H. Silverman, "Rethinking Genetic Determinism: With only 30,000 genes, what is it that makes humans human?" *The Scientist* (2004年): 32-33.

第Ⅱ部
(1) Eckhart Tolle, *The Power of Now,* (Novato, CA: New World Library, 1999年) 1-2.（エリックハルト・トール『さとりをひらくと人生はシンプルで楽になる』飯田史彦監修　あさりみちこ訳　徳間書店）

４章
(1) MSNBC.com, "What are mothers' rights during childbirth?" Debate revived

over pregnant woman's choice of delivery, *The Associated Press,* 2004年5月19日, http://www.msnbc.msn.com/id/5012918/
(2) Eric Weisstein's World of Scientific Biography, "Kelvin, Lord William Thomson (1824-1907年)", 1996-2007, http://scienceworld.wolfram.com/biography/Kelvin.html
(3) Fay Flam, "The Quest for a Theory of Everything Hits Some Snags ," *science,* no.256 (1992) : 1518-1519.
(4) Adam Crane, Richard Soutar, *MindFitness Training: The Process of Enhancing Profound Attention Using Neurofeedback,* 1st edition, (Lincoln, NE: AuthorHouse, 2000年), 354.
(5) Mili apek, *The Philosophical Impact of Contemporary Physics,* (New York, NY: Van Nostrand, 1961年), 319.
(6) Lynne McTaggart, *The Field: The Quest for the Secret Force of the Universe,* (New York: Harper Perennial, 2002年), 23-24. (リン・マクタガート『フィールド 響きあう生命・意識・宇宙』野中浩一著　河出書房新社)
(7) 同上 xvi-xvii.
(8) David Brown, Rupert Sheldrake, "Perceptive Pets: A Survey in North - West California," *Journal of the Society for Psychical Research* 62 (1998年7月) : 396-406.
(9) Rupert Sheldrake, *Dogs That Know When Their Owners Are Coming Home: And Other Unexplained Powers of Animals,* (New York: Harper Perennial, 2002年) , 23-24. (ルパート・シェルドレイク『あなたの帰りがわかる犬』田中靖夫訳　工作舎)
(10) McTaggart, *The Field: The Quest for the Secret Force of the Universe,* 54-63. (リン・マクタガート『フィールド 響きあう生命・意識・宇宙』)
(11) Gregg Braden, *The Divine Matrix: Bridging Time, Space, Miracles, and Belief,* (Carlsbad, CA: Hay House, 2007年), 116-117. (グレッグ・ブレイデン『聖なるマトリックス』福山良広訳　ナチュラルスピリット)

５章

(1) J. B. de Lamarck, Philosophie zoologique, ou exposition des considerations relatives à l'histoire naturelle des animaux, (Paris, France: J.B. Baillière, Libraire,1809年). (J.B. ラマルク『動物哲学』小泉丹、山田吉彦訳　岩波文庫)
(2) Thomas R. Malthus, *An Essay on the Principle of Population,* (Whitefish, MT: Kessinger, 2004年), 44-45. (マルサス「人口論」斉藤悦則訳　光文社古典新訳文庫)
(3) Doug Linder, "Bishop James Ussher Sets the Date for Creation," *University of Missouri-Kansas City School of Law,* 2004年, http://www.law.umkc.edu/faculty/projects/ftrials/scopes/ussher.html
(4) E. Bailey, *Charles Lyell,* (Garden City, NY: Doubleday,1963年), 86.
(5) 同上 117.
(6) de Lamarck, Philosophie zoologique, ou exposition des considerations

relatives à l'histoire naturelle des animaux.（J.B. ラマルク『動物哲学』）
（7）Leonard Dalton Abbott, ed., *Masterworks of Economics-Digests of 10 Great Classics,*（Garden City, NY: Doubleday, 1946 年）, 195.
（8）Charles Darwin, *The Autobiography of Charles Darwin,*（New York: Barnes & Noble, 2005 年）, 196.（チャールズ・ダーウィン『ダーウィン自伝』八杉龍一、江上生子訳　ちくま学芸文庫）
（9）Charles Darwin, "Letter 729-Darwin, C.R. to Hooker, J.," *Darwin Correspondence Project,* 1844 年 1 月 11 日, http://www.darwinproject.ac.uk/entry-729
（10）Arnold Brackman, *The Strange Case of Charles Darwin and Alfred Russel Wallace,*（New York: Times Books; 1st edition, 1980 年）, 22.
（11）Bailey, *Charles Lyell,*（Garden City, NY: Doubleday, 1963 年）, 61.
（12）Brackman, *The Strange Case of Charles Darwin and Alfred Russel Wallace,* 64.
（13）同上
（14）Francis Hitching, *The Neck of the Giraffe-Darwin, Evolution, and the New Biology,*（New York: Meridian, 1982 年）, 172.
（15）T. M. Lenton, "Gaia and natural selection." *Nature,* no. 394（1998 年）: 439-447.
（16）James Greenberg, "Enron: The Smartest Guys in the Room," *The Hollywood Reporter,* 2005 年 4 月 20 日, http://www.hollywoodreporter.com/

６章

（1）O. T. Avery, C. M. MacLeod, M. McCarty, "Studies on the Chemical Nature of the Substance Inducing Transformation of Pneumococcal Types: Induction of Transformation by a Desoxyribonucleic Acid Fraction Isolated from Pneumococcus Type III," *The Journal of Experimental Medicine,* no. 79（1944 年）: 137-156.
（2）Erwin Schrodinger, *What is Life?,*（Cambridge, UK: Cambridge University Press, 1945 年）, 76-85.（シュレーディンガー『生命とは何か』岡小天、鎮目恭夫訳　岩波文庫）
（3）F. H. C. Crick, "On Protein Synthesis," *Symposia of the Society for Experimental Biology: The Biological Replication of Macromolecules* 12,（Cambridge, UK: Cambridge University Press, 1958 年）, 138-162.
（4）Howard M. Temin, "Homology between RNA From Rous Sarcoma Virus and DNA from Rous Sarcoma Virus-infected Cells," *Proceedings of the National Academy of Sciences* 52,（1964 年）: 323-329.
（5）H. F. Nijhout, "Metaphors and the Role of Genes in Development," *BioEssays* 12, no. 9（1990 年）: 441-446.
（6）Richard Dawkins, *The Selfish Gene,*（New York: Oxford University Press, 1976 年）.（リチャード・ドーキンス『利己的な遺伝子』日高敏隆、岸由二、羽田節子、垂水雄二訳　紀伊國屋書店）

(7) 同上　2-3
(8) Svante Pääbo, "Genomics and Society: The Human Genome and Our View of Ourselves," *Science* 291, no. 5507 (2001年2月16日) : 1219-1220.
(9) E. Pennisi, "Gene Counters Struggle to Get the Right Answer," *Sience,* no. 301 (2003年) : 1040-1041.
(10) Silverman "Rethinking Genetic Determinism: With only 30,000 genes, what, is it that makes humans human?" 32-33.
(11) Lipton, *The Biology of Belief: Unleashing the Power of Consciousness, Matter and Miracles,* (Santa Rosa, CA: Elite Books, 2005年), 49. (ブルース・リプトン『思考のすごい力』), K. Powell, "Stem-cell niches: It's the ecology, stupid!," *Nature,* no. 435 (2005年) : 268-270.
(12) Robert Sapolsky, "Emergence of a Peaceful Culture in Wild Baboons," *PloS Biology,* 2004年4月13日, http : //www.plosbiology.org/article/info % 3Adoi % 2F10.1371 % 2Fjournal.pbio.0020124
(13) 同上
(14) Frans B. M. de Waal, "Bonobo Sex and Society," *Scientific America* (1995年3月) : 82-88.
(15) Matt Kaplan, "Why Bonobos Make Love, Not War," *New Scientist* 192, no. 2580 (2006年12月) : 40-43.
(16) American Cancer Society, *Cancer Prevention & Early Detection Facts & Figures 2005,* (Atlanta: American Cancer Society, 2005年), 1, http : //www.cancer.org/acs/groups/content/@nho/documents/document/caff2005f4pwsecuredpdf.pdf
(17) Capra, *The Turning Point: Science, Society and the Rising Culture* 146. (フリッチョフ・カプラ『ターニング・ポイント―科学と経済・社会、心と身体、フェミニズムの将来』吉福伸逸訳　工作舎)
(18) 同上 108; 同上 115.
(19) Lipton, *The Biology of Belief: Unleashing the Power of Consciousness, Matter and Miracles,* (Santa Rosa, CA: Elite Books, 2005年), 75-89. (ブルース・リプトン『思考のすごい力』)
(20) 同上 123-124.
(21) A. A. Mason, "A Case of Congenital Ichthyosiform Erythrodermia of Brocq Treated by Hypnosis," *British Medical Journal* 30, (1952年) : 442-443.
(22) Discovery Channel Production, "Placebo: Mind Over Medicine?"

7章

(1) Ben Waggoner, "Jean-Baptiste Lamarck (1744-182) ," *University of California Museum of Paleontology,* 1996年2月25日, www.ucmp.berkeley.edu/ history/lamarck.html
(2) Freeman G. Henry, "Rue Cuvier, rue Geoffroy-Saint-Hilaire, rue Lamarck: Politics and Science in the Streets of Paris," *Nineteenth Century French Studies*

35, no. 3&4（2007 年） http : //muse.jhu.edu/journals/nineteenth_century_french_studies/summary/v035/35.3henry.html
（3）H. Graham Cannon, *Lamarck and Modern Genetics,*（Westport, CT: Greenwood Press, 1975 年）, 10-11.
（4）Isaac Asimov, *Biographical Encyclopedia of Science and Technology,*（Garden City, NY: Doubleday, 1964 年）, 328.
（5）S. E. Luria, M. Delbrück, "Mutations of Bacteria from Virus Sensitivity to Virus Resistance," *Genetics* 28, no. 6（1943 年）: 491-511.
（6）John Cairns, J. Overbaugh, S. Miller, "The Origin of Mutants ," *Nature.* no. 335（1988 年）: 142-145.
（7）R. Lewin, "A Heresy in Evolutionary Biology," *Science,* no. 241（1988 年）1431.
（8）Pierre Simon Laplace, *Théorie Analytique des Probabilites,* 1st edition,（Paris, France: Mme. Ve Courcier, 1812 年）.
（9）Tim Appenzeller, "Evolution: Test Tube Evolution Catches Time in a Bottle," *Science* 284, no. 5423（1999 年 6 月 25 日）: 2108.
（10）E. N. Lorenz, "Three Approaches to Atmospheric Predictability," *Bulletin of the American Meteriological Society* 50, no. 5（1969 年）: 345-351.
（11）E. N. Lorenz, "Deterministic Nonperiodic Flow," *Journal of Atmospheric Sciences,* no. 20（1963 年）: 130-141.
（12）T. Dantzig, J. Mazur, *Number: The Language of Science,*（New York, NY: Plume, 2007 年）, 141.
（13）Iain Couzin, Erica Klarreich, "The Mind of the Swarm," *Science News Online* 170, no. 22, 2006 年 11 月 25 日 , 347-49, quoted in The Free Library, http://www.thefreelibrary.com/The+mind+of+the+swarm % 3A+math+explains+how+group+behavior+is+more+than...-a0155569993
（14）同上

8章

（1）Matthew R. Walsh, David N. Reznick, "Interactions between the direct and indirect effects of predators determine life history evolution in a killfish," *Proceedings of the National Academy of Siences,* no.105（2008 年）: 594-599.
（2）Steven M. Vamosi, "The presence of other fish spices affects speciation in threespine sticklebacks," *Evolutionary Ecology research,* no.5（2003 年）717-730.
（3）Appenzeller, "EVOLUTION: Test Tube Evolution Catches Time in a Bottle," *Science,* Vol. 284, no. 5423（1999 年 6 月 25 日）: 2108.
（4）Lipton, *The Biology of Belief: Unleashing the Power of Consciousness, Matter and Miracles,*（Santa Rosa, CA: Elite Books, 2005 年）, 65.（ブルース・リプトン『思考のすごい力』）
（5）同上　197.
（6）William Allman, "The Mathematics of Human Life," *U.S. News & World*

Report 114, 1993 年 , 84-85.
(7) Eldredge, S.J. Gould, "Punctuated Equilibria: an Alternative to Phyletic Gradualism," In T.M. Schopf, (ed.), *Models in Palaeobiology,* (San Francisco, CA: Freeman Cooper, 1972 年) ,82-115.
(8) Christiane Galus, "La sixième extinction des espèces peut encore être évitée," *Le Monde,* 2008 年 8 月 14 日, http://www.lemonde.fr/, 英語版 http://www. truthout.org/ article/ sixth-species-extinction-can-still-be-avoided
(9) J. W. Costerton, Philip S. Stewart, E. P. Greenberg, "Bacterial Biofilms: A Common Cause of Persistent Infections," *Science* 284, no. 5418 (1999年5月21日): 1318-1322.
(10) L. Margulis, *Symbiosis in Cell Evolution,* (New York, NY: W.H. Freeman, 1993 年), (リン・マーギュリス『細胞の共生進化』永井進訳　学会出版センター)
(11) L. Margulis, D. Sagan, *Microcosmos,* (New York, NY: Summit Books, 1986 年),14. (L. マルグリス、D. セーガン『ミクロコスモス』田宮信雄訳　東京化学同人)

9章

(1) Albert Einstein, quote, to Margot Einstein, after his sister Maja's death, 1951 年 , from Hanna Loewy in A&E Television Einstein Biography, VPI International, 1991 年 , http://www.asl-associates.com/einsteinquotes.htm
(2) Arnold J. Toynbee, David C. Somervell, *A Study of History,* (New York: Oxford Press, 1946 年 , 1974 年) , 575-577.
(3) Lipton, *The Biology of Belief: Unleashing the Power of Consciousness, Matter and Miracles,* (Santa Rosa, CA: Elite Books, 2005 年), 146. (ブルース・リプトン『思考のすごい力』)
(4) 同上 148-153.
(5) Eisler, *The Chalice and the Blade: Our History, Our Future,* (New York, NY: Harper Collins, 1987 年 , 1995 年) , 43

10章

(1) R. C. Henry, "The mental Universe," *Nature,* no. 436 (2005 年) : 29.
(2) 同上
(3) 同上
(4) G. GrinbergZylberbaum, M. Delaflor, L. Attie, A. Goswami, "The EinsteinPodolskyRosen paradox in the brain: the transferred potential," *Physics Essays,* no. 7 (1994 年) : 422-428.
(5) Dean Radin, *Entangled Minds: Extrasensory Experience In a Quantum Reality,* (New York, NY: Paraview Pocket Books, 2006 年) , 164-170. (ディーン・ラディン『量子の宇宙でからみあう心たち』竹内薫監修　石川幹人訳　徳間書店)
(6) 同上 195-202.
(7) 同上 203.

(8) McTaggart, *The Field: The Quest for the Secret Force of the Universe,* 101-109.（リン・マクタガート『フィールド 響き合う生命・意識・宇宙』）
(9) Russell Targ, Jane Katra, *Miracles of Mind: Exploring Nonloall Consciousness and Spiritual Healing,*（Novato, CA: New World Library, 1998 年）, 40-44.
(10) McTaggart. *The Field: The Quest for the Secret Force of the Universe*, 181-196.（リン・マクタガート『フィールド 響き合う生命・意識・宇宙』）
(11) Larry Dossey, M.D., *Prayer is Good Medicine,*（New York, NY: Harper Collins, 1996 年）, 55.（ラリー・ドッシー『祈る心は、治る力』大塚晃志郎訳　日本教文社）
(12) Braden, *The Divine Matrix: Bridging Time, Space, Miracles, and Belief,* 84 .（グレッグ・ブレイデン『聖なるマトリックス』ナチュラルスピリット）
(13) Gregg Braden, *Secrets of the Lost Mode of Prayer: The Hidden Power of Beauty, Blessing, Wisdom and Hurt,* 13-18.（グレッグ・ブレーデン『祈りの法則』穴口恵子監修　志賀顕子訳　ランダムハウス講談社）
(14) 同上　167-169.
(15) Dossey, M.D., *Prayer is Good Medicine,* 55.（ラリー・ドッシー『祈る心は、治る力』）
(16) Braden, *Secrets of the Lost Mode of Prayer: The Hidden Power of Beauty, Blessing, Wisdom and Hurt,* 168.（グレッグ・ブレーデン『祈りの法則』）
(17) Doc Childre, Howard Martin, *The HeartMath Solution*（New York, NY: HarperCollins, 1999 年）, 6.
(18) 同上 10-11.
(19) 同上　11.
(20) 同上 13-16.
(21) Global Coherence Initiative. http://www.glcoherence.org/about-us/about.html
(22) Braden, *Secrets of the Lost Mode of Prayer: The Hidden Power of Beauty, Blessing, Wisdom and Hurt,* 115-116.（グレッグ・ブレーデン『祈りの法則』）
(23) "Science, Spirituality and Peace," CommonPassion.org, http://commonpassion.org/hompage
(24) The Intention Experiment, http://www.theintentionexperiment.com/
(25) CommonPassion.org, http://www.commonpassion.org/
(26) 同上
(27) Arjuna Ardagh, *Awakening Into Oneness: The Power of Blessing in the Evolution of Consciousness,*（Boulder, CO: Sounds True, 2007 年）, 135-148.
(28) McTaggart. *The Field: The Quest for the Secret Force of the Universe,* 184-85.（リン・マクタガート『フィールド 響き合う生命・意識・宇宙』）
(29) Targ, Katra, *Miracles of Mind: Exploring Nonlocal Consciousness and Spiritual Healing,* 110.
(30) Leonard Laskow, *Healing With Love: A Breakthrough Mind/Body Program for*

Healing Yourself and Others, (Mill Valley, CA: Wholeness Press, 1992 年), 20.
(31) 同上 20-21.
(32) 同上 303-307.
(33) 同上 2.
(34) 同上 4-10.
(35) 同上 77.
(36) 同上 65.
(37) "The Universality of the Golden Rule in the World Religions," Teaching Values.com, http://www.teachingvalues.com/goldenrule.html
(38) Glaser, *A Call to Compassion: Bringing Buddhist Practices of the Heart into the Soul of Psychology,* xi.
(39) 同上

11章

(1) Joseph Chilton Pearce, *The Biology of Transcendence: A Blueprint of the Human Spirit,* (Rochester, VT: Park Street Press, 2002 年), 119.
(2) Hermann Goering, quote, ThinkExist.com, http://thinkexist.com/quota-tion/naturally_the_common_people_don-t_want_war/339098.html
(3) M.K. Asante, Y. Miike, J. Yin, editors, *The Global Intercultual Communication Reader,* (New York, NY: Routledge, 2007 年), 114-117.
(4) Nelson Mandela, "1993 Address to the Nation," *Black Past.Org,* http://www.blackpast.org/african-american-history-timeline-home-page
(5) Luskin, Forgive *For Good: A Proven Prescription for Health and Happiness,* 89-101.
(6) Kathryn Watterson, *Not by the Sword: How a Cantor and His Wife Transformed a Klansman,* (Boston, MA: Northeastern University, 2001 年).
(7) Ervin Laszlo, Jude Currivan, *CosMos: A Co-Creator's Guide to the Whole World,* (Carlsbad, CA: Hay House, 2008 年), 93.(アーヴィン・ラズロ、ジュード・カリヴァン『CosMos コスモス』村上和雄監修　和波雅子、吉田三知世訳　講談社)
(8) Marci Shimoff, *Happy for No Reason: 7 Steps to Being Happy From the Inside Out,* (New York, NY; Simon & Schuster, 2008 年), 40.(マーシー・シャイモフ『「脳にいいこと」だけをやりなさい！』茂木健一郎訳　三笠書房)
(9) 同上 21.
(10) 同上 151.
(11) Kiyoshi Nakahara and Yasushi Miyashita, "Understanding Intentions: Through the Looking Glass," *Science* 308, (2005 年): 644-645.
(12) Martin Seligman, *Learned Optimism: How to Change Your Mind and Your Life,* (New York, NY: Pocketbooks, 1998 年).(マーティン・セリグマン『オプティミストはなぜ成功するか』山村宜子訳　講談社文庫)
(13) Shimoff, *Happy for No Reason: 7 Steps to Being Happy From the Inside Out,* 125.

(マーシー・シャイモフ『「脳にいいこと」だけをやりなさい！』)
(14) Glynda-Lee Hoffman, *The Secret Dowry of Eve: Women's Role in the Development of Consciousness,* (Rochester, VT: Park Street Press, 2003年), 16.
(15) Alexander S. Kochkin, Patricia M. Van Camp, *A New America: An Awakened Future on Our Horizon* (Stevensvi1le, MT: Global Awakening Press, 2000-2005年),7-11.

［著者］

ブルース・リプトン（Bruce H. Lipton, Ph.D.）

アメリカの細胞生物学者。新たな生物学の提唱者であり、世界的な権威でもある。ウィスコンシン大学医学部、スタンフォード大学医学部で教鞭をとる。細胞膜に関する研究でエピジェネティクスという新しい分野の端緒を開き、科学とスピリットの架け橋となる。邦訳された著者『思考のすごい力』（PHP研究所）は2009年に五井平和賞を受賞。多数のテレビやラジオ番組にゲストとして出演する他、国内外の各種会議で基調講演者を務めている。

スティーブ・ベヘアーマン（Steve Bhaerman）

作家であり、政治・文化コメンティター。スワミ・ビヨンダナンダの別名で20年以上にわたって執筆やコメディー制作の活動をしている。

［監修］

千葉雅（ちば・みやび）

私立大学大学院薬学研究科で薬学修士課程を経て、医学博士を取得。現在、大学の医学研究科で講師を務めている。専門は細菌学、免疫学。

［訳者］

島津公美（しまづ・くみ）

大学卒業後、公立高校の英語教師として17年勤務。イギリス留学を経て退職後、テンプル大学大学院教育学指導法修士課程修了。

思考のパワー
――意識の力が細胞を変え、宇宙を変える

2014年5月29日　第1刷発行
2023年10月31日　第4刷発行

著　者――ブルース・リプトン／スティーブ・ベヘアーマン
監　修――千葉雅
訳　者――島津公美
発行所――ダイヤモンド社
〒150-8409　東京都渋谷区神宮前6-12-17
https://www.diamond.co.jp/
電話／03･5778･7233（編集）　03･5778･7240（販売）
カバーデザイン―浦郷和美
カバーイラスト―Ⓒdaj/amanaimages
編集協力――野本千尋
DTP制作――伏田光宏（F's factory）
製作進行――ダイヤモンド・グラフィック社
印刷――――堀内印刷所（本文）・加藤文明社（カバー）
製本――――ブックアート
編集担当――酒巻良江

ISBN 978-4-478-01181-2